LabVIEW 虚拟仪器数据采集与通信控制 35 例

李江全　主　编
刘长征　张　茜　刘育辰　副主编

電子工業出版社
Publishing House of Electronics Industry
北京·BEIJING

内 容 简 介

本书从实际应用出发，通过35个典型实例系统地介绍了虚拟仪器编程语言LabVIEW在数据采集和通信控制方面的程序设计方法。主要内容有LabVIEW数据采集和串口通信基础、NI公司数据采集卡测控实例、研华公司数据采集卡测控实例、声卡数据采集实例、LabVIEW串口通信实例、远程I/O模块串口通信控制实例、三菱/西门子PLC串口通信控制实例、单片机串口通信控制实例，以及LabVIEW网络通信与远程测控实例等。提供的实例由实例基础、设计任务、线路连接和任务实现等部分组成，并有详细的操作步骤。

本书内容丰富，论述深入浅出，有较强的实用性和可操作性，可供测控仪器、计算机应用、电子信息、机电一体化、自动化等专业的大学生、研究生，以及虚拟仪器研发的工程技术人员学习和参考。

图书在版编目（CIP）数据

LabVIEW虚拟仪器数据采集与通信控制35例 / 李江全主编. —北京：电子工业出版社，2019.3

ISBN 978-7-121-35783-1

Ⅰ. ①L… Ⅱ. ①李… Ⅲ. ①软件工具－程序设计 Ⅳ. ①TP311.561

中国版本图书馆CIP数据核字（2018）第291616号

策划编辑：陈韦凯
责任编辑：陈韦凯　　特约编辑：李姣
印　　刷：北京捷迅佳彩印刷有限公司
装　　订：北京捷迅佳彩印刷有限公司
出版发行：电子工业出版社
　　　　　北京市海淀区万寿路173信箱　邮编　100036
开　　本：787×1 092　1/16　印张：17.75　字数：454千字
版　　次：2019年3月第1版
印　　次：2022年11月第7次印刷
定　　价：65.00元

凡所购买电子工业出版社图书有缺损问题，请向购买书店调换。若书店售缺，请与本社发行部联系，联系及邮购电话：（010）88254888，88258888。

质量投诉请发邮件至zlts@phei.com.cn，盗版侵权举报请发邮件至dbqq@phei.com.cn。

本书咨询联系方式：chenwk@phei.com.cn，（010）88254441。

前　言

随着微电子技术和计算机技术的飞速发展，测试技术与计算机深层次的结合引起测试仪器领域里一场新的革命，一种全新的仪器结构概念导致了新一代仪器——虚拟仪器的出现。它是现代计算机技术、通信技术和测量技术相结合的产物，是传统仪器观念的一次巨大变革，是产业发展的一个重要方向，它的出现使得人类的测试技术进入了一个新的发展纪元。

虚拟仪器在实际应用中表现出传统仪器无法比拟的优势，可以说虚拟仪器技术是现代测控技术的关键组成部分。虚拟仪器由计算机和数据采集卡等相应硬件和专用软件构成，既有传统仪器的一般特征，又有传统仪器不具备的特殊功能，在现代测控应用中有着广泛的应用前景。

作为测试工程领域的强有力工具，近年来，虚拟仪器软件 LabVIEW 得到了业界的普遍认可，并在测控应用领域得到广泛应用。

本书从实际应用出发，通过 35 个典型实例系统地介绍了虚拟仪器编程语言 LabVIEW 在数据采集和通信控制方面的程序设计方法。主要内容有 LabVIEW 数据采集和串口通信基础、NI 公司数据采集卡测控实例、研华公司数据采集卡测控实例、声卡数据采集实例、LabVIEW 串口通信实例、远程 I/O 模块串口通信控制实例、三菱/西门子 PLC 串口通信控制实例、单片机串口通信控制实例，以及 LabVIEW 网络通信与远程测控实例等。提供的实例由实例基础、设计任务、线路连接和任务实现等部分组成，并有详细的操作步骤。

考虑到 LabVIEW 各版本向下兼容，且各版本编程环境及用法基本相同，因此为使更多读者能够使用本书程序，我们选用了 LabVIEW 8.2 中文版作为主要设计平台，并将 LabVIEW 2015 中文版与其不同的地方予以指出。

本书内容丰富，论述深入浅出，有较强的实用性和可操作性，可供测控仪器、计算机应用、电子信息、机电一体化、自动化等专业的大学生、研究生，以及虚拟仪器研发的工程技术人员学习和参考。

本书由石河子大学李江全编写第 1、2 章，刘长征编写第 3、4、5 章，张茜编写第 6、7 章，刘育辰编写第 8、11 章；新疆工程学院王玉巍编写第 9 章；空军工程大学李丹阳编写第 10 章。

由于编者水平有限，书中难免存在不妥或错误之处，恳请广大读者批评指正。

编著者

目　　录

第 1 章　LabVIEW 数据采集基础

虚拟仪器主要用于获取真实物理世界的数据，也就是说，虚拟仪器必须要有数据采集的功能。从这个角度来说，数据采集就是虚拟仪器设计的核心，使用虚拟仪器必须掌握如何使用数据采集功能。

1.1　数据采集系统概述

1.1.1　数据采集系统的含义

在科研、生产和日常生活中，模拟量的测量和控制是经常遇到的。为了对温度、压力、流量、速度、位移等物理量进行测量和控制，都要先通过传感器把上述物理量转换成能模拟物理量的电信号（即模拟电信号），再将模拟电信号经过处理转换成计算机能识别的数字量，输入计算机，这就是数据采集。用于数据采集的成套设备称为数据采集系统（Data Acquisition System，DAS）。

数据采集系统的任务，就是传感器从被测对象获取有用信息，并将其输出信号转换为计算机能识别的数字信号，然后输入计算机进行相应的处理，得出所需的数据。同时，将计算得到的数据进行显示、储存或打印，以便实现对某些物理量的监视，其中一部分数据还将被生产过程中的计算机控制系统用来进行某些物理量的控制。

数据采集系统性能的优劣，主要取决于它的精度和速度。在保证精度的前提下，应有尽可能高的采样速度，以满足实时采集、实时处理和实时控制对速度的要求。

计算机技术的发展和普及提升了数据采集系统的技术水平。在生产过程中，应用这一系统可对生产现场的工艺参数进行采集、监视和记录，为提高产品质量、降低成本提供信息和手段；在科学研究中，应用数据采集系统可获得大量的动态信息，是研究瞬间物理过程的有力工具。总之，不论在哪个应用领域中，数据的采集与处理越及时，工作效率就越高，取得的经济效益就越大。

1.1.2　数据采集系统的功能

由数据采集系统的任务可以知道，数据采集系统具有以下几方面的功能。

1．数据采集

计算机按照预先选定的采样周期，对输入系统的模拟信号进行采样，有时还要对数字信号、开关信号进行采样。数字信号和开关信号不受采样周期的限制，当这类信号到来时，由相应的程序负责处理。

2. 信号调理

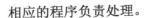

信号调理是对从传感器输出的信号做进一步的加工和处理，包括对信号的转换、放大、滤波、储存、重放和一些专门的信号处理。另外，传感器输出信号往往具有机、光、电等多种形式。而对信号的后续处理往往采取电信号的方式和手段，因而必须把传感器输出的信号进一步转化为适宜于电路处理的电信号，其中包括电信号放大。通过信号的调理，获得最终便于传输、显示和记录的，以及可做进一步后续处理的信号。

3. 二次数据计算

通常把直接由传感器采集到的数据称为一次数据，把通过对一次数据进行某种数学运算而获得的数据称为二次数据。二次数据计算主要有求和、最大值、最小值、平均值、累计值、变化率、样本方差与标准方差统计方式等。

4. 屏幕显示

显示装置可把各种数据以方便于操作者观察的方式显示出来，屏幕上显示的内容一般称为画面。常见的画面有相关画面、趋势图、模拟图、一览表等。

5. 数据存储

数据存储就是按照一定的时间间隔，如 1 小时、1 天、1 月等，定期将某些重要数据存储在外部存储器上。

6. 打印输出

打印输出就是按照一定的时间间隔，如分钟、小时、月的要求，定期将各种数据以表格或图形的形式打印出来。

7. 人机联系

人机联系是指操作人员通过键盘、鼠标或触摸屏与数据采集系统对话，完成对系统的运行方式、采样周期等参数和一些采集设备的通信接口参数的设置。此外，还可以通过它选择系统功能，选择输出需要的画面等。

1.1.3 数据采集系统的输入与输出信号

实现计算机数据采集与控制的前提是，必须将生产过程的工艺参数、工况逻辑和设备运行状况等物理量经过传感器或变送器转变为计算机可以识别的电信号（电压或电流）或逻辑量。计算机测控系统经常用到的信号主要分为模拟量信号和数字量信号两大类。

针对某个生产过程设计一套计算机数据采集系统，必须了解输入输出信号的规格、接线方式、精度等级、量程范围、线性关系、工程量换算等诸多要素。

1. 模拟量信号

在工业生产控制过程中，特别是在连续型的生产过程（如化工生产过程）中，经常会要

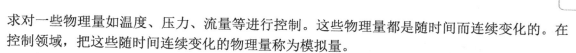

求对一些物理量如温度、压力、流量等进行控制。这些物理量都是随时间而连续变化的。在控制领域，把这些随时间连续变化的物理量称为模拟量。

模拟信号是指随时间连续变化的信号，这些信号在规定的一段连续时间内，其幅值为连续值，即从一个量变到下一个量时中间没有间断。

模拟信号有两种类型：一种是由各种传感器获得的低电平信号；另一种是由仪器、变送器输出的 4～20mA 的电流信号或 1～5V 的电压信号。这些模拟信号经过采样和 A/D 转换输入计算机后，常常要进行数据正确性判断、标度变换、线性化等处理。

模拟信号非常便于传送，但它对干扰信号很敏感，容易使传送中的信号的幅值或相位发生畸变。因此，有时还要对模拟信号进行零漂修正、数字滤波等处理。

当控制系统输出模拟信号需要传输较远的距离时，一般采用电流信号而不是电压信号，因为电流信号在一个回路中不会衰减，因而抗干扰能力比电压信号好；当控制系统输出模拟信号需要传输给多个其他仪器仪表或控制对象时，一般采用直流电压信号而不是直流电流信号。

模拟信号的常用规格如下。

1）1～5V 电压信号

此信号规格有时称为 DDZ-Ⅲ型仪表电压信号规格。1～5V 电压信号规格通常用于计算机控制系统的过程通道。工程量的量程下限值对应的电压信号为 1V，工程量上限值对应的电压信号为 5V，整个工程量的变化范围与 4V 的电压变化范围相对应。过程通道也可输出 1～5V 电压信号，用于控制执行机构。

2）4～20mA 电流信号

4～20mA 电流信号通常用于过程通道和变送器之间的传输信号。工程量或变送器的量程下限值对应的电流信号为 4mA，量程上限对应的电流信号为 20mA，整个工程量的变化范围与 16mA 的电流变化范围相对应。过程通道也可输出 4～20mA 电流信号，用于控制执行机构。

有的传感器的输出信号是毫伏级的电压信号，如 K 分度热电偶在 1000℃时输出信号为 41.296mV。这些信号要经过变送器转换成标准信号（4～20mA），再送到过程通道。热电阻传感器的输出信号是电阻值，一般要经过变送器转换为标准信号（4～20mA），再送到过程通道。对于采用 4～20mA 电流信号的系统，只需采用 250Ω电阻就可将其变换为 1～5V 直流电压信号。

需要说明的是，以上两种标准都不包括零值在内，这是为了避免和断电或断线的情况混淆，使信息的传送更为确切。这样也同时避开了晶体管器件的起始非线性段，使信号值与被测参数的大小更接近线性关系，所以受到国际的推荐和普遍的采用。

2. 数字量信号

数字量信号又称为开关量信号，是指在有限的离散瞬时上取值间断的信号，只有两种状态，相对于开和关一样，可用“0”和“1”表达。

在二进制系统中，数字信号是由有限字长的数字组成，其中每位数字不是“0”就是“1”。数字信号的特点是，它只代表某个瞬时的量值，是不连续的信号。

开关量信号反映了生产过程、设备运行的现行状态，又称为状态量。例如，行程开关可以指示出某个部件是否达到规定的位置，如果已经到位，则行程开关接通，并向工控机系统输入 1 个开关量信号；又如工控机系统欲输出报警信号，则可以输出 1 个开关量信号，通过继电器或接触器驱动报警设备，发出声光报警。如果开关量信号的幅值为 TTL/CMOS 电平，有时又将一组开关量信号称之为数字量信号。

有许多的现场设备往往只对应于两种状态，开关信号的处理主要是监测开关器件的状态变化。例如，按钮、行程开关的闭合和断开，马达、电动机的起动和停止，指示灯的亮和灭，继电器或接触器的释放和吸合，晶闸管的通和断，阀门的打开和关闭等，可以用开关输出信号去控制或者对开关输入信号进行检测。

开关（数字）量输入有触点输入和电平输入两种方式；开关（数字）量输出信号也有触点输出和电平输出两种方式。一般把触点输入/输出信号称为开关信号，把电平输入/输出信号称为数字信号。它们的共同点是都可以用“0”和“1”表达。

电平有“高”和“低”之分，对于具体设备的状态和计算机的逻辑值可以事先约定，即电平“高”为“1”，电平“低”为“0”，或者相反。

触点有常开和常闭之分，其逻辑关系正好相反，犹如数字电路中的正逻辑和负逻辑。工控机系统实际上是按电平进行逻辑运算和处理的，因此工控机系统必须为输入触点提供电源，将触点输入转换为电平输入。

对于开关量输出信号，可以分为两种形式：一种是电压输出，另一种是继电器输出。电压输出一般是通过晶体管的通断来直接对外部提供电压信号，继电器输出则是通过继电器触点的通断来提供信号。电压输出方式的速度比较快且外部接线简单，但带负载能力弱；继电器输出方式则与之相反。对于电压输出，又可分为直流电压和交流电压，相应的电压幅值有 5V、12V、24V 和 48V 等。

1.2 数据采集卡概述

为了满足 PC（个人计算机）用于数据采集与控制的需要，国内外许多厂商生产了各种各样的数据采集板卡（或 I/O 板卡）。用户只要把这类板卡插入计算机主板上相应的 I/O（ISA 或 PCI）扩展槽中，就可以迅速、方便地构成一个数据采集系统，既节省大量的硬件研制时间和投资，又可以充分利用 PC 的软、硬件资源，还可以使用户集中精力对数据采集与处理中的理论和方法、系统设计以及程序编制等进行研究。

1.2.1 数据采集卡的类型

基于 PC 总线的板卡是指计算机厂商为了满足用户需要，利用总线模板化结构设计的通用功能模板。基于 PC 总线的板卡种类很多，其分类方法也有很多种。按照板卡处理信号的不同，可以分为模拟量输入板卡（A-D 卡）、模拟量输出板卡（D-A 卡）、开关量输入板卡、开关量输出板卡、脉冲量输入板卡、多功能板卡等。其中多功能板卡可以集成多个功能，如数字量输入/输出板卡将数字量输入和数字量输出集成在同一个板卡上。根据总线的不同，可分为 PCI 板卡和 ISA 板卡。各种类型板卡依据其所处理的数据不同，都有相应的评价指标，现在较为流行的板卡大都是基于 PCI 总线设计的。

数据采集卡的性能优劣对整个系统举足轻重。选购时不仅要考虑其价格，更要综合考虑、比较其质量、软件支持能力、后续开发和服务能力。

表 1-1 列出了部分数据采集卡的种类和用途，板卡详细的信息资料请查询相关公司的宣传资料。

表 1-1　数据采集卡的种类和用途

输入/输出信息来源及用途	信息种类	相配套的接口板卡产品
温度、压力、位移、转速、流量等来自现场设备运行状态的模拟电信号	模拟量输入信息	模拟量输入板卡
限位开关状态、数字装置的输出数码、接点通断状态、“0”和“1”电平变化	数字量输入信息	数字量输入板卡
执行机构的执行、记录等（模拟电流/电压）	模拟量输出信息	模拟量输出板卡
执行机构的驱动执行、报警显示、蜂鸣器等（数字量）	数字量输出信息	数字量输出板卡
流量计算、电功率计算、转速、长度测量等脉冲形式输入信号	脉冲量输入信息	脉冲计数/处理板卡
操作中断、事故中断、报警中断及其他需要中断的输入信号	中断输入信息	多通道中断控制板卡
前进驱动机构的驱动控制信号输出	间断信号输出	步进电机控制板卡
串行/并行通信信号	通信收发信息	多口 RS-232/RS-422 通信板卡
远距离输入/输出模拟（数字）信号	模拟/数字量远端信息	远程 I/O 板卡（模块）

还有其他一些专用 I/O 板卡，如虚拟存储板（电子盘）、信号调理板、专用（接线）端子板等，这些种类齐全、性能良好的 I/O 板卡与 PC 配合使用，使系统的构成十分容易。

在多任务实时控制系统中，为了提高实时性，要求模拟量板卡具有更高的采集速度，通信板卡具有更高的通信速度。当然可以采用多种办法来提高采集和通信速度，但在实时性要求特别高的场合，则需要采用智能接口板卡。某智能 CAN 接口板卡产品图如图 1-1 所示。

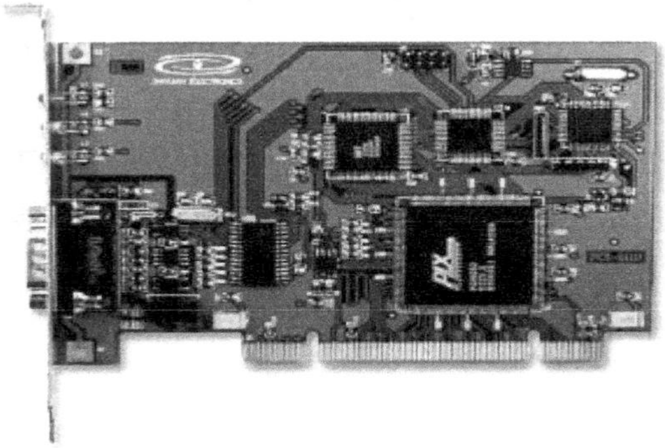

图 1-1　某智能 CAN 接口板卡产品图

所谓“智能”，就是增加了 CPU 或控制器的 I/O 板卡，使 I/O 板卡与 CPU 具有一定的并行性。例如，除了 PC 主机从智能模拟量板卡读取结果时是串行操作外，模拟量的采集和 PC 主机处理其他事件是同时进行的。

1.2.2 数据采集卡的选择

要建立一个数据采集与控制系统，数据采集卡的选择至关重要。

在挑选数据采集卡时，用户主要考虑的是根据需求选取适当的总线形式，适当的采样速率，适当的模拟输入、模拟输出通道数量，适当的数字输入、输出通道数量等。并根据操作系统以及数据采集的需求选择适当的软件。主要选择依据如下。

1. 通道的类型及个数

根据测试任务选择满足要求的通道数，选择具有足够的模拟量输入与输出通道数、足够的数字量输入与输出通道数的数据采集卡。

2. 最高采样速度

数据采集卡的最高采样速度决定了能够处理信号的最高频率。

根据耐奎斯特采样理论，采样频率必须是信号最高频率的 2 倍或 2 倍以上，即 $f_s \geqslant 2f_{max}$，采集到的数据才可以有效地复现出原始的采集信号。工程上一般选择 $f_s=(5\sim10)f_{max}$。一般的过程通道板卡的采样速率可以达到 30～100kHz。快速 A-D 卡可达到 1000kHz 或更高的采样速率。

3. 总线标准

数据采集卡有 PXI、PCI、ISA 等多种类型，一般是将板卡直接安装在计算机的标准总线插槽中。需根据计算机上的总线类型和数量选择相应的采集卡。

4. 其他

如果模拟信号是低电压信号，用户就要考虑选择采集卡时需要高增益。如果信号的灵敏度比较低，则需要高的分辨率。同时还要注意最小可测的电压值和最大输入电压值，采集系统对同步和触发是否有要求等。

数据采集卡的性能优劣对整个系统的影响举足轻重。选购时不仅要考虑其价格，更要综合考虑各种因素，比较其质量、软件支持能力、后续开发和服务能力等。

1.2.3 基于数据采集卡的测控系统

1. 测控系统组成

基于数据采集卡的计算机测控系统的组成如图 1-2 所示。

1）计算机主机

它是整个计算机控制系统的核心。主机由 CPU、存储器等构成。它通过由过程输入通道发送来的工业对象的生产工况参数，按照人们预先安排的程序，自动地进行信息处理、分析和计算，并做出相应的控制决策或调节，以信息的形式通过输出通道，及时发出控制命令，实现良好的人机联系。目前采用的主机有 PC 及 IPC（工业 PC）等。

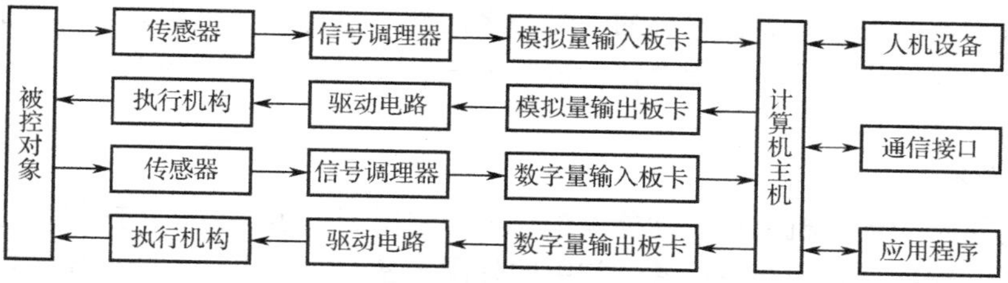

图 1-2　基于数据采集卡的控制系统组成框图

2）传感器

传感器的作用是把非电物理量（如温度、压力、速度等）转换成电压或电流信号。例如，使用热电偶可以获得随着温度变化的电压信号；转速传感器可以把转速转换为电脉冲信号。

3）信号调理器

信号调理器（电路）的作用是对传感器输出的电信号进行加工和处理，转换成便于输送、显示和记录的电信号（电压或电流）。例如，传感器输出信号是微弱的，就需要放大电路将微弱信号加以放大，以满足过程通道的要求；为了与计算机接口方便，需要 A/D 转换电路将模拟信号变换成数字信号等。常见的信号调理电路有电桥电路、调制解调电路、滤波电路、放大电路、线性化电路、A/D 转换电路、隔离电路等。

如果信号调理电路输出的是规范化的标准信号（如 4～20mA、1～5V 等），这种信号调理电路称为变送器。在工业控制领域，常常将传感器与变送器做成一体，统称为变送器。变送器输出的标准信号一般传输到智能仪表或计算机系统。

4）输入/输出板卡

应用 IPC 对工业现场进行控制，首先要采集各种被测量，计算机对这些被测量进行一系列处理后，将结果数据输出。计算机输出的数字量还必须转换成可对生产过程进行控制的量。因此，构成一个工业控制系统，除了 IPC 主机外，还需要配备各种用途的 I/O 接口产品，即 I/O 板卡（或数据采集卡）。

常用的 I/O 板卡包括模拟量输入/输出（AI/AO）板卡、数字量（开关量）输入/输出（DI/DO）板卡、脉冲量输入/输出板卡及混合功能的接口板卡等。

各种板卡是不能直接由计算机主机控制的，必须由 I/O 接口来传送相应的信息和命令。I/O 接口是主机和板卡、外围设备进行信息交换的纽带。目前绝大部分 I/O 接口都是采用可编程接口芯片，它们的工作方式可以通过编程设置。

常用的 I/O 接口有并行接口、串行接口等。

5）执行机构

它的作用是接受计算机发出的控制信号，并把它转换成执行机构的动作，使被控对象按预先规定的要求进行调整，保证其正常运行。生产过程按预先规定的要求正常运行，即控制生产过程。

常用的执行机构有各种电动、液动、气动开关，电液伺服阀，交直流电动机，步进电机，各种有触点和无触点开关，电磁阀等。在系统设计中需根据系统的要求来选择。

6）驱动电路

要想驱动执行机构，必须具有较大的输出功率，即向执行机构提供大电流、高电压驱动信号，以带动其动作；另一方面，由于各种执行机构的动作原理不尽相同，有的用电动，有的用气动或液动，如何使计算机输出的信号与之匹配，也是执行机构必须解决的重要问题。因此为了实现与执行机构的功率配合，一般都要在计算机输出板卡与执行机构之间配置驱动电路。

7）外围设备

主要是为了扩大计算机主机的功能而配置的。它用来显示、存储、打印、记录各种数据。包括输入设备、输出设备和存储设备。常用的外围设备有：打印机、图形显示器（CRT）、外部存储器（软盘、硬盘、光盘等）、记录仪、声光报警器等。

8）人机联系设备

操作台是人机对话的联系纽带。计算机向生产过程的操作人员显示系统运行状态、运行参数，发出报警信号；生产过程的操作人员通过操作台向计算机输入和修改控制参数，发出各种操作命令；程序员使用操作台检查程序；维修人员利用操作台判断故障等。

9）网络通信接口

对于复杂的生产过程，通过网络通信接口可构成网络集成式计算机控制系统。系统采用多台计算机分别执行不同的控制功能，既能同时控制分布在不同区域的多台设备，同时又能实现管理功能。

数据采集硬件的选择要根据具体的应用场合并考虑到自己现有的技术资源。

2. 数据采集卡测控系统特点

随着计算机和总线技术的发展，越来越多的科学家和工程师采用基于 PC 的数据采集系统来完成实验室研究和工业控制中的测试测量任务。

基于 PC 的 DAQ 系统（简称 PCs）的基本特点是输入、输出装置为板卡的形式，并将板卡直接与个人计算机的系统总线相连，即直接插在计算机主机的扩展槽上。这些输入、输出板卡往往按照某种标准由第三方批量生产，开发者或用户可以直接在市场上购买，也可以由开发者自行制作。一块板卡的点数（指测控信号的数量）少的有几点，多的有 64 点甚至更多。

构成 PCs 的计算机可以用普通的商用机，也可以用自组装的计算机，还可以使用工业控制计算机。

PCs 主要采用 Windows 操作系统，应用软件可以由开发者利用 C、VC++、VB 等语言自行开发，也可以在市场上购买组态软件进行组态后生成。

总之，由于 PCs 价格低廉、组成灵活、标准化程度高、结构开放、配件供应来源广泛、应用软件丰富等特点，是一种很有应用前景的计算机控制系统。

1.3 LabVIEW 数据采集系统

基于 LabVIEW 的数据采集系统结构一般如图 1-3 所示。

数据采集系统的硬件平台由计算机和其 I/O 接口设备两部分组成。I/O 接口设备主要执行信号的输入、数据采集、放大、模/数转换等任务。根据 I/O 接口设备总线类型的不同，系统的构成方式主要有五种：PC-DAQ/PCI 插卡式虚拟仪器测试系统、GPIB 虚拟仪器测试系统、VXI 总线虚拟仪器测试系统、PXI 总线虚拟仪器测试系统和串口总线虚拟仪器测试系统。

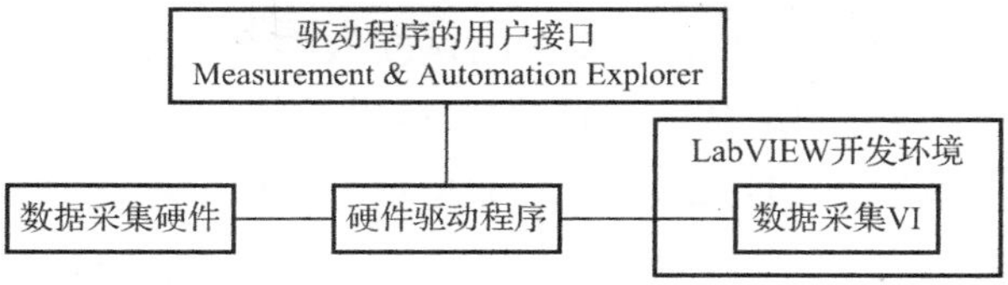

图 1-3　基于 LabVIEW 的数据采集系统结构

其中，PC-DAQ/PCI 插卡式是最基本、最廉价的构成形式，它充分利用了 PC 计算机的机箱、总线、电源及软件资源。图 1-4 是 PC-DAQ/PCI 插卡式系统应用示意图。

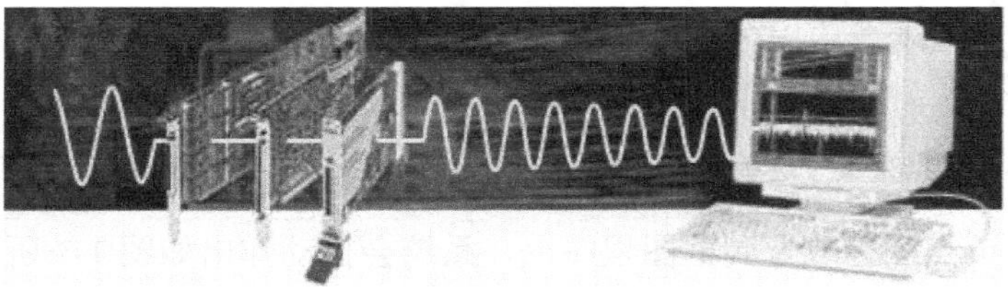

图 1-4　PC-DAQ 插卡式系统示意图

在使用前要进行硬件安装和软件设置。硬件安装就是将 DAQ 卡插入 PC 计算机的相应标准总线扩展插槽内，因采用 PC 本身的 PCI 总线或 ISA 总线，故称由它组成的虚拟仪器为 PC-DAQ/PCI 插卡式虚拟仪器。

PC-DAQ/PCI 插卡式系统受 PC 计算机机箱环境和计算机总线的限制，存在诸多的不足，如电源功率不足、机箱内噪声干扰、插槽数目不多、总线面向计算机而非面向仪器、插卡尺寸较小、插槽之间无屏蔽、散热条件差等。美国 NI 公司提出的 PXI 总线，是 PCI 计算机总线在仪器领域的扩展，由它形成了具有性能价格比优势的最新虚拟仪器测试系统。

一般情况下，DAQ 硬件设备的基本功能包括模拟量输入（A/D）、模拟量输出（D/A）、数字 I/O（Digital I/O）和定时（Timer）/计数（Counter）。因此，LabVIEW 环境下的 DAQ 模板设计也是围绕着这 4 大功能来组织的。

1.4　DAQ 助手的使用

LabVIEW 为用户提供了多种用于数据采集的函数、VIs 和 Express VIs。这些函数、VIs 和 Express VIs 大体可以分为两类，一类是 Traditional DAQ VIs（传统 DAQ 函数），另外一类是操作更为简便的 NI-DAQmx，这些组件主要位于函数选板中的测量 I/O 和仪器 I/O 子选板中。

其中最为常用的选板是位于测量 I/O 选项中的 Data Acquisition（数据采集）子选板，如图 1-5 所示。

LabVIEW 是通过 DAQ 函数来控制 DAQ 设备完成数据采集的，所有的 DAQ 函数都包含在函数选板中的测量 I/O 选项中的“DAQmx-数据采集”子选板中。

在所有的 DAQ 函数中，使用最多的是 DAQ 助手，DAQ 助手是一个图形化的界面，用于交互式地创建、编辑和运行 NI-DAQmx 虚拟通道和任务。

一个 NI-DAQmx 虚拟通道包括一个 DAQ 设备上的物理通道和对这个物理通道的配置信

息，例如输入范围和自定义缩放比例。一个 NI-DAQmx 任务是虚拟通道、定时和触发信息以及其他与采集或生成相关属性的组合。下面对 DAQ 助手的使用方法进行介绍。

DAQ 助手在函数选板测量 I/O 选项中的“DAQmx-数据采集”子选板中，如图 1-6 所示。

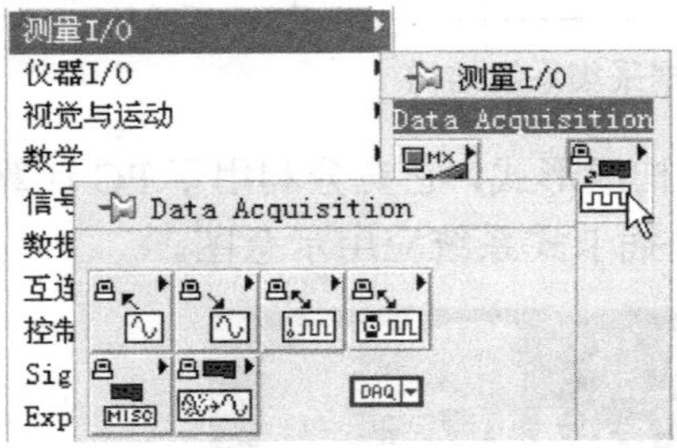

图 1-5　数据采集子选板

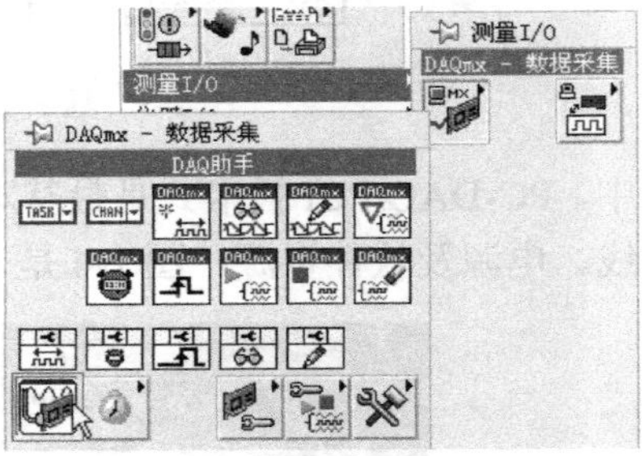

图 1-6　DAQ 助手位置

将 DAQ 助手节点图标放置到框图程序上，系统会自动弹出如图 1-7 所示对话框。

下面以 DAQ 模拟电压输入为例来介绍 DAQ 助手的使用方法。

选择“模拟输入”，如图 1-8 所示。

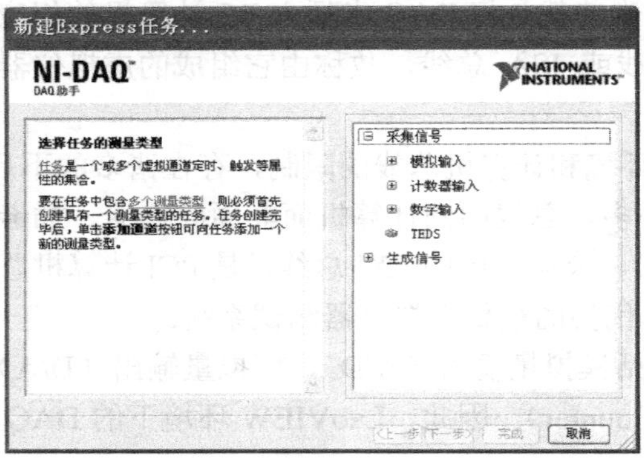

图 1-7　新建任务对话框

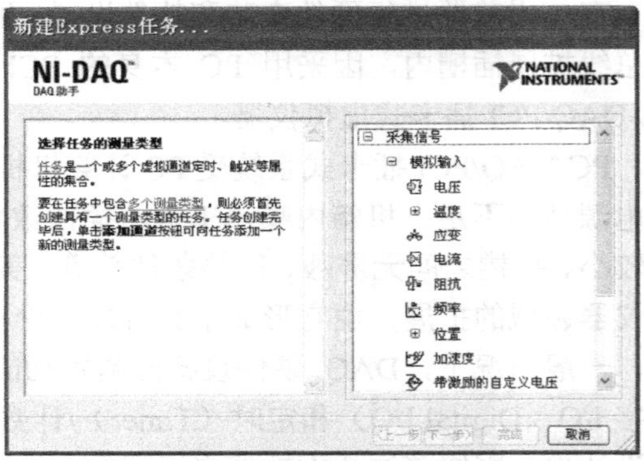

图 1-8　选择“模拟输入”

选择“电压”，用于采集电压信号。然后系统弹出如图 1-9 所示的对话框。

选择“ai0”（通道 0），单击“完成”按钮，将弹出如图 1-10 所示对话框。

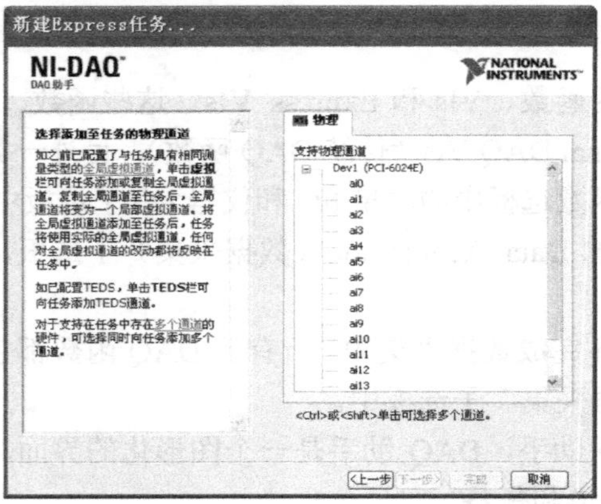

图 1-9　选择设备通道

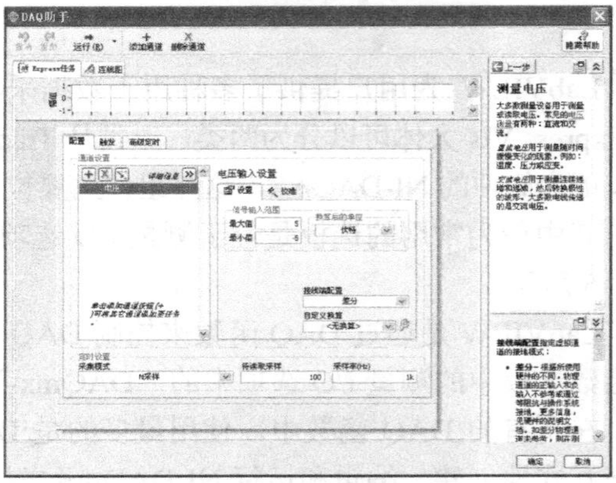

图 1-10　输入配置

按照图 1-10 所示配置完成后，单击“确定”按钮，系统便开始对 DAQ 进行初始化。初始化完成后就可利用 DAQ 助手采集电压信号。

设计程序前面板和框图程序分别如图 1-11 和图 1-12 所示。

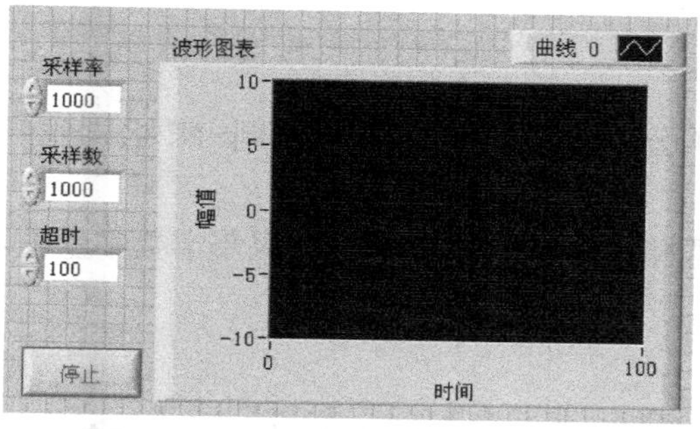

图 1-11　程序前面板

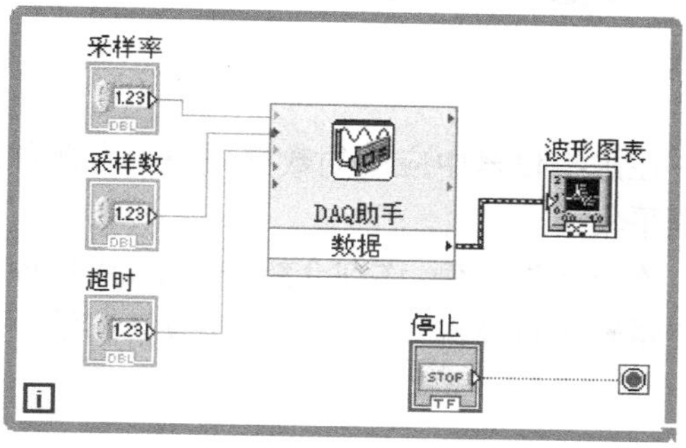

图 1-12　框图程序

第 2 章　NI 公司数据采集卡测控实例

在虚拟仪器中应用的数据采集卡有两种：NI 公司生产的数据采集卡和非 NI 公司生产的数据采集卡。

本章通过实例，详细介绍采用 LabVIEW 实现 NI 公司 PCI-6023E 数据采集卡数字量输入、数字量输出以及温度测控的程序设计方法。

实例基础　NI 公司 PCI-6023E 数据采集卡

1. PCI-6023E 数据采集卡简介

PCI-6023E 是 NI 公司 E 系列多功能数据采集卡之一，是一种性能优良的低价位的适合 PC 及其兼容机的采集卡。它可与 PC 的 PCI 总线相连，能够完成模拟量输入（A/D）、数字 I/O 及计数 I/O 等多种功能，非常适合搭建虚拟仪器系统。

PCI-6023E 数据采集卡产品如图 2-1 所示，与其配套进行数据采集的接线端子板是 CB-68LP 型，如图 2-2 所示。

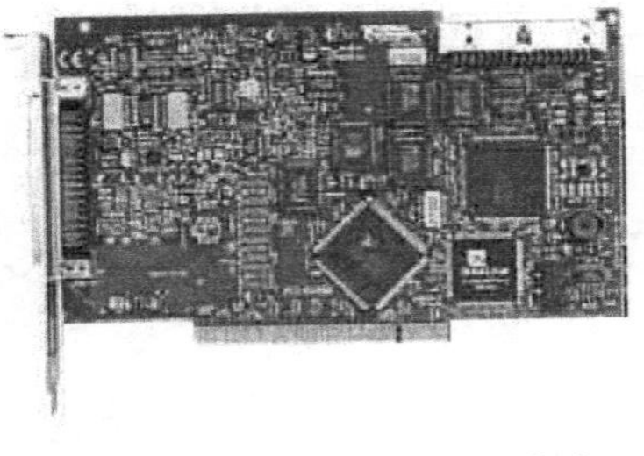

图 2-1　PCI-6023E 数据采集卡

图 2-2　CB-68LP 接线端子板

将 PCI-6023E 数据采集卡插入计算机主板上 PCI 扩展插槽内，通过 R6868 数据电缆与 CB-68LP 接线端子板相连，就可在 PC 的控制下完成模拟信号输入输出，数字信号输入/输出等功能。

基于 PCI-6023E 板卡的测控系统框图如图 2-3 所示。

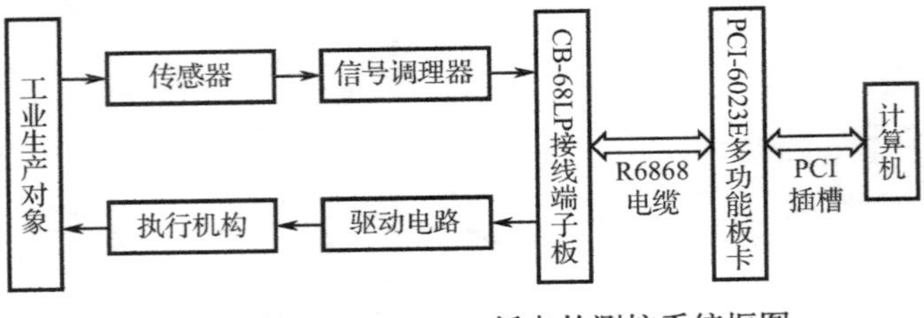

图 2-3　基于 PCI-6023E 板卡的测控系统框图

图 2-4 是 CB-68LP 接线端子板端口图，下面对其接线作简要说明。

AI 8	34	68	AI 0
AI 1	33	67	AI GND
AI GND	32	66	AI 9
AI 10	31	65	AI 2
AI 3	30	64	AI GND
AI GND	29	63	AI 11
AI 4	28	62	AI SENSE
AI GND	27	61	AI 12
AI 13	26	60	AI 5
AI 6	25	59	AI GND
AI GND	24	58	AI 14
AI 15	23	57	AI 7
AO 0[1]	22	56	AI GND
AO 1[1]	21	55	AO GND
AO EXT REF[1]	20	54	AO GND
P0.4	19	53	D GND
D GND	18	52	P0.0
P0.1	17	51	P0.5
P0.6	16	50	D GND
D GND	15	49	P0.2
+5V	14	48	P0.7
D GND	13	47	P0.3
D GND	12	46	AI HOLD COMP
PFI 0/A1 START TRIG	11	45	EXT STROBE
PFI 1/A1 REF TRIG	10	44	D GND
D GND	9	43	PFI 2/AI CONV CLK
+5V	8	42	PFI 3/CTR 1 SRC
D GND	7	41	PFI 4/CTR 1 GATE
PFI 5/AO SAMP CLK	6	40	CTR 1 OUT
PFI 6/AO START TRIG	5	39	D GND
D GND	4	38	PFI 7/AI SAMP CLK
PFI 9/CTR 0 GATE	3	37	PFI 8/CTR 0 SRC
CTR 0 OUT	2	36	D GND
FREQ OUT	1	35	D GND

图 2-4　CB-68LP 接线端子板端口图

AI 为模拟信号输入端口，当选择单端（single-ended）测量方式时，接线方式就是把信号源的正端接入 AI *n*（*n*=0，1，…15），信号源的负端接入 AI GND。

当选择差分（differential）测量方式时，接线方式是把信号源的正端接入 AI*n*（*n*=0，1，…，7），信号源的负端接入 AI *n*+8。

例如，单端时，通道 0 的正负接入端就分别是 AI0 和 AI GND；通道 1 的正负接入端就分别是 AI1 和 AI GND。

差分时，通道 0 的正负接入端就分别是 AI0 和 AI8；通道 1 的正负接入端就分别是 AI1 和 AI9。

P0.0～P0.7 为 8 个数字信号输入输出通道，可以通过软件设置每个数字通道为输入或者输出，对应接开关量的输入或输出。

PCI-6023E 有 2 个计数器：CTR 0 和 CTR 1，如果您的计数器信号只有 1 个，并希望实现简单的计数功能，那么只需要把计数器信号接到 CTR 0 SRC 或者 CTR 1 SRC。

2．安装 PCI-6023E 数据采集卡驱动程序

设备驱动程序是完成对某一特定设备的控制与通信的软件程序集合，是应用程序实现设备控制的桥梁。每个设备都有自己的驱动程序。硬件驱动程序是应用软件对硬件的编程接口，它包含着对硬件的操作命令，完成与硬件之间的数据传递。

对于市场上的大多数计算机内置插卡，厂家都配备了相应的设备驱动程序。用户在编制

应用程序时，可以像调用系统函数那样，直接调用设备驱动程序，进行设备操作。

NI 公司为其全部的 DAQ 产品提供了专门的驱动程序库，因此，在虚拟仪器软件下应用 NI 的 DAQ 产品无须专门考虑驱动程序问题。虚拟仪器软件提供了各种图形化驱动程序，使用者不必熟悉 PCI 计算机总线、GPIB 总线、VXI 总线、串口总线，利用虚拟仪器软件提供的图形化驱动程序就可以驱动上述各种总线的 I/O 接口设备，实现对被测信号的输入、数据采集、放大与模/数转换，进而供计算机进一步分析处理。

虚拟仪器软件开发环境安装时，会自动安装 NI-DAQ 软件，它包含 NI 公司各种数据采集硬件的驱动程序。如果购买 NI 公司数据采集硬件，它还会免费提供一个 NI-DAQ 软件，目的是使用户得到最新版本的设备驱动程序。安装完 NI-DAQ 后，函数模板中会出现 DAQ 子模板。

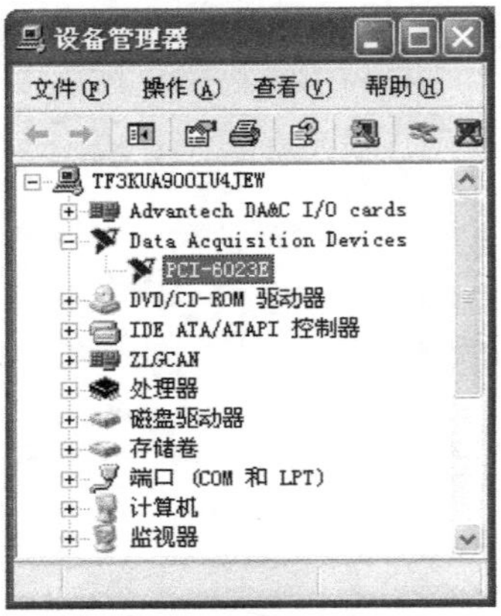

图 2-5　查看 PCI-6023E 板卡资源设置

由于虚拟仪器软件的广泛应用，许多其他厂商也将虚拟仪器软件驱动程序作为其 DAQ 产品的标准配置。

Windows 系统设备管理器会自动跟踪计算机中所装的硬件。如果有一块即插即用型的 DAQ 卡（PCI-6023E 数据采集卡就是即插即用型）被正确插入计算机 PCI 扩展插槽，驱动正确安装后，Windows 设备管理器就会自动检测到该 DAQ 卡，如图 2-5 所示。右击板卡名称，选择“属性”项，可以查看计算机分配给板卡的各项资源设置。

实例 1　PCI-6023E 数据采集卡数字量输入

一、设计任务

采用 LabVIEW 语言编写程序实现 PC 与 PCI-6023E 数据采集卡数字信号输入。

任务要求如下：利用开关产生数字（开关）信号（0 或 1），作用于板卡数字量输入通道，使 PC 程序界面中信号指示灯颜色改变。

二、线路连接

PC 与 PCI-6023E 数据采集卡组成的数字量输入线路如图 2-6 所示。

首先将 PCI-6023E 数据采集卡通过 R6868 数据电缆与 CB-68LP 接线端子板连接，然后将其他元器件连接到接线端子板上。

图 2-6 中，由光电接近开关（也可采用电感接近开关）控制 1 个继电器 KM，继电器有 2 个常开开关，其中 1 个常开开关 KM1 接信号指示灯 L，另一个常开开关 KM2 接数据采集卡数字量输入 6 通道（端口 16，50）或其他通道。

也可直接使用按钮、行程开关等的常开触点接数字量输入端口 16 和 50。

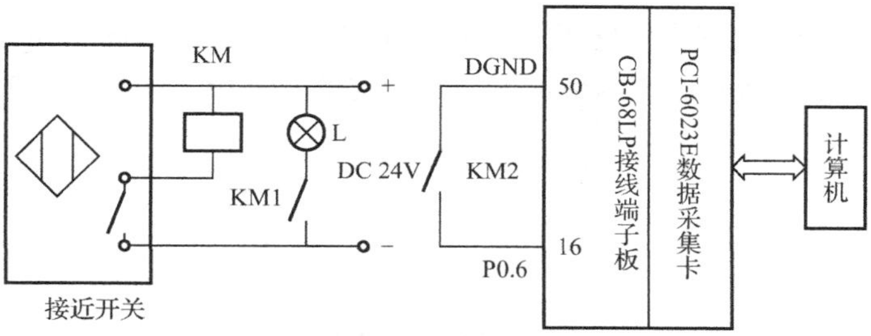

图 2-6　PC 与 PCI-6023E 数据采集卡组成的数字量输入线路

其他数字量输入通道信号输入接线方法与通道 6 相同。

实际测试中，可用导线将数字量输入端口（如 16 端口）与数字地（50 端口）之间短接或断开，产生数字量输入信号。

注意：在进行 LabVIEW 编程之前，首先必须安装 NI 数据采集卡驱动程序以及传统 DAQ 函数。

三、任务实现

方法 1：采用读写一条数字线的方式实现数字量输入

1．设计程序前面板

新建 VI。切换到 LabVIEW 的前面板窗口，通过控件选板给程序前面板添加控件。

（1）为了显示数字量输入状态，添加 1 个指示灯控件：控件→布尔→圆形指示灯。将标签改为“端口状态”。

（2）为了输入数字量输入端口号：添加 1 个数值输入控件：控件→数值→数值输入控件。标签为“端口号”，将初始值设为“6”。

（3）为了设置办卡通道号，添加 1 个通道设置控件：控件→I/O→传统 DAQ 通道。标签改为“Traditional DAQ Channel”（传统 DAQ 通道）。初始值设为 0，并设为默认值。

（4）为了关闭程序，添加 1 个停止按钮控件：控件→布尔→停止按钮。

设计的程序前面板如图 2-7 所示。

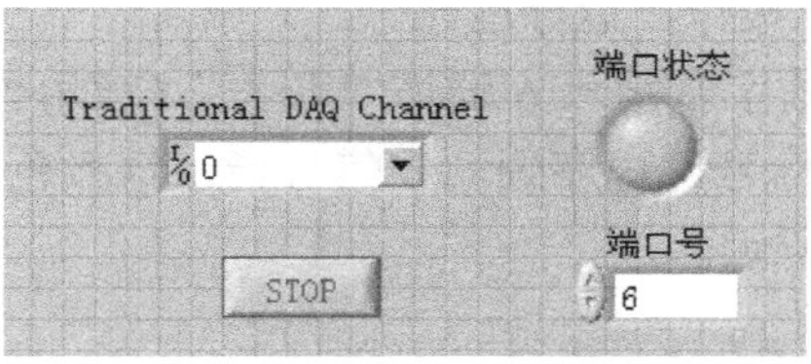

图 2-7　程序前面板

2．框图程序设计

切换到 LabVIEW 的程序框图窗口，添加节点与连线。

（1）添加 1 个 While 循环结构：函数→结构→While 循环。

以下在 While 循环结构框架中添加节点并连线。

（2）添加 1 个读数字量函数：函数→测量 I/O→Data Acquisition→Digital I/O→Read from Digital Line.vi，如图 2-8 所示。该函数读取用户指定的数字口上的某一位的逻辑状态。

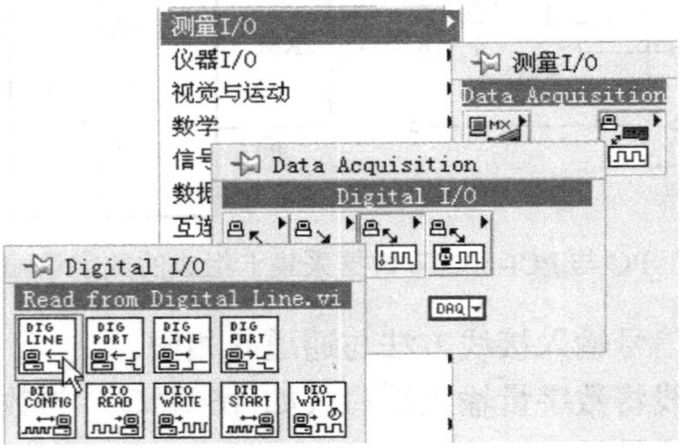

图 2-8　添加 Read from Digital Line.vi 函数

（3）添加 1 个数值常量：函数→数值→数值常量。将值设为“1”（板卡设备号）。

（4）将前面板添加的所有控件对象的图标移到 While 循环结构框架中。

（5）将数值常量“1”（板卡设备号）与 Read from Digital Line.vi 函数的输入端口“Device”相连。“Device”端口表示数字输入输出应用的设备编号。

（6）将传统 DAQ 通道控件与 Read from Digital Line.vi 函数的输入端口“digital channel”相连。“digital channel”端口表示数字端口号或在信道向导中设置的数字信道名。

（7）将数值输入控件（标签为“端口号”）与 Read from Digital Line.vi 函数的输入端口“Line”相连。“Line”端口表示数字端口中的数字线号或位。

（8）将 Read from Digital Line.vi 函数的输出端口“Line state”与指示灯控件（标签为“端口状态”）相连。“Line state”端口表示数字线或位的状态。这个参数对于 Read from Digital Line.vi 是一个输出量，当数字线处于关的状态就返回“False”，当数字线处于开的状态就返回“True”。

（9）将停止按钮控件与循环结构的条件端口相连。

设计的框图程序如图 2-9 所示。

3. 运行程序

单击快捷工具栏“运行”按钮，运行程序。

通过接近开关打开/关闭数字量输入 6 通道“开关”（或用导线将 16 和 50 端口短接或断开），产生开关（数字）输入信号，程序画面中信号指示灯颜色改变。

程序运行界面如图 2-10 所示。

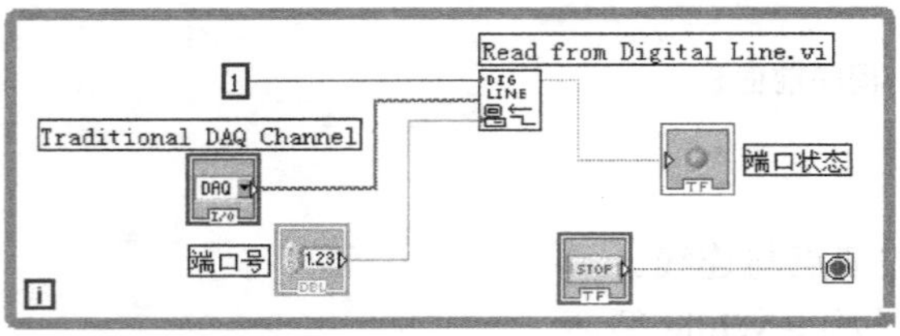

图 2-9　框图程序

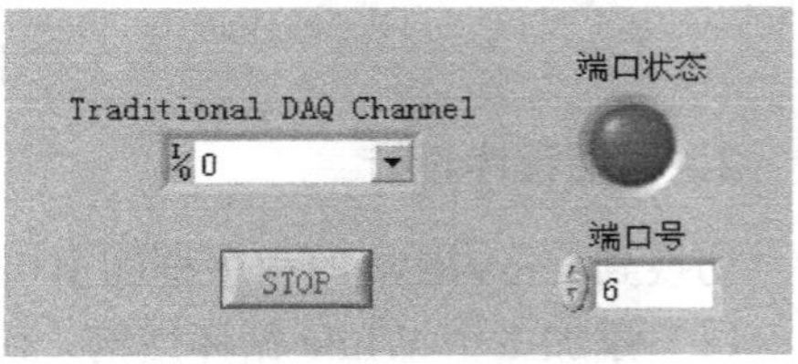

图 2-10　程序运行界面

方法 2：采用读写一个数字端口的方式实现数字量输入

1. 设计程序前面板

新建 VI。切换到 LabVIEW 的前面板窗口，通过控件选板给程序前面板添加控件。

（1）为了显示各数字量输入端口状态，添加 1 个数组控件：控件→数组、矩阵与簇→数组。标签改为“输入端口显示”。往数组框里放置“方形指示灯”控件。将数组中的指示灯个数设置为 8 个。

（2）为了设置板卡通道，添加 1 个通道设置控件：控件→I/O→传统 DAQ 通道。标签改为“Traditional DAQ Channel”（传统 DAQ 通道）。初始值设为 0，并设为默认值。

（3）为了关闭程序，添加 1 个停止按钮控件：控件→布尔→停止按钮。

设计的程序前面板如图 2-11 所示。

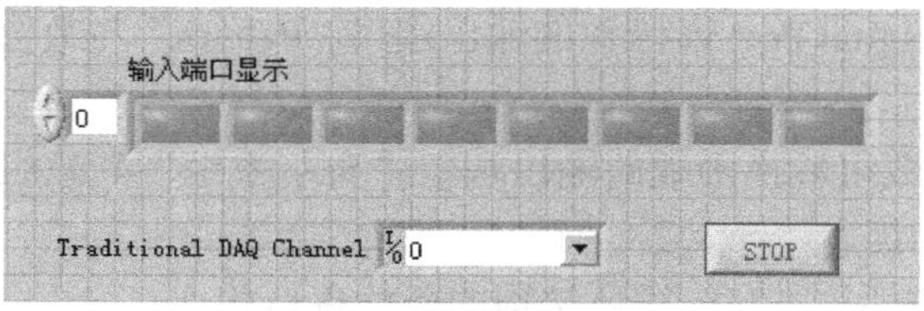

图 2-11　程序前面板

2. 框图程序设计

切换到 LabVIEW 的程序框图窗口，添加节点与连线。

（1）添加 1 个循环结构：函数→结构→While 循环。

以下在 While 循环结构框架中添加节点并连线。

（2）添加 1 个读数字量函数：函数→测量 I/O→Data Acquisition→Digital I/O→Read from Digital Port.vi，如图 2-12 所示。

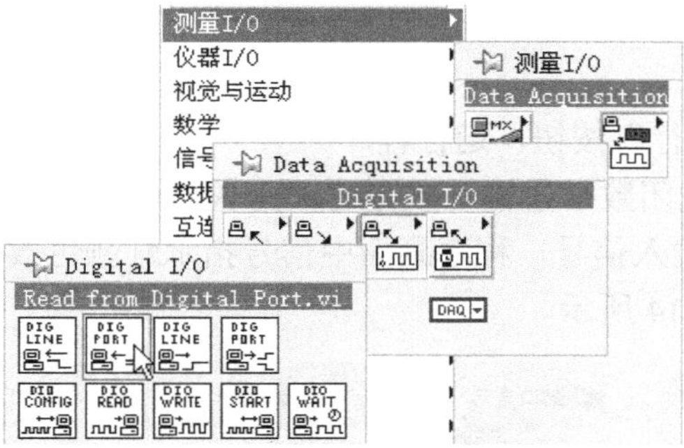

图 2-12　添加 Read from Digital Port.vi 函数

Read from Digital Port.vi 函数用于读一个用户指定的数字口。它与 Read from Digital Line.vi 在参数上的不同是，由于它是对整个端口操作，所以没有 line 和 line state 这两个参数，而增加了一个波形样式参数 Pattern，它返回一个端口所有数字线的状态。其余参数的意义相同。

Pattern 参数是一个整型数，它的二进制形式各个位上的 0 和 1 对应数字端口 8 个数字线的状态。用布尔函数子选板的“数值至布尔数组转换”函数和“布尔数组至数值转换”函数，可以将整型数与布尔数组之间进行转换。转换为布尔数组之后，整型数二进制格式各个位的 0 和 1，转换为数组各个成员的 FALSE 和 TRUE，这样与数字线的对应关系更为直观（数组成员索引号与数字端口的数字线序号一一对应）。

（3）添加 1 个数值常量：函数→数值→数值常量。将值设为“1”（板卡设备号）。

（4）添加 1 个数值转布尔数组函数：函数→数值→转换→数值至布尔数组转换。

（5）将前面板添加的所有控件对象的图标移到循环结构框架中。

（6）将数值常量“1”（板卡设备号）与 Read from Digital Port.vi 函数的输入端口“Device”相连。

（7）将传统 DAQ 通道控件与 Read from Digital Port.vi 函数的输入端口“digital channel”相连。

（8）将 Read from Digital Port.vi 函数的输出端口“Pattern”与数值至布尔数组转换函数的输入端口“数字”相连。

（9）将数值至布尔数组转换函数的输出端口“布尔数组”与数组控件（标签为“输入端口显示”）的输入端口相连。

（10）将停止按钮控件与 While 循环结构的条件端口相连。

设计的框图程序如图 2-13 所示。

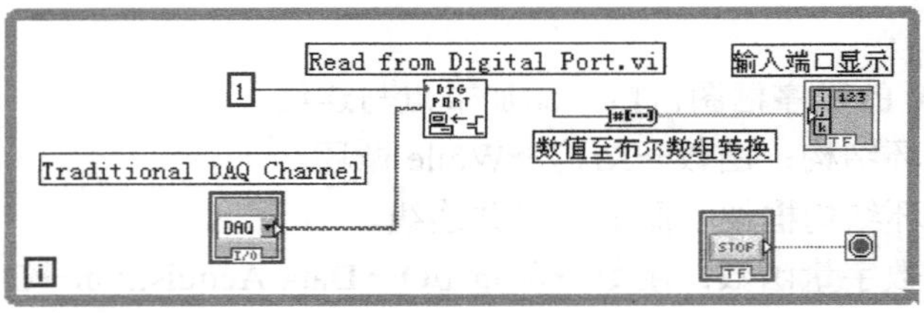

图 2-13　框图程序

3．运行程序

单击快捷工具栏“运行”按钮，运行程序。

通过接近开关打开/关闭数字量输入 6 通道“开关”（或用导线将 16 和 50 端口短接或断开），产生开关（数字）输入信号，程序画面中信号指示灯颜色改变。

程序运行界面如图 2-14 所示。

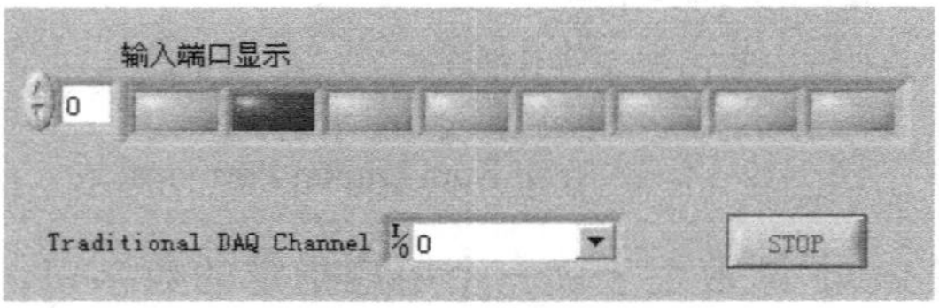

图 2-14　程序运行界面

实例 2　PCI-6023E 数据采集卡数字量输出

一、设计任务

采用 LabVIEW 语言编写程序实现 PC 与 PCI-6023E 数据采集卡数字信号输出。

任务要求：在 PC 程序画面中执行“打开/关闭”命令，画面中信号指示灯变换颜色，同时，线路中数字量输出端口输出高/低电平，信号指示灯亮/灭。

二、线路连接

PC 与 PCI-6023E 数据采集卡组成的数字量输出线路如图 2-15 所示。

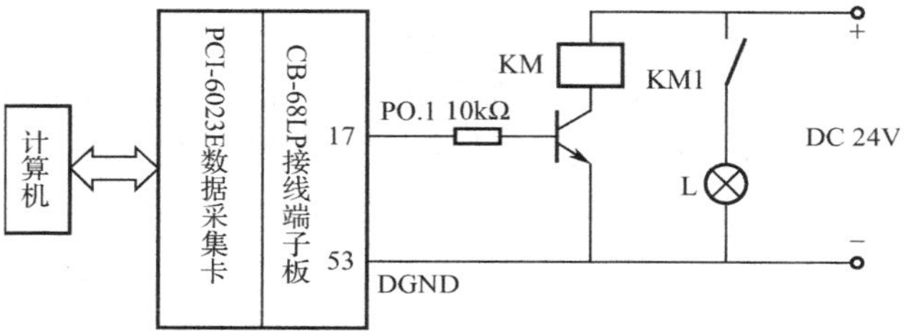

图 2-15　PC 与 PCI-6023E 数据采集卡组成的数字量输出线路

首先将 PCI-6023E 数据采集卡通过 R6868 数据电缆与 CB-68LP 接线端子板连接，然后将其他元器件连接到接线端子板上。

图 2-15 中，数据采集卡数字量输出 1 通道（PO.1，端口 17）接三极管基极，当计算机输出控制信号置 17 端口为高电平时，三极管导通，继电器 KM 常开开关 KM1 闭合，指示灯 L 亮；当置 17 端口为低电平时，三极管截止，继电器 KM 常开开关 KM1 打开，指示灯 L 灭。

也可使用万用表直接测量各数字量输出 1 通道与数字地（如端口 17 与端口 53）之间的输出电压（高电平或低电平）来判断数字量输出状态。

其他数字量输出通道信号输出接线方法与 1 通道相同。

也可不连线，使用万用表直接测量数字量输出 1 通道（端口 17 与端口 53）之间的输出电压（高电平或低电平）。

注意：在进行 LabVIEW 编程之前，首先必须安装 NI 板卡驱动程序以及传统 DAQ 函数。

三、任务实现

方法 1：采用读写一条数字线的方式实现数字量输出

1．设计程序前面板

新建 VI。切换到 LabVIEW 的前面板窗口，通过控件选板给程序前面板添加控件。

（1）为了显示数字量输出状态，添加 1 个指示灯控件：控件→布尔→圆形指示灯。标签为“指示灯”。

（2）为了改变数字量输出状态，添加 1 个滑动开关控件：控件→布尔→垂直滑动杆开关。标签为“置位按钮”。

（3）为了设置数字量输出端口号，添加 1 个数值输入控件：控件→数值→数值输入控件。标签为“端口号”。

（4）为了设置板卡通道号，添加 1 个通道设置控件：控件→I/O→传统 DAQ 通道。标签改为“Traditional DAQ Channel”（传统 DAQ 通道）。初始值设为 0，并设为默认值。

（5）为了关闭程序，添加 1 个停止按钮控件：控件→布尔→停止按钮。

设计的程序前面板如图 2-16 所示。

2．框图程序设计

切换到 LabVIEW 的程序框图窗口，添加节点与连线。

（1）添加 1 个循环结构：函数→结构→While 循环。

以下在 While 循环结构框架中添加函数并连线。

（2）添加 1 个写数字量函数：函数→测量 I/O→Data Acquisition→Digital I/O→Write to Digital Line.vi，如图 2-17 所示。该函数用于把用户指定的一个数字口上的某一位设置为逻辑 1 或 0。

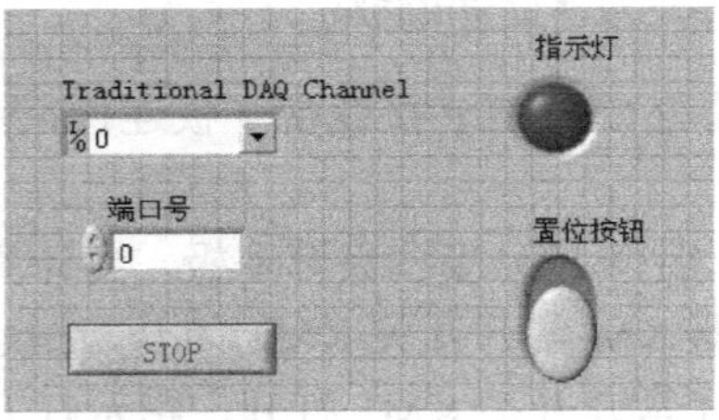

图 2-16　程序前面板

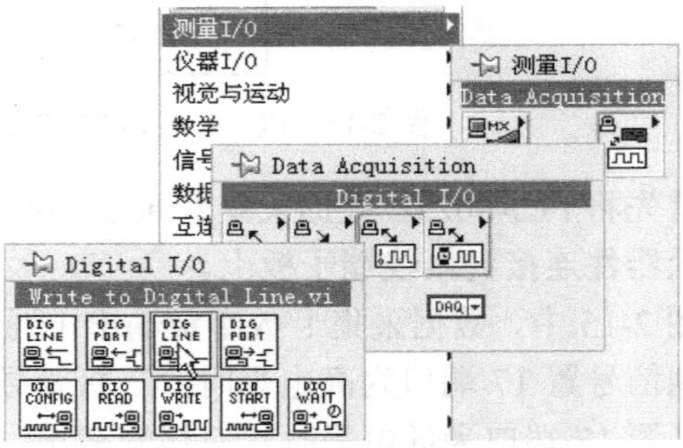

图 2-17　添加 Write to Digital Line.vi 函数

（3）添加 1 个数值常量：函数→数值→数值常量。将值设为“1”（板卡设备号）。

（4）将前面板添加的传统 DAQ 通道控件、数值输入控件（标签为“端口号”）、滑动开关控件（标签为“置位按钮”）、指示灯控件和停止按钮控件的图标移到循环结构框架中。

（5）将数值常量“1”（板卡设备号）与 Write to Digital Line.vi 函数的输入端口“Device”相连。“Device”端口表示数字输入输出应用的设备编号。

（6）将传统 DAQ 通道控件与 Write to Digital Line.vi 函数的输入端口“digital channel”相连。“digital channel”端口表示数字端口号或在信道向导中设置的数字信道名。

（7）将数值输入控件（标签为“端口号”）与 Write to Digital Line.vi 函数的输入端口“Line”相连。“Line”端口指定了数字端口中要进行操作的数字线或位。

（8）将滑动开关控件（标签为“置位按钮”）与 Write to Digital Line.vi 函数的输入端口“Line state“相连。“Line state”端口决定数字线或位的状态是“True”还是“False”。这个参数对于 Write to Digital Line.vi 是一个输入量，要将数字线置于关的状态就输入 FALSE，要将数字线置于开的状态就输入 TRUE。

（9）将滑动开关控件与指示灯控件（标签为“指示灯”）相连。

（10）将停止按钮控件与循环结构的条件端口相连。

设计的框图程序如图 2-18 所示。

3. 运行程序

单击快捷工具栏“运行”按钮，运行程序：

首先选择端口号 1，单击程序画面中开关（打开或关闭），画面中指示灯改变颜色，同时，线路中数据采集卡数字量输出 1 通道置高/低电平，指示灯亮/灭。

可使用万用表直接测量数字量输出 1 通道（端口 17 与端口 53 之间）的输出电压来判断数字量输出状态。

程序运行界面如图 2-19 所示。

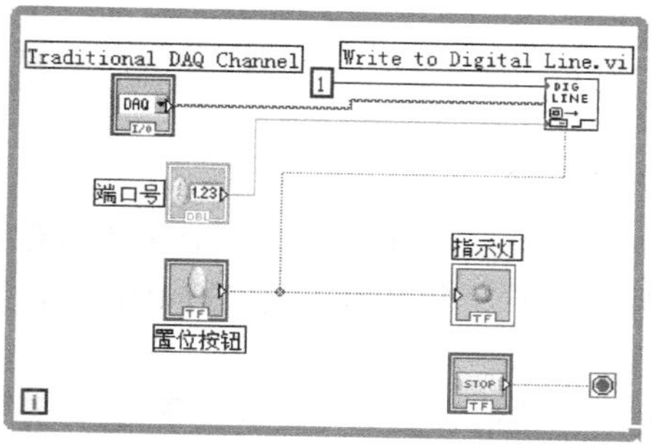

图 2-18　框图程序

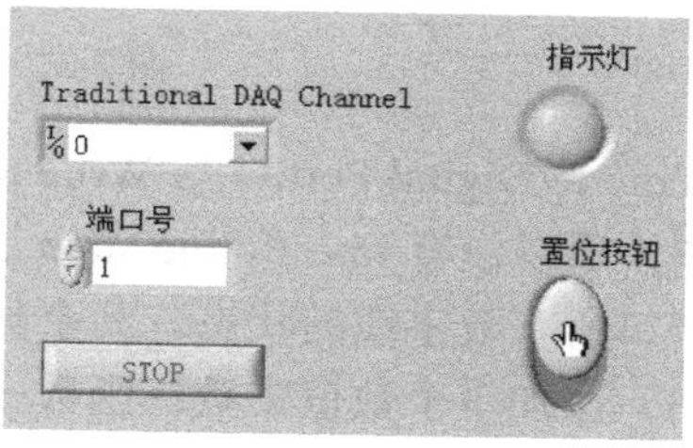

图 2-19　程序运行界面

方法 2：采用读写一个数字端口的方式实现数字量输出

1. 设计程序前面板

新建 VI。切换到 LabVIEW 的前面板窗口，通过控件选板给程序前面板添加控件。

（1）为了生成数字量输出状态值，添加 1 个数组控件：控件→数组、矩阵与簇→数组。标签改为“输出端口控制”。往数组框里放置“方形指示灯”控件，属性设为“输入”。设置方法：右击数组框架中的指示灯对象，从弹出的快捷菜单中选择“转换为输入控件”。将数组中的指示灯个数设置为 8 个。

（2）为了设置板卡通道号，添加 1 个通道设置控件：控件→I/O→传统 DAQ 通道。标签改为“Traditional DAQ Channel”（传统 DAQ 通道）。初始值设为 0，并设为默认值。

（3）为了关闭程序，添加 1 个停止按钮控件：控件→布尔→停止按钮。

设计的程序前面板如图 2-20 所示。

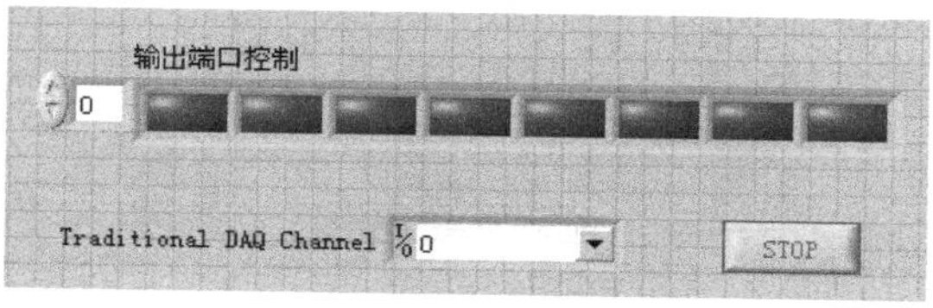

图 2-20　程序前面板

2. 框图程序设计

切换到 LabVIEW 的程序框图窗口，添加节点与连线。

（1）添加 1 个循环结构：函数→结构→While 循环。

以下在 While 循环结构框架中添加节点并连线。

（2）添加 1 个写数字量函数：函数→测量 I/O→Data Acquisition→Digital I/O→Write to Digital Port.vi，如图 2-21 所示。

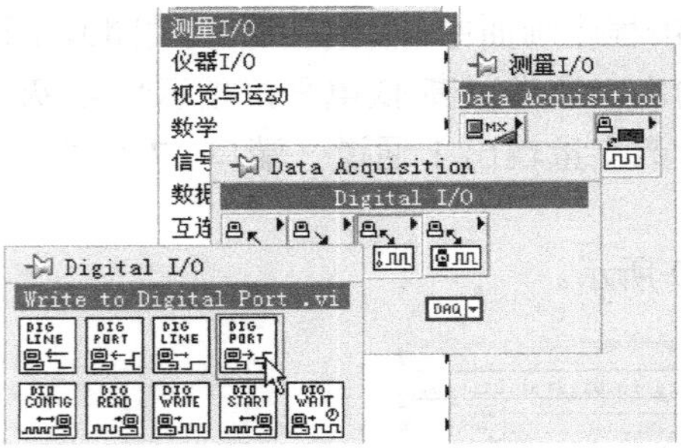

图 2-21　添加 Write to Digital Port.vi 函数

Write to Digital Port.vi 与 Write to Digital Line.vi 在参数上的不同是，由于前者是对整个端口操作，所以没有 line 和 line state 这两个参数，而增加了一个波形样式参数 Pattern，它控制一个端口所有数字线的状态。其余参数的意义相同。

（3）添加 1 个数值常数：函数→数值→数值常量。将值设为 1（板卡设备号）。

（4）添加 1 个布尔型数组转数值函数：函数→数值→转换→布尔数组至数值转换。

（5）将前面板添加的所有控件对象的图标移到循环结构框架中。

（6）将数值常量“1”（板卡设备号）与 Write to Digital Port.vi 函数的输入端口“Device”相连。

（7）将传统 DAQ 通道控件与 Write to Digital Port.vi 函数的输入端口“digital channel”相连。

（8）将数组控件（标签为“输出端口控制”）与布尔数组至数值转换函数的输入端口“布尔数组”相连。

（9）将布尔数组至数值转换函数的输出端口“数字”与 Write to Digital Port.vi 函数的输入端口“Pattern”相连。

（10）将停止按钮控件与循环结构的条件端口相连。

设计的框图程序如图 2-22 所示。

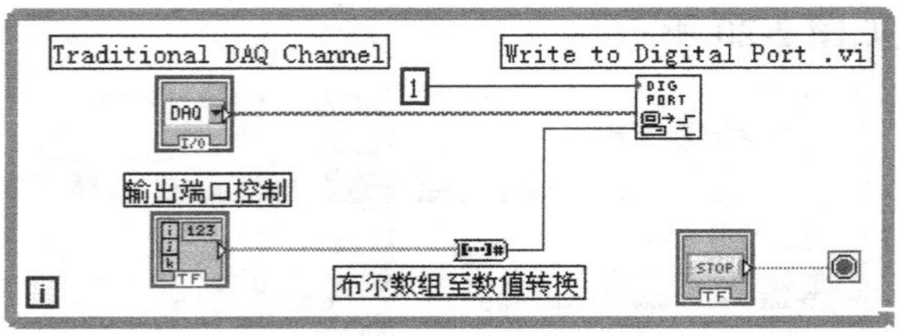

图 2-22　框图程序

3. 运行程序

单击快捷工具栏"运行"按钮，运行程序。

用鼠标单击程序画面数组中各指示灯，相应指示灯亮/灭（颜色改变），同时，线路中相应的数字量输出通道输出高/低电平。

程序运行界面如图 2-23 所示。

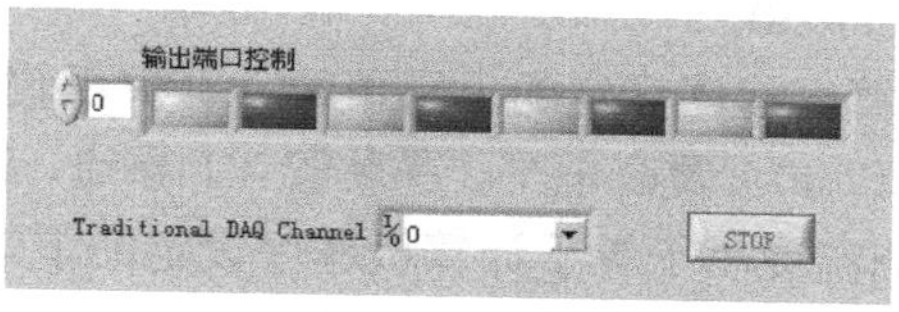

图 2-23　程序运行界面

实例 3　PCI-6023E 数据采集卡温度测控

一、设计任务

采用 LabVIEW 语言编写应用程序实现 PC 与 PCI-6023E 数据采集卡温度测控。

任务要求：自动连续读取并显示温度测量值；绘制测量温度实时变化曲线；实现温度上、下限报警指示并能在程序运行中设置报警上、下限值。

二、线路连接

PC 与 PCI-6023E 数据采集卡组成的温度测控线路如图 2-24 所示。

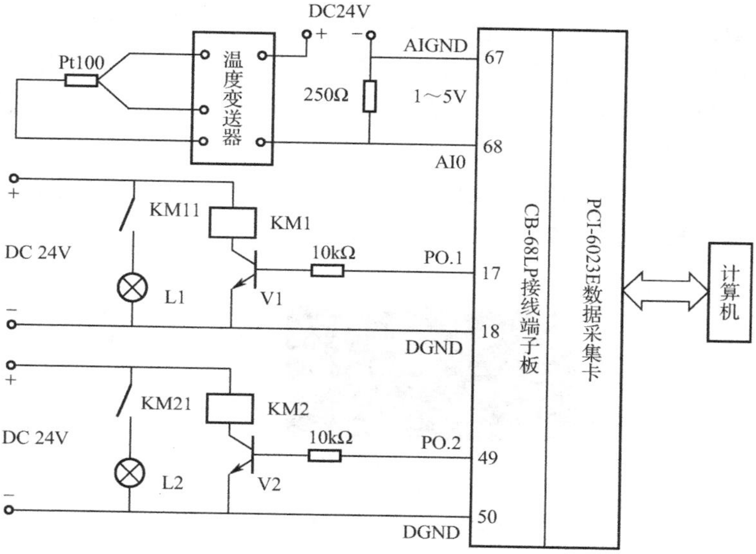

图 2-24　PC 与 PCI-6023E 数据采集卡组成的温度测控线路

首先将 PCI-6023E 数据采集卡通过 R6868 数据电缆与 CB-68LP 接线端子板连接，然后将其他输入、输出元器件连接到接线端子板上。

图 2-24 中，温度传感器 Pt100 热电阻检测温度变化，通过温度变送器（测量范围 0～200℃）转换为 4～20mA 电流信号，经过 250Ω电阻转换为 1～5V 电压信号送入数据采集卡模拟量输入 0 通道（端口 68 和 67）。检测到的电压值经过换算就可得到温度值。温度与电压的数学关系是：温度=(电压−1)×50。

当检测温度大于等于计算机程序设定的上限值时，计算机输出控制信号，使数据采集卡数字量输出 1 通道 PO.1（端口 17）置高电平，晶体管 V1 导通，继电器 KM1 常开开关 KM11 闭合，指示灯 L1 亮；当检测温度小于等于计算机程序设定的下限值，计算机输出控制信号，使数据采集卡数字量输出 2 通道 PO.2（端口 49）置高电平，晶体管 V2 导通，继电器 KM2 常开开关 KM21 闭合，指示灯 L2 亮。

还需进行 AI 参数设置。运行 Measurement & Automation 软件，在参数设置对话框中的 AI 设置项，设置模拟信号输入时的量程为−10.0～+10.0V，输入方式采用 Reference Single Ended（单端有参考地输入）。

注意：在进行 LabVIEW 编程之前，必须安装 NI 数据采集卡驱动程序以及 DAQ 函数。

三、任务实现

1. 设计程序前面板

新建 VI。切换到 LabVIEW 的前面板窗口，通过控件选板给程序前面板添加控件。

（1）为了实时显示测量温度实时变化曲线，添加 1 个波形图表控件：控件→图形→波形图表。标签改为“温度变化曲线”，将 Y 轴标尺范围改为 0～100。

（2）为了显示板卡采集值，添加 1 个数值显示控件：控件→数值→数值显示控件。标签为“温度值”。

（3）为了设置温度上下限值，添加 2 个数值输入控件：控件→数值→数值输入控件。标签分别改为“上限值”和“下限值”，将其初始值分别设为“50”和“20”。

（4）为了显示测量温度超限状态，添加 2 个指示灯控件：控件→布尔→圆形指示灯。将标签分别改为“上限灯”和“下限灯”。

（5）为了关闭程序，添加 1 个停止按钮控件；控件→布尔→停止按钮。

设计的程序前面板如图 2-25 所示。

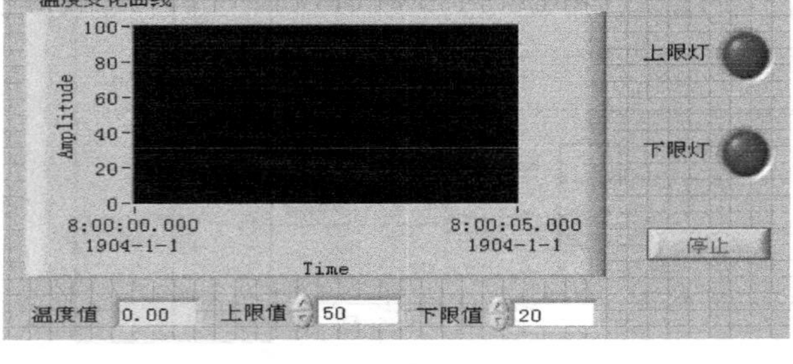

图 2-25　程序前面板

2. 框图程序设计

切换到 LabVIEW 的程序框图窗口，添加节点与连线。

1）温度采集程序设计

（1）添加 1 个 While 循环结构：函数→→结构→While 循环。

以下在 While 循环结构框架中添加节点并连线。

（2）添加 1 个时钟函数：函数→定时→等待下一个整数倍毫秒。

（3）添加 1 个数值常量：函数→数值→数值常量。值设为“500”。

（4）将数值常量“500”与时钟函数的输入端口相连。

（5）将停止按钮图标移到 While 循环结构框架中。将停止按钮与循环结构的条件端口相连。

（6）添加 1 个顺序结构：函数→结构→层叠式顺序结构（LabVIEW2015 以后版本结构子选板中没有直接提供层叠式顺序结构，可先添加平铺式顺序结构，右击边框，弹出快捷菜单，选择“替换为层叠式顺序”）。

将其帧设置为 2 个（序号 0～1）。设置方法：右击顺序式结构上边框，在弹出的快捷菜单中执行“在后面添加帧”选项 1 次。

在顺序结构框架 0 中添加函数并连线。

（7）添加 1 个模拟电压输入函数：函数→测量 I/O→Data Acquisition→Analog Input→AI Acquire Waveforms .vi，如图 2-26 所示。

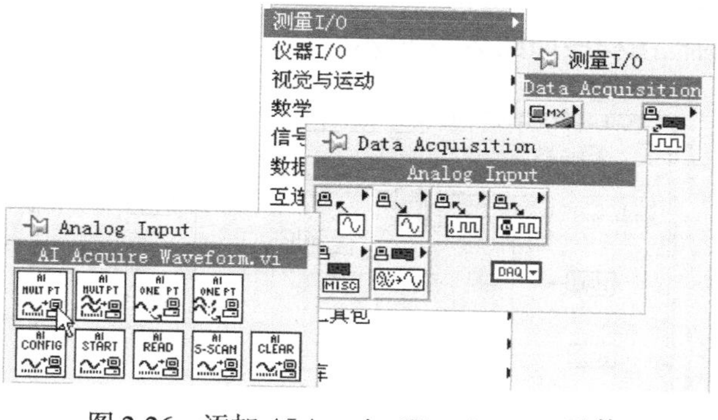

图 2-26　添加 AI Acquire Waveform .vi 函数

AI Acquire Waveform.vi 函数的主要功能是实现单通道数据采集。它有如下几个重要的输入数据端口，分别是 device、channel、number of samples 以及 sample rate。这四个输入数据端口分别用于指定数据采集卡的器件编号、通道编号、采样点数量以及采样速率。其中采样速率不能高于数据采集卡所允许的最高采样速率。AI Acquire Waveform.vi 函数的输出数据端口 Waveform 用于连接 Waveform 数据类型的控件。

（8）添加 6 个数值常量：函数→数值→数值常量，将值分别设为 1、1000、1000、0、1 和 50。

（9）添加 1 个字符串常量：函数→字符串→字符串常量，将值改为“0,1,2,3”。

（10）将数值常量 1、1000、1000 分别与 AI Acquire Waveforms .vi 函数的输入端口 device、number of samples/ch、scan rate 相连。

经过上面的简单设置，程序便可以对任意 device number 所对应的数据采集硬件的任意一个通道的电压进行数据采集了，采集速率和采集的数据点的个数分别由 number of samples 和 sample rate 决定。采集后的数据被实时显示在示波器窗口波形图形上面。

（11）将字符串“0,1,2,3”与 AI Acquire Waveforms .vi 函数的输入端口“channel（string）”相连。

（12）添加 1 个索引数组函数：函数→数组→索引数组。

（13）将 AI Acquire Waveforms .vi 函数的输出端口“waveforms”与索引数组函数的输入端口“数组”相连。

（14）将数值常量“0”与索引数组函数的输入端口“索引”相连。

（15）添加 1 个减函数：函数→数值→减。

（16）添加 1 个乘函数：函数→数值→乘。

（17）将索引数组函数的输出端口“元素”与减函数的输入端口“x”相连。

（18）将数值常量“1”与减函数的输入端口“y”相连。

（19）将减函数的输出端口“x-y”与乘函数的输入端口“x”相连。

（20）将数值常量“50”与乘函数的输入端口“y”相连。

（21）将数值显示控件（标签为“温度值”）、波形显示控件（标签为“温度变化曲线”）移到顺序结构框架 0 中。

（22）将乘函数的输出端口“x*y”分别与数值显示控件、波形显示控件相连。

其中第（17）～（22）步的作用是将检测的电压值转换为温度值（温度=（电压-1）*50）。

框架 0 中连接好的框图程序如图 2-27 所示。

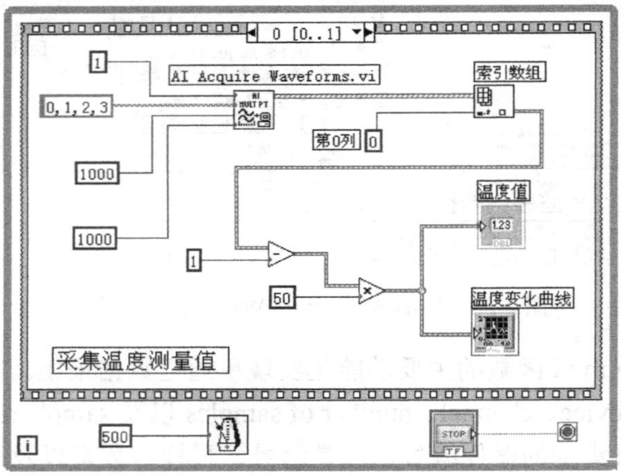

图 2-27　温度采集框图程序

2）超温控制程序设计

以下在顺序结构框架 1 中添加节点并连线。

（1）添加 2 个写数字量函数：函数→测量 I/O→Data Acquisition→Digital I/O→Write to Digital Line.vi。

（2）添加 4 个数值常量：函数→数值→数值常量。将值分别设为“1”“1”“1”和“2”。

（3）添加 2 个字符串常量：函数→字符串→字符串常量。将值均设为“0”。

（4）添加 1 个局部变量：函数→结构→局部变量。

右击局部变量图标，在弹出的快捷菜单中，从“选择项”子菜单为局部变量选择对象“温度值”。单击该局部变量，在弹出菜单中选择“转换为读取”。

（5）添加 1 个比较函数：函数→比较→“大于等于?”。

（6）添加 1 个比较函数：函数→比较→“小于等于?”。

（7）将数值输入控件“上限值”和“下限值”以及“上限灯”控件和“下限灯”控件移到顺序结构框架 1 中。

（8）将 2 个数值常量“1”（板卡设备号）分别与 2 个 Write to Digital Line.vi 函数的输入端口“Device”相连。

（9）将 2 个字符串常量“0”（通道号）分别与 2 个 Write to Digital Line.vi 函数的输入端口“digital channel”相连。

（10）将数值常量“1”和“2”（端口号）分别与 2 个 Write to Digital Line.vi 函数的输入端口“Line”相连。

（11）将“温度值”局部变量与“大于等于?”比较函数的输入端口“x”相连。

（12）将“温度值”局部变量与“小于等于?”比较函数的输入端口“x”相连。

（13）将数值输入控件“上限值”与“大于等于?”比较函数的输入端口“y”相连。

（14）将数值输入控件“下限值”与“小于等于?”比较函数的输入端口“y”相连。

（15）将“大于等于?”比较函数的输出端口“x>=y?”与 Write to Digital Line.vi 函数（上）的输入端口“Line state”相连。

（16）将“小于等于?”比较函数的输出端口“x<=y?”与 Write to Digital Line.vi 函数（下）的输入端口“Line state”相连。

（17）将“大于等于?”比较函数的输出端口“x>=y?”与“上限灯”控件相连。

（18）将“小于等于?”比较函数的输出端口“x<=y?”与“下限灯”控件相连。

框架 1 中连接好的框图程序如图 2-28 所示。

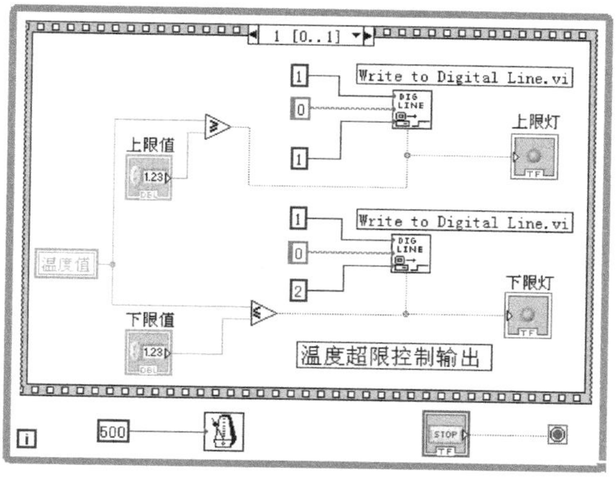

图 2-28　超温控制框图程序

3. 运行程序

单击快捷工具栏“运行”按钮，运行程序。

给 Pt100 热电阻传感器升温或降温，程序画面显示温度测量值及实时变化曲线。

当测量温度大于等于设定的上限温度值时，数据采集卡数字量输出 1 通道 PO.1（端口 17）置高电平，线路中指示灯 L1 亮，程序画面中上限指示灯改变颜色。

当测量温度小于等于设定的下限温度值时，数据采集卡数字量输出 2 通道 PO.2（端口 49）置高电平，线路中指示灯 L2 亮，程序画面中下限指示灯改变颜色。

可以改变温度报警上限值和下限值：在“上限值”数值输入控件中输入上限报警值，在“下限值”数值输入控件中输入下限报警值。

程序运行界面如图 2-29 所示。

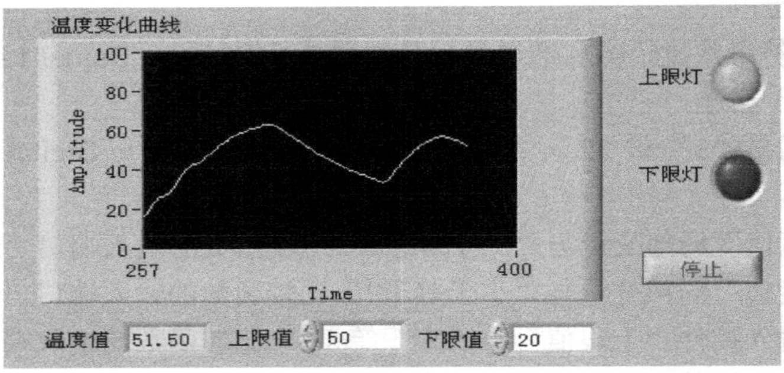

图 2-29　程序运行界面

第 3 章　研华公司数据采集卡测控实例

本章通过实例，详细介绍采用 LabVIEW 实现研华公司 PCI-1710HG 数据采集卡数字量输入、数字量输出、温度测控以及电压输出的程序设计方法。

实例基础　研华公司 PCI-1710HG 数据采集卡简介

1. PCI-1710HG 数据采集卡简介

PCI-1710HG 是研华公司生产的一款功能强大的、低成本多功能 PCI 总线数据采集卡，如图 3-1 所示。其先进的电路设计使它具有更高的质量和更多的功能，这其中包含五种最常用的测量和控制功能：16 路单端或 8 路差分模拟量输入、12 位 A/D 转换器（采样速率可达 100kHz）、2 路 12 位模拟量输出、16 路数字量输入、16 路数字量输出及计数器/定时器功能。

2. 用 PCI-1710HG 数据采集卡组成的控制系统

用 PCI-1710HG 板卡构成完整的控制系统还需要接线端子板和通信电缆，如图 3-2 所示。电缆采用 PCL-10168 型，如图 3-3 所示，是两端针型接口的 68 芯 SCSI-II 电缆，用于连接板卡与 ADAM-3968 接线端子板。该电缆采用双绞线，并且模拟信号线和数字信号线是分开屏蔽的，这样能使信号间的交叉干扰降到最小，并使 EMI/EMC 问题得到了最终的解决。接线端子板采用 ADAM-3968 型，如图 3-4 所示，是 DIN 导轨安装的 68 芯 SCSI-II 接线端子板，用于各种输入输出信号线的连接。

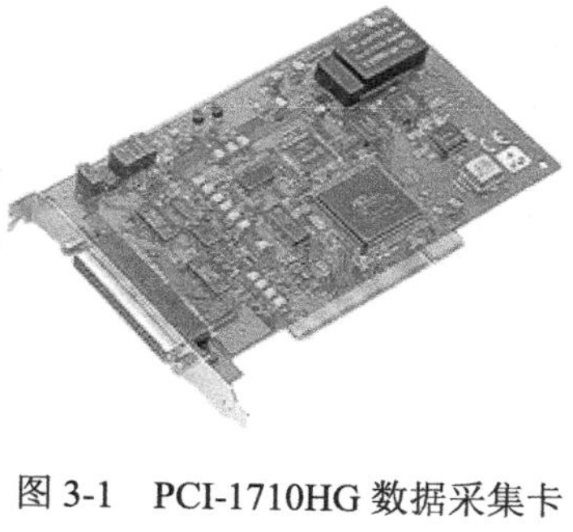

图 3-1　PCI-1710HG 数据采集卡

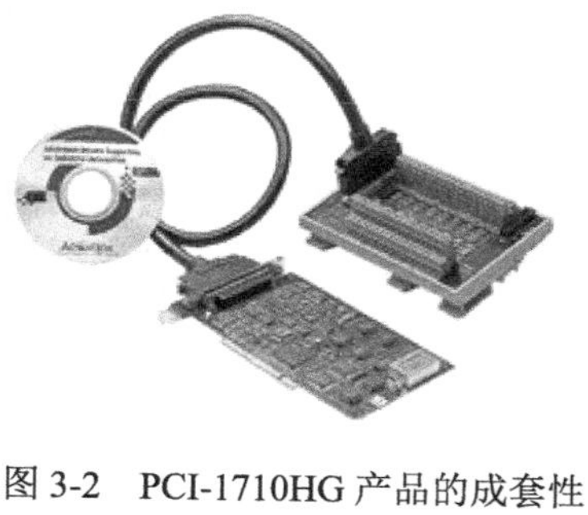

图 3-2　PCI-1710HG 产品的成套性

用 PCI-1710HG 板卡构成的控制系统框图如图 3-5 所示。

使用时用 PCL-10168 电缆将 PCI-1710HG 板卡与 ADAM-3968 接线端子板连接，这样 PCL-10168 的 68 个针脚和 ADAM-3968 的 68 个接线端子一一对应。

图 3-3　PCL-10168 电缆

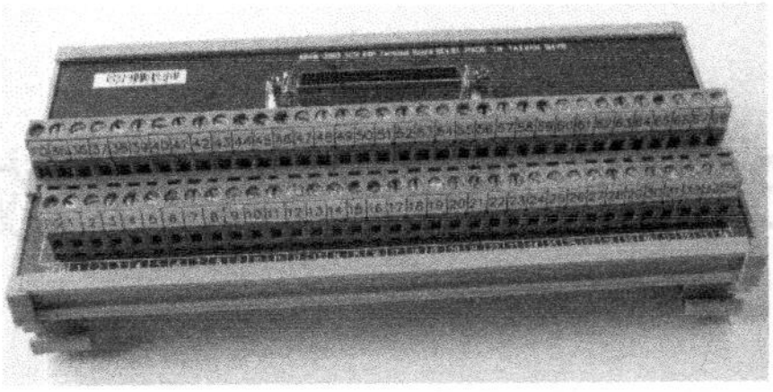

图 3-4　ADAM-3968 接线端子板

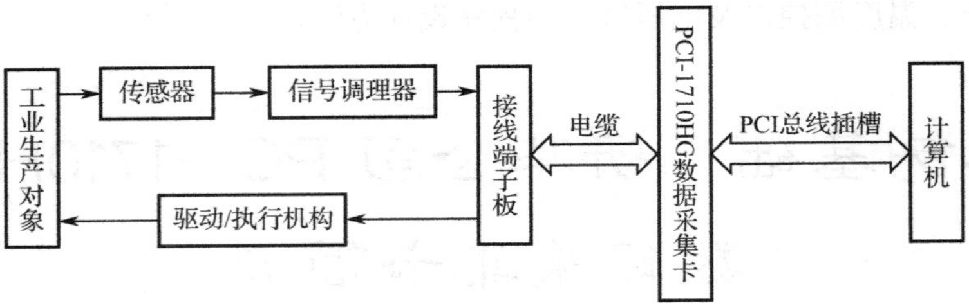

图 3-5　基于 PCI-1710HG 板卡的控制系统框图

接线端子板各端子的位置及功能如图 3-6 所示，信号描述见表 3-1。

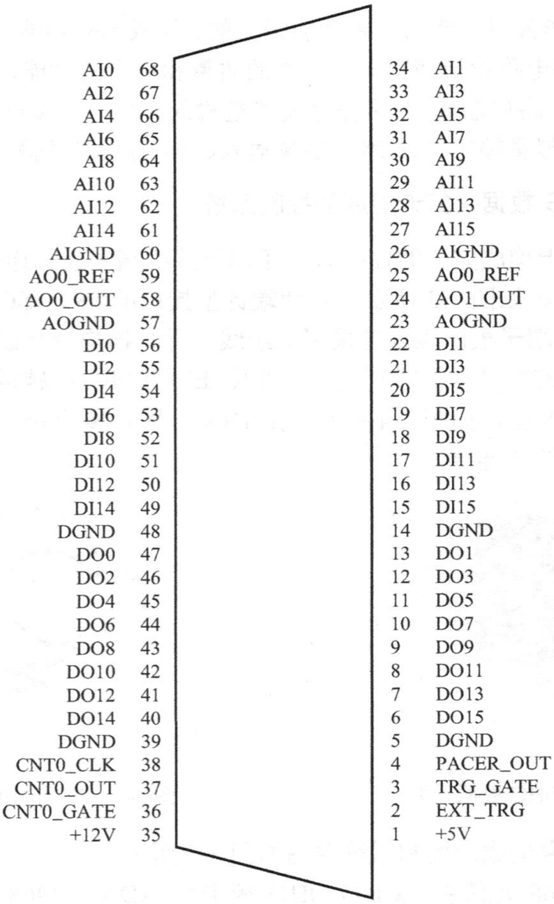

图 3-6　ADAM-3968 接线端子板信号端子位置及功能

表 3-1　ADAM-3968 接线端子板各端子信号功能描述

信号名称	参考端	方向	描述
AI<0~15>	AIGND	Input	模拟量输入通道：0~15
AIGND	—	—	模拟量输入地
AO0_REF AO1_REF	AOGND	Input	模拟量输出通道 0/1 外部基准电压输入端
AO0_OUT AO1_OUT	AOGND	Output	模拟量输出通道：0/1
AOGND	—	—	模拟量输出地
DI<0~15>	DGND	Input	数字量输入通道：0~15
DO<0~15>	DGND	Output	数字量输出通道：0~15
DGND	—	—	数字地（输入或输出）
CNT0_CLK	DGND	Input	计数器 0 通道时钟输入端
CNT0_OUT	DGND	Output	计数器 0 通道输出端
CNT0_GATE	DGND	Input	计数器 0 通道门控输入端
PACER_OUT	DGND	Output	定速时钟输出端
TRG_GATE	DGND	Input	A/D 外部触发器门控输入端
EXT_TRG	DGND	Input	A/D 外部触发器输入端
+12V	DGND	Output	+12V 直流电源输出
+5V	DGND	Output	+5V 直流电源输出

3. PCI-1710HG 数据采集卡的安装

进入研华公司官方网站 www.advantech.com.cn 找到并下载下列程序：设备管理程序 DevMgr.exe 和驱动程序 PCI1710.exe 等。

1）安装设备管理程序和驱动程序

在测试板卡和使用研华驱动编程之前必须首先安装研华设备管理程序 Device Manager 和 32bitDLL 驱动程序。

首先执行 DevMgr.exe 程序，根据安装向导完成配置管理软件的安装。

接着执行 PCI1710.exe 程序，按照提示完成驱动程序的安装。

安装完 Device Manager 后，相应的设备驱动手册 Device Driver's Manual 也会自动安装。有关研华 32bitDLL 驱动程序的函数说明、例程说明等资料在此获取。快捷方式的位置为：开始/程序/Advantech Automation/Device Manager/Device Driver's manual。

2）将板卡安装到计算机中

关闭计算机电源，打开机箱，将 PCI-1710HG 板卡正确地插到一空闲的 PCI 插槽中，如图 3-7 所示，检查无误后合上机箱。

图 3-7　PCI-1710HG 板卡安装

注意：在用手持板卡之前，请先释放手上的静电（例如，通过触摸电脑机箱的金属外壳释放静电），不要接触易带静电的材料（如塑料材料），手持板卡时只能握它的边沿，以免手上的静电损坏面板上的集成电路或组件。

重新开启计算机，进入 WindowsXP 系统，首先出现“找到新的硬件向导”对话框，选择“自动安装软件”项，单击“下一步”按钮，计算机将自动完成 Advantech PCI-1710HG Device 驱动程序的安装。

系统自动地为 PCI 板卡设备分配中断和基地址，用户无须关心。

注：其他公司的 PCI 设备一般都会提供相应的.inf 文件，用户可以在安装板卡的时候指定相应的.inf 文件给安装程序。

检查板卡是否安装正确：右击“我的电脑”，单击“属性”项，弹出“系统属性”对话框，选中“硬件”项，单击“设备管理器”按钮，进入“设备管理器”画面，若板卡安装成功后会在设备管理器列表中出现 PCI-1710HG 的设备信息，如图 3-8 所示。

查看板卡属性“资源”选项，可获得计算机分配给板卡的地址输入/输出范围：如 C000-C0FF，其中首地址为 C000，分配的中断号为 22，如图 3-9 所示。

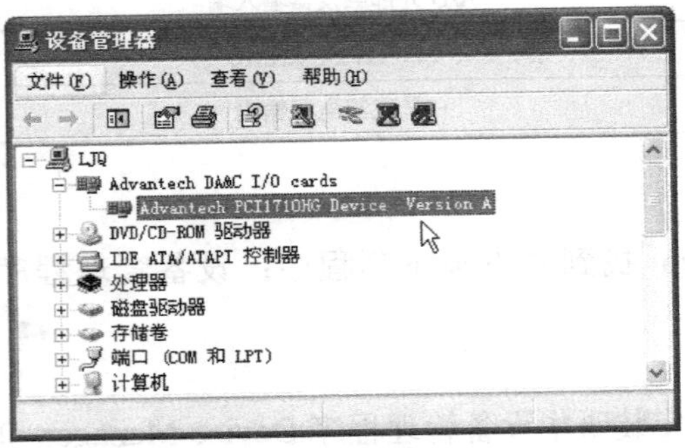

图 3-8 设备管理器中的板卡信息

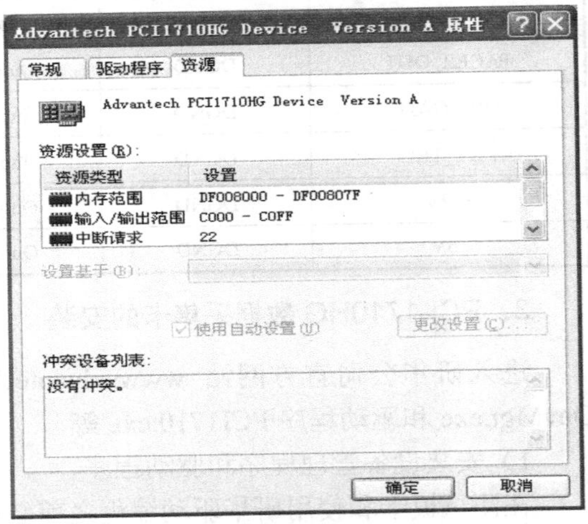

图 3-9 板卡资源信息

3）配置板卡

在测试板卡和使用研华驱动编程之前必须首先对板卡进行配置，通过研华板卡配置软件 Device Manager 来实现。

从开始菜单/所有程序/Advantech Automation/Device Manager 打开设备管理程序 Advantech Device Manager，如图 3-10 所示。

当计算机上已经安装好某个产品的驱动程序后，设备管理软件支持的设备列表前没有红色叉号，说明驱动程序已经安装成功，比如图 3-10 中 Supported Devices 列表的 Advantech PCI-1710/L/HG/HGL 前面就没有红色叉号，选中该板卡，单击“Add”按钮，该板卡信息就会出现在 Installed Devices 列表中。

PCI 总线的插卡插好后，计算机操作系统会自动识别，在 Device Manager 的 Installed Devices 栏中 My Computer 下会自动显示出所插入的器件，这一点和 ISA 总线的板卡不同。

单击“Setup”按钮，弹出“PCI-1710/L/HG/HGL Device Setting”对话框，如图 3-11 所示，在对话框中可以设置 A/D 通道是单端输入还是差分输入，可以选择两个 D/A 转换输出通道通用的基准电压来自外部还是内部，也可以设置基准电压的大小（0～5V 还是 0～10V），设置好后，单击“OK”按钮即可。

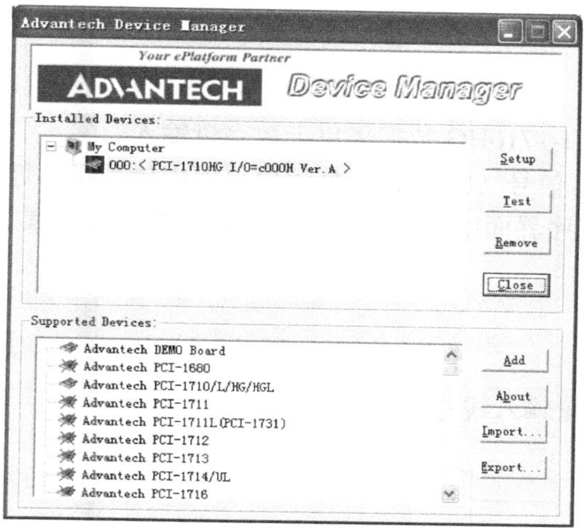

图 3-10　配置板卡

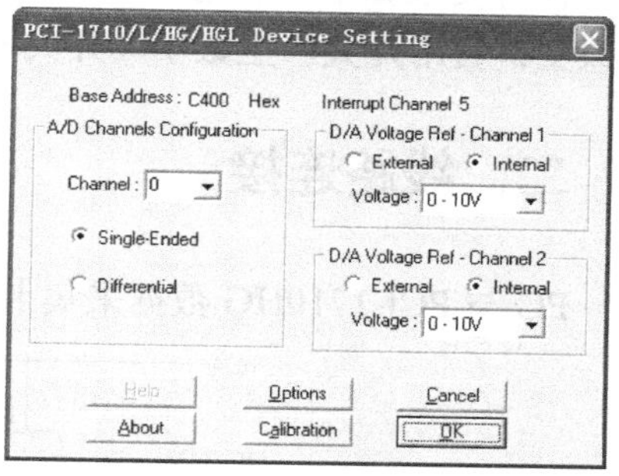

图 3-11　板卡 A/D、D/A 通道配置

到此，PCI-1710HG 数据采集卡的硬件和软件已经安装完毕，可以进行板卡测试。

4）板卡测试

可以利用板卡附带的测试程序对板卡的各项功能进行测试。

运行设备测试程序：在研华设备管理程序 Advantech Device Manager 对话框中单击“Test”按钮，出现 Advantech Device Test 对话框，通过不同选项卡可以对板卡的 Analog Input、Analog Output、Digital Input、Digital Output、Counter 等功能进行测试。

5）LabVIEW 驱动程序的安装

目前，用 LabVIEW 开发的基于 NI 公司 DAQ 产品的数据采集软件已经进行了成功的商业应用。在 LabVIEW 环境中控制各种 DAQ 卡完成特定的功能，都离不开 DAQ 驱动程序的支持。依靠硬件驱动程序可以大大简化 LabVIEW 编程工作，提高开发效率，降低开发成本。

假如用户采用的 DAQ 产品没有 LabVIEW 驱动程序，那么在利用 LabVIEW 开发应用程序前，必须首先编写 LabVIEW 驱动程序。研华提供 LabVIEW 驱动程序，供 LabVIEW 语言对其板卡编程使用。

首先在研华公司官方网站找到驱动程序 LabVIEW.exe 文件，安装该文件后，在 LabVIEW 函数模板中的用户库（User Libraries）就会出现研华的 LabVIEW 函数库（Advantech DA&C），如图 3-12 所示。

注意：安装完设备管理程序 Device Manager 和 32bitDLL 驱动程序后 LabVIEW 驱动程序才能正常使用。

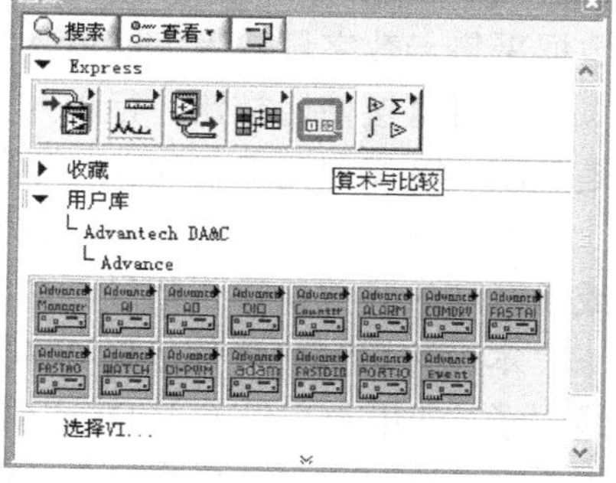

图 3-12　研华公司 LabVIEW 函数库

实例 4　PCI-1710HG 数据采集卡数字量输入

一、设计任务

采用 LabVIEW 语言编写程序实现 PC 与 PCI-1710HG 数据采集卡数字量输入。

任务要求如下：利用开关产生数字（开关）信号（0 或 1），使程序界面中信号指示灯颜色改变；利用开关产生数字（开关）信号，使程序界面中计数器文本中的数字从 1 开始累加。

二、线路连接

PC 与 PCI-1710HG 数据采集卡组成的数字量输入线路如图 3-13 所示。

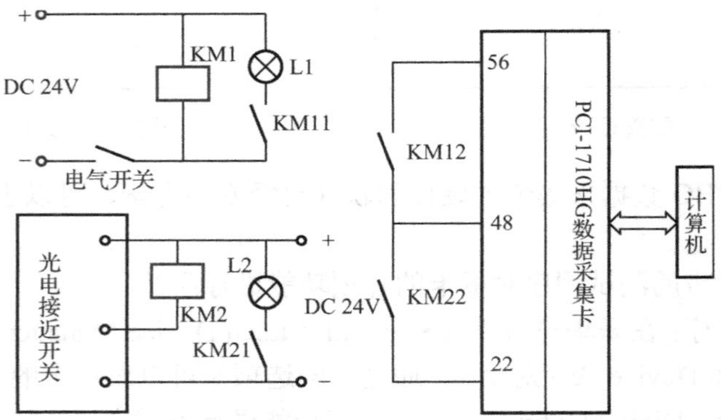

图 3-13　PC 与 PCI-1710HG 数据采集卡组成的数字量输入线路

图 3-13 中，由电气开关和光电接近开关（也可采用电感接近开关）分别控制两个电磁继电器，每个继电器都有 2 路常开和常闭开关，其中，2 个继电器的一个常开开关 KM11 和 KM21 接指示灯，由电气开关控制的继电器的另一常开开关 KM12 接 PCI-1710HG 数据采集卡数字量输入 0 通道（56 端口和 48 端口），由光电接近开关控制的继电器的另一常开开关 KM22 接数据采集卡数字量输入 1 通道（22 端口和 48 端口）。

也可直接使用按钮、行程开关等的常开触点接数字量输入端口（56 端口是 DI0，22 端口是 DI1，48 端口是 DGND）。其他数字量输入通道信号输入接线方法与通道 1 相同。

实际测试中，可用导线将数字量输入端口（如 56 端口）与数字地（48 端口）之间短接或断开产生开关量输入信号。

本设计用到的硬件包括 PCI-1710HG 数据采集卡，PCL-10168 数据线缆，ADAM-3968 接线端子（使用数字量输入 DI 通道），电气开关，光电接近开关（DC 24V），继电器（DC 24V），指示灯（DC 24V），直流电源（输出 DC 24V）等。

三、任务实现

1．设计程序前面板

（1）为了显示数字量输入状态，添加 1 个指示灯控件：控件→新式→布尔→圆形指示灯，将标签改为“信号指示灯”。

（2）为了显示数字量输入次数，添加 1 个数值显示控件：控件→新式→数值→数值显示控件，将标签改为“开关计数器”。

（3）添加 1 个数值显示控件：控件→新式→数值→数值显示控件，将标签改为“中间变量”。

为保持界面整齐，将“中间变量”显示器隐藏：右键单击“中间变量”数字显示控件，选择高级→隐藏输入控件命令。

（4）为了关闭程序，添加 1 个停止按钮控件：控件→新式→布尔→停止按钮。

设计的程序前面板如图 3-14 所示。

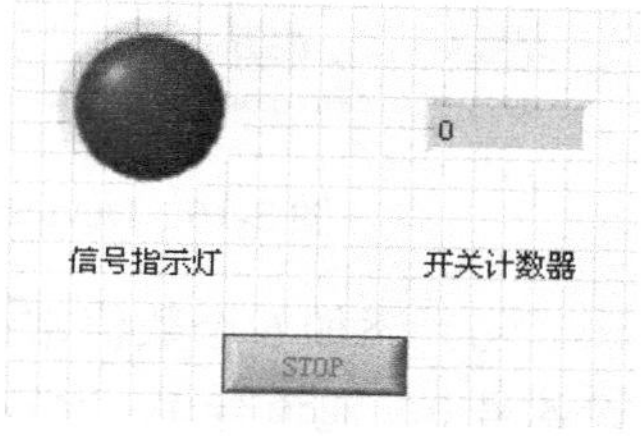

图 3-14　程序前面板

2．框图程序设计

在进行 LabVIEW 编程之前，必须首先安装研华设备管理程序（Device Manager）、32bit DLL 驱动程序及研华板卡 LabVIEW 驱动程序。

（1）添加选择设备函数：函数→用户库→Advantech DA&C（研华公司的 LabVIEW 函数库）→EASYIO→SelectPOP→SelectDevicePop.vi，如图 3-15 所示。

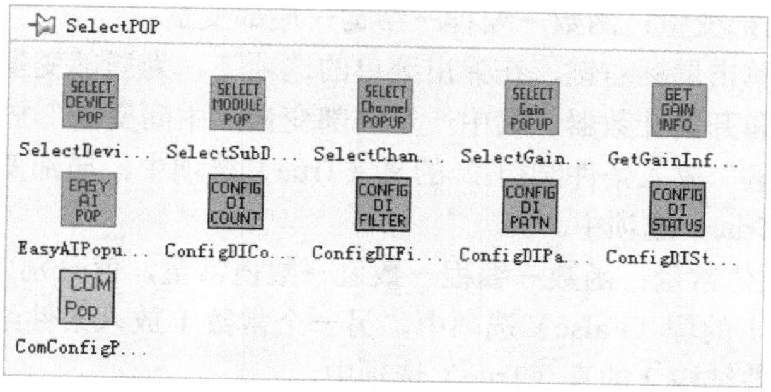

图 3-15　SelectPop 函数库

（2）添加打开设备函数：函数→用户库→Advantech DA&C→ADVANCE→DeviceManager→DeviceOpen.vi，如图 3-16 所示。

（3）添加关闭设备函数：函数→用户库→Advantech DA&C→ADVANCE→DeviceManager→DeviceClose.vi，如图 3-16 所示。

（4）添加 1 个 While 循环结构：函数→编程→结构→While 循环。

以下添加的函数或结构放置在 While 循环结构框架中。

（5）添加两个读端口位函数：函数→用户库→Advantech DA&C→ADVANCE→SlowDIO→DIOReadBit.vi，如图 3-17 所示。

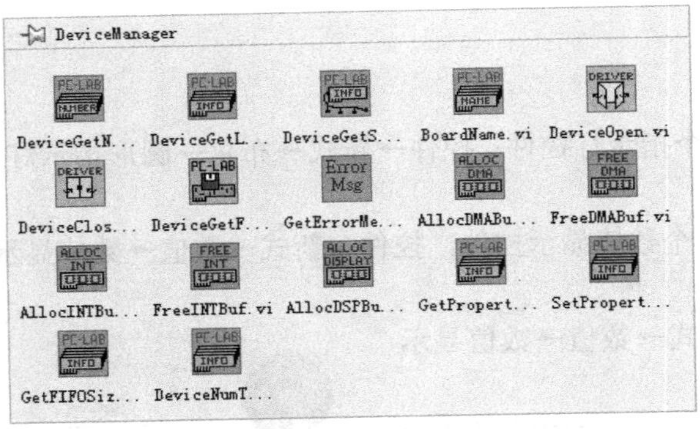

图 3-16　DeviceManager 函数库

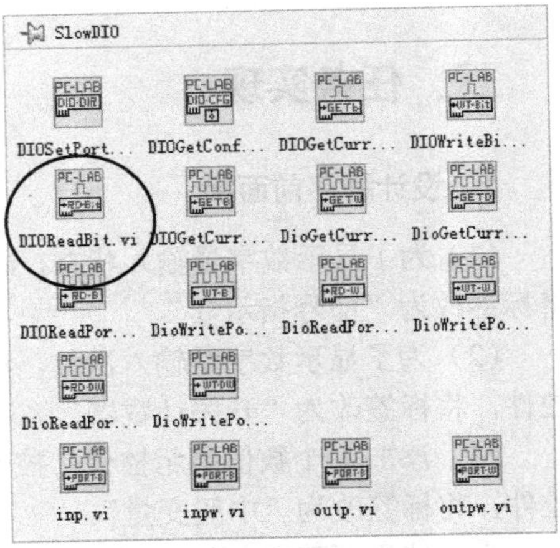

图 3-17　SlowDIO 函数库

（6）添加 6 个数值常量：函数→编程→数值→数值常量，值分别为设备号 0、通道号 0、设备号 0、通道号 1、比较量 1、时钟周期 200。

（7）添加两个“不等于 0?”函数：函数→编程→比较→“不等于 0?”。

（8）添加两个等于函数：函数→编程→比较→“等于?”。

（9）添加 1 个与函数：函数→编程→布尔→与。

（10）添加 1 个假常量：函数→编程→布尔→假常量。

（11）添加 1 个时钟函数：函数→编程→定时→等待下一个整数倍毫秒。

（12）添加 1 个非函数：函数→编程→布尔→非。

（13）添加两个条件结构：函数→编程→结构→条件结构。

（14）添加 3 个局部变量：函数→编程→结构→局部变量。

选择局部变量，单击鼠标右键，在弹出菜单的选项下，为局部变量选择控件，分别为：中间变量、中间变量和开关计数器，其中一个局部变量“中间变量”放入循环结构中，另一个局部变量“中间变量”放入条件结构 2 的真（True）选项中；局部变量“开关计数器”放入条件结构 2 的真（True）选项中。

（15）添加 3 个数值常量：函数→编程→数值→数值常量，值分别为 1、1、2，其中一个常数 1 放入条件结构 1 的假（False）选项中，另一个常数 1 放入条件结构 2 的真（True）选项中，常数 2 放入条件结构 2 的真（True）选项中。

（16）添加 1 个加号函数：函数→编程→数值→加，并放入条件结构 2 的真（True）选项中。

（17）分别将指示灯控件（标签为“信号指示灯”）、停止按钮控件等从外拖入循环结构框架中；将数值显示控件（标签为“中间变量”）放入条件结构 1 的假（False）选项中；将数值显示控件（标签为“开关计数器”）放入条件结构 2 的真（True）选项中。

（18）将函数 SelectDevicePop.vi 的输出端口“DevNum”与函数 DeviceOpen.vi 的输入端口“DevNum”相连。

（19）将函数 DeviceOpen.vi 的输出端口“DevHandle”与 DIOReadBit.vi 函数 1 的输入端口“DevHandle”相连。

将函数 DeviceOpen.vi 的输出端口“DevHandle”与 DIOReadBit.vi 函数 2 的输入端口

“DevHandle”相连。

（20）将数值常量（值为 0，设备号）与 DIOReadBit.vi 函数 1 的输入端口“Port”（设备号）相连。

将数值常量（值为 0，通道号）与 DIOReadBit.vi 函数 1 的输入端口“BitPos”（DI 通道号）相连。

（21）将数值常量（值为 0，设备号）与 DIOReadBit.vi 函数 2 的输入端口“Port”（设备号）相连。

将数值常量（值为 1，通道号）与 DIOReadBit.vi 函数 2 的输入端口“BitPos”（DI 通道号）相连。

（22）将 DIOReadBit.vi 函数 1 的输出端口 DevHandle 与 DeviceClose.vi 函数 1 的输入端口“DevHandle”相连。

将 DIOReadBit.vi 函数 1 的输出端口 State 与“不等于 0?”函数 1 的输入端口“x”相连。

（23）将 DIOReadBit.vi 函数 2 的输出端口 DevHandle 与 DeviceClose.vi 函数 2 的输入端口“DevHandle”相连。

将 DIOReadBit.vi 函数 2 的输出端口 State 与“不等于 0?”函数 2 的输入端口“x”相连。

（24）将“不等于 0?”函数 1 的输出端口“x ! = 0”与指示灯控件（信号指示灯）相连。

（25）将“不等于 0?”函数 2 的输出端口 x ! = 0 与“等于?”函数 1 的输入端口“x”相连。

（26）将假常量与“等于?”函数 1 的输入端口“y”相连。

（27）将“等于?”函数 1 的输出端口“x = y?”与条件结构 1 上的选择端口⍰相连。

将“等于?”函数 1 的输出端口“x = y?”与 And 函数的输入端口“x”相连。

（28）在条件结构 1 的假（False）选项中，将数值常量（值为 1）与数字显示控件（标签为“中间变量”）相连。

（29）将循环结构中的局部变量“中间变量”（读属性）与“等于?”函数 2 的输入端口“x”相连。

（30）将循环结构中的数值常量（值为 1）与“等于?”函数 2 的输入端口“y”相连。

（31）将“等于?”函数 2 的输出端口“x = y?”与 And 函数的输入端口“y”相连。

（32）将与函数的输出端口“x .and. y?”与条件结构 2 上的选择端口⍰相连。

（33）在条件结构 2 的真（True）选项中，将局部变量“开关计数器”与加号函数的输入端口“x”相连。

（34）在条件结构 2 的真（True）选项中，将数值常量（值为 1）与加号函数的输入端口“y”相连。

（35）在条件结构 2 的真（True）选项中，将加号函数的输出端口“x+y”与数值显示控件（标签为“开关计数器”）相连。

（36）在条件结构 2 的真（True）选项中，将数值常量（值为 2）与局部变量“中间变量”（写属性）相连。

（37）将数值常量（值为 200，时钟周期）与等待下一个整数倍毫秒函数的输入端口“毫秒倍数”相连。

（38）将停止按钮控件（标签为“Stop”）与非函数的输入端口“x”相连。

（39）将非函数的输出端口“非 x ?”与循环结构的条件端子⟳相连。

设计的框图程序如图 3-18 所示。

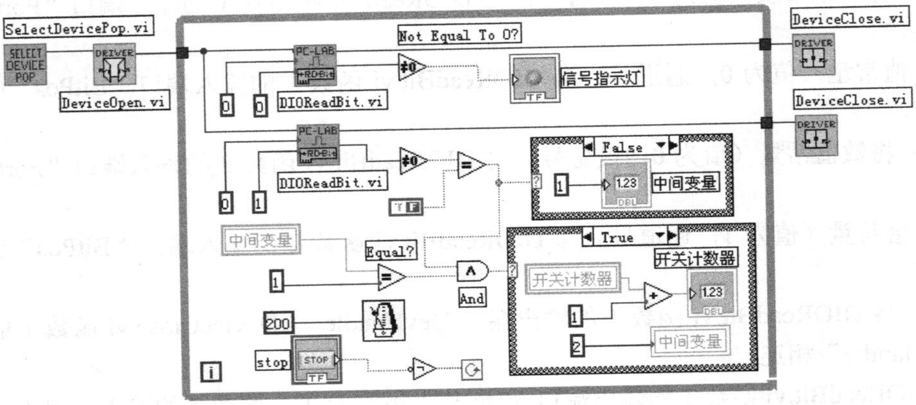

图 3-18　框图程序

3. 运行程序

单击快捷工具栏“运行”按钮，运行程序。

运行“SelectDevicePop.vi”子程序，选择研华板卡设备 PCI-1710HG。

打开/关闭数字量输入 0 通道“电气开关”，程序界面中信号指示灯亮/灭（颜色改变）。

打开/关闭数字量输入 1 通道“电气开关”，程序界面中开关计数器文本中的数字从 1 开始累加。

程序运行界面如图 3-19 所示。

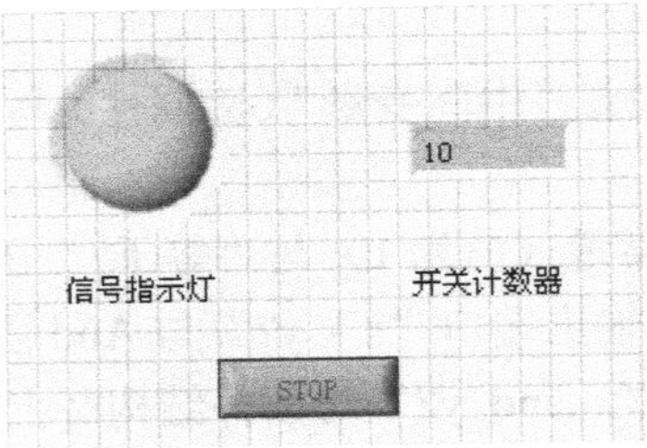

图 3-19　程序运行界面

实例 5　PCI-1710HG 数据采集卡数字量输出

一、设计任务

采用 LabVIEW 语言编写程序实现 PC 与 PCI-1710HG 数据采集卡数字量输出。

任务要求如下：在程序界面中执行“打开”/“关闭”命令，界面中信号指示灯变换颜色，同时，线路中数字量输出端口输出高/低电平。

二、线路连接

PC 与 PCI-1710HG 数据采集卡组成的数字量输出线路如图 3-20 所示。

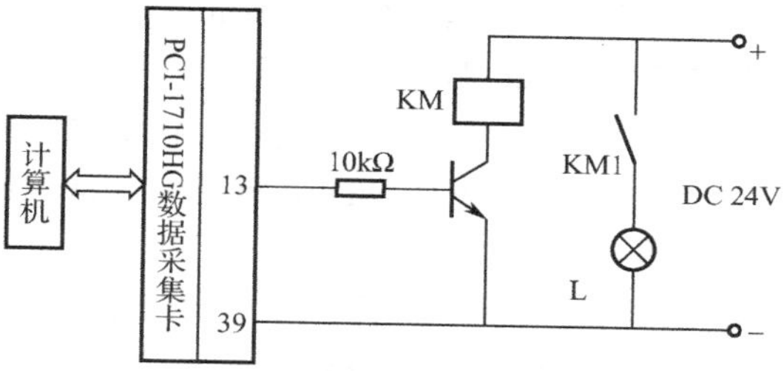

图 3-20　PC 与 PCI-1710HG 数据采集卡组成的数字量输出线路

图 3-20 中，PCI-1710HG 数据采集卡数字量输出 1 通道（端口 13 和 39）接三极管基极，当计算机输出控制信号置 13 端口为高电平时，三极管导通，继电器常开开关 KM1 闭合，指示灯 L 亮；当置 13 端口为低电平时，三极管截止，继电器常开开关 KM1 打开，指示灯 L 灭。

也可使用万用表直接测量各数字量输出通道与数字地（如 DO1 与 DGND）之间的输出电压（高电平或低电平）来判断数字量输出状态。

本实例用到的硬件包括 PCI-1710HG 数据采集卡，PCL-10168 数据线缆，ADAM-3968 接线端子（使用数字量输出 DO 通道），继电器（DC 24V），指示灯（DC 24V），直流电源（输出 DC 24V），电阻（10kΩ），三极管等。

三、任务实现

1．设计程序前面板

（1）为了输出数字信号，添加 1 个垂直滑动杆开关控件：控件→新式→布尔→垂直滑动杆开关，将标签改为“开关”。

（2）为了显示数字输出信号状态，添加 1 个指示灯控件：控件→新式→布尔→圆形指示灯，将标签改为“指示灯”。

（3）为了关闭程序，添加 1 个停止按钮控件：控件→新式→布尔→停止按钮。

用画线工具将指示灯控件、开关控件等连接起来。

设计的程序前面板如图 3-21 所示。

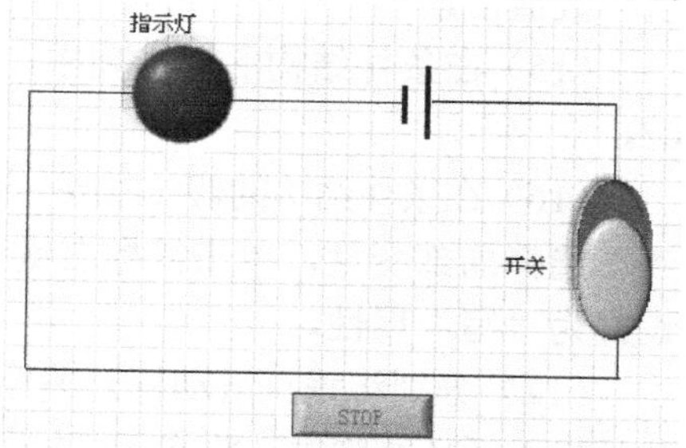

图 3-21　程序前面板

2．框图程序设计

在进行 LabVIEW 编程之前，必须首先安装研华设备管理程序（Device Manager）、32bit DLL 驱动程序及研华板卡 LabVIEW 驱动程序。

（1）添加选择设备函数：函数→用户库→Advantech DA&C（研华公司的 LabVIEW 函数

库）→EASYIO→SelectPOP→SelectDevicePop.vi。

（2）添加打开设备函数：函数→用户库→Advantech DA&C→ADVANCE→DeviceManager→DeviceOpen.vi。

（3）添加关闭设备函数：函数→用户库→ADVANCE→DeviceManager→DeviceClose.vi。

（4）添加 While 循环结构：函数→编程→结构→While 循环。

以下添加的函数或结构放置在 While 循环结构框架中。

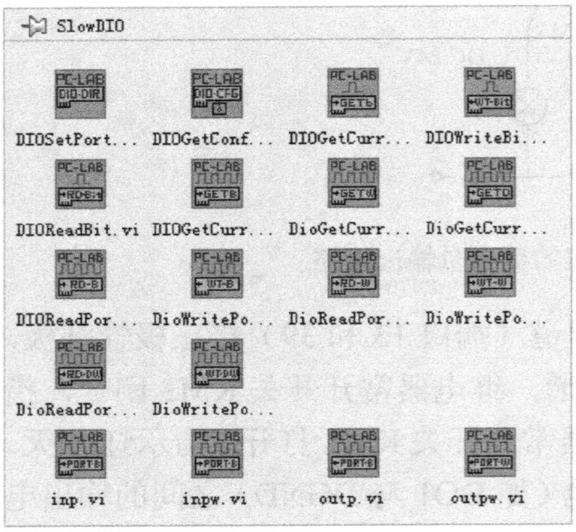

图 3-22　SlowDIO 函数库

（5）添加写端口位函数：函数→用户库→Advantech DA&C→ADVANCE → SlowDIO → DIOWriteBit.vi，如图 3-22 所示。

（6）添加 4 个数值常量：函数→编程→数值→数值常量，值分别为设备号 0、DO 通道号 1、比较量 0、时钟周期 200。

（7）添加 1 个布尔值至（0,1）转换函数：函数→编程→布尔→布尔值至（0,1）转换。

（8）添加 1 个“等于?”函数：函数→编程→比较→等于。

（9）添加 1 个时钟函数：函数→编程→定时→等待下一个整数倍毫秒。

（10）添加非函数：函数→编程→布尔→非，并从外拖入控件 While 循环中。

（11）添加 1 个条件结构：函数→编程→结构→条件结构。

（12）在条件结构的真（True）选项中，添加 1 个数值常量（值为 0）：函数→编程→数值→数值常量。

（13）在条件结构的真选项中，添加 1 个“不等于 0?”函数：函数→编程→比较→不等于 0?。

（14）在条件结构的假（False）选项中，添加 1 个数值常量（值为 1）：函数→编程→数值→数值常量。

（15）在条件结构的假选项中，添加 1 个“不等于 0?”函数：函数→编程→比较→不等于 0?。

（16）在条件结构的假（False）选项中，添加 1 个局部变量：函数→编程→结构→局部变量。

选择局部变量，单击鼠标右键，在弹出菜单的选项下，为局部变量选择控件“指示灯”，设置为“写”属性。

（17）分别将垂直滑动杆开关控件（标签为“开关”）、停止按钮控件（标签为“Stop”）等从外拖入循环结构中；将指示灯控件（标签为“指示灯”）放入条件结构的真（True）选项中。

（18）将函数 SelectDevicePop.vi 的输出端口“DevNum”与函数 DeviceOpen.vi 的输入端口“DevNum”相连。

（19）将函数 DeviceOpen.vi 的输出端口“DevHandle”与函数 DIOWriteBit.vi 的输入端口“DevHandle”相连。

（20）将数值常量（值为 0，设备号）与函数 DIOWriteBit.vi 的输入端口“Port”相连。

（21）将数值常量（值为 1，通道号）与函数 DIOWriteBit.vi 的输入端口“BitPos”相连。

（22）将函数 DIOWriteBit.vi 的输出端口 DevHandle 与函数 DeviceClose.vi 的输入端口“DevHandle”相连。

（23）将开关控件（标签为“开关”）与布尔值至（0，1）转换函数的输入端口“布尔”相连。

（24）将布尔值至（0，1）转换函数的输出端口（0，1）与函数 DIOWriteBit.vi 的输入端口“State”相连。

将布尔值至（0，1）转换函数的输出端口（0，1）与比较函数“等于?”的输入端口“x”相连。

（25）将数值常量（值为 0）与“等于?”函数的输入端口“y”相连。

（26）将“等于?”函数的输出端口“x = y?”与条件结构上的选择端口相连。

（27）在条件结构的真（True）选项中，将数值常量（值为 0）与“不等于 0?”函数的输入端口 x 相连；将“不等于 0?”函数的输出端口“x != 0?”与指示灯控件相连。

（28）在条件结构的假（False）选项中，将数值常量（值为 1）与“不等于 0?”函数的输入端口 x 相连；将“不等于 0?”函数的输出端口“x != 0?”与局部变量“指示灯”相连。

（29）将数值常量（值为 200，时钟周期）与等待下一个整数倍毫秒函数的输入端口“毫秒倍数”相连。

（30）将停止按钮控件与非函数的输入端口“x”相连。

（31）将非函数的输出端口“非 x ?”与循环结构的条件端子相连。

设计的框图程序如图 3-23 所示。

3. 运行程序

单击快捷工具栏“运行”按钮，运行程序。

运行“SelectDevicePop.vi”子程序，选择研华板卡设备 PCI-1710HG。

用鼠标推动程序界面中开关，界面中指示灯亮/灭（颜色改变），同时，线路中数字量输出通道输出高/低电平。

程序运行界面如图 3-24 所示。

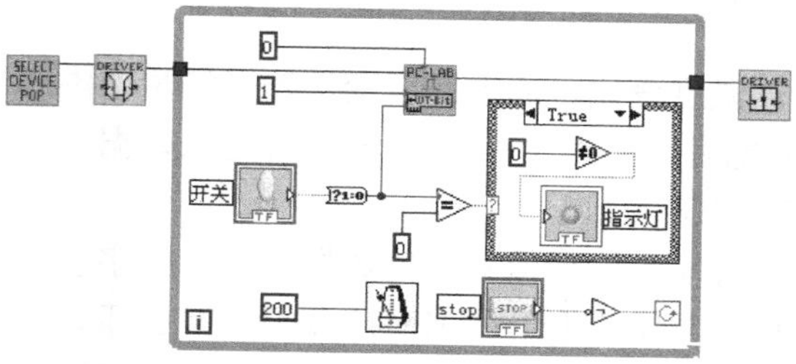

图 3-23　框图程序

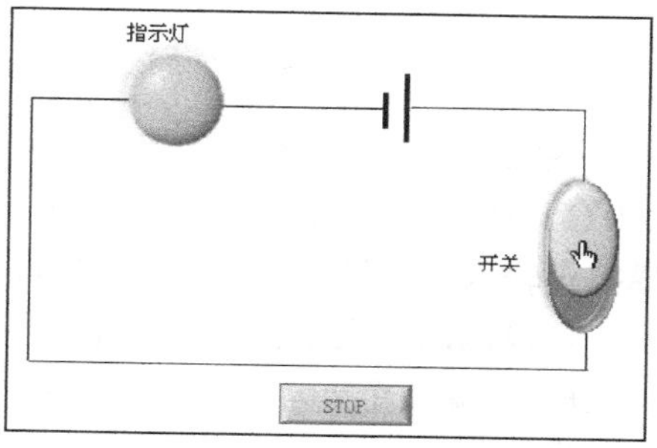

图 3-24　程序运行界面

实例 6　PCI-1710HG 数据采集卡温度测控

一、设计任务

采用 LabVIEW 语言编写应用程序实现 PC 与 PCI-1710HG 数据采集卡温度测控。

任务要求如下：自动连续读取并显示温度测量值（十进制）；显示测量温度实时变化曲线；统计采集的温度平均值、最大值与最小值；实现温度上、下限报警指示和控制，并能在程序运行中设置报警上、下限值。

二、线路连接

PC 与 PCI-1710HG 数据采集卡组成的温度测控线路如图 3-25 所示。

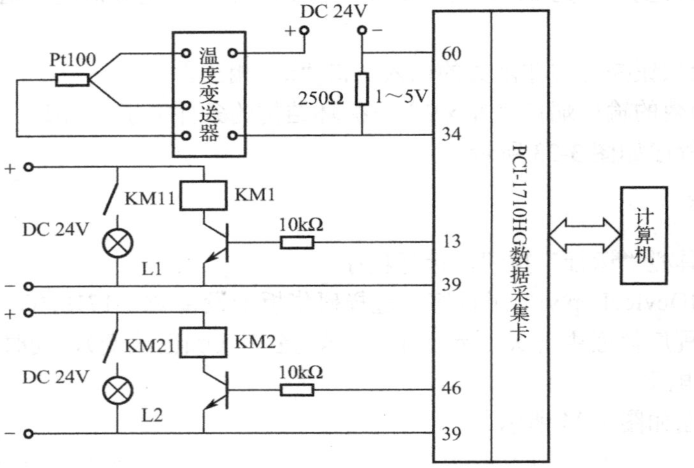

图 3-25　PC 与 PCI-1710HG 数据采集卡组成的温度测控线路

图 3-25 中，温度传感器 Pt100 热电阻检测温度变化，通过温度变送器（测量范围 0～200℃）转换为 4～20mA 电流信号，经过 250Ω电阻转换为 1～5V 电压信号送入数据采集卡模拟量输入 1 通道（端口 34 是 AI1，端口 60 是 AIGND）。

当检测温度大于计算机设定的上限值，计算机输出控制信号，使数据采集卡数字量输出 1 通道 13 端口置高电平，晶体管 V1 导通，继电器 KM1 常开开关 KM11 闭合，指示灯 L1 亮。

当检测温度小于计算机程序设定的下限值，计算机输出控制信号，使数据采集卡数字量输出 2 通道 46 端口置高电平，晶体管 V2 导通，继电器 KM2 常开开关 KM21 闭合，指示灯 L2 亮。

当检测温度大于计算机程序设定的下限值并且小于计算机设定的上限值，计算机输出控制信号，使数据采集卡数字量输出 1 通道 13 端口置低电平，晶体管 V1 截止，继电器 KM1 常开开关 KM11 断开，指示灯 L1 灭，同时使数据采集卡数字量输出 2 通道 46 端口置低电平，晶体管 V2 截止，继电器 KM2 常开开关 KM21 断开，指示灯 L2 灭。

测试前需安装 PCI-1710HG 数据采集卡的驱动程序和设备管理程序。

三、任务实现

1. 设计程序前面板

（1）为了以数字形式显示测量温度值，添加 6 个数字显示控件：控件→新式→数值→数值显示控件，标签分别为“当前值：”“测量个数：”“累加值：”“平均值：”“最大值：”“最小值：”。

（2）为了以指针形式显示测量温度值，添加 1 个实时图形显示控件：控件→新式→图形→波形图形，将 Y 轴标尺范围改为 0.0～50.0。

（3）为了设置上下限温度值，添加两个数值输入控件：控件→新式→数值→数值输入控件，标签分别为“上限值：”和“下限值：”，将其值改为 50 和 25，并设置为默认值。

（4）为了显示测量温度超限状态，添加两个指示灯控件：控件→新式→布尔→圆形指示灯，将标签分别改为“上限灯：”和“下限灯：”。

（5）为了关闭程序，添加 1 个停止按钮控件；控件→新式→布尔→停止按钮。

设计的程序前面板如图 3-26 所示。

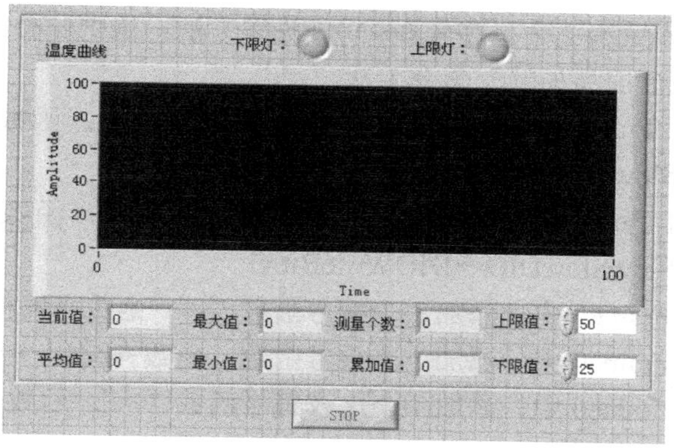

图 3-26　程序前面板

2. 框图程序设计

（1）添加选择设备函数：函数→用户库→Advantech DA&C（研华公司的 LabVIEW 函数库）→EASYIO→SelectPOP→SelectDevicePop.vi。

（2）添加打开设备函数：函数→用户库→Advantech DA&C→ADVANCE→DeviceManager→DeviceOpen.vi。

（3）添加选择通道函数：函数→用户库→Advantech DA&C→EASYIO→SelectPOP→SelectChannelPop.vi。

（4）添加选择增益函数：函数→用户库→Advantech DA&C→EASYIO→SelectGainPop.vi。

（5）添加关闭设备函数：函数→用户库→ADVANCE→DeviceManager→DeviceClose.vi。

（6）添加按名称解除捆绑函数：函数→编程→簇→按名称解除捆绑。

（7）添加捆绑函数：函数→编程→簇→捆绑。

（8）添加模拟量配置函数：函数→用户库→Advantech DA&C→ADVANCE→SlowAI→AIConfig.vi，如图 3-27 所示。

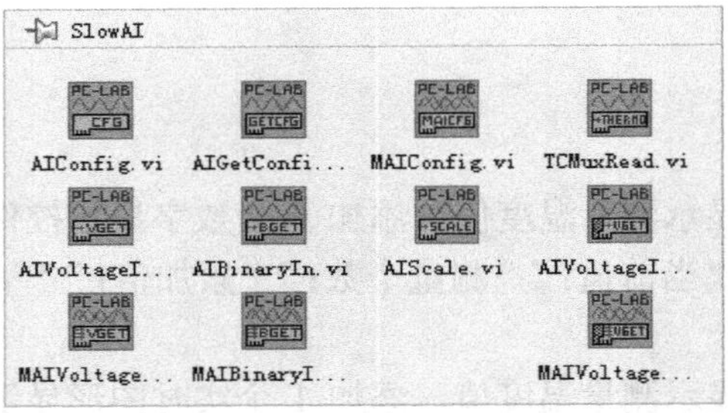

图 3-27　SlowAI 函数库

（9）添加 1 个 While 循环结构：函数→编程→结构→While 循环。

以下添加的函数或结构放置在 While 循环结构框架中。

（10）添加 1 个时钟函数：函数→编程→定时→等待下一个整数倍毫秒。

（11）添加 1 个数值常量：函数→编程→数值→数值常量，值分别为 500。

（12）添加 1 个非函数：函数→编程→布尔→非。

（13）添加 1 个顺序结构：函数→编程→结构→层叠式顺序结构。

将其帧（Frame）设置为 2 个（序号 0～1）。设置方法：选中层叠式顺序结构上边框，单击鼠标右键，执行“在后面添加帧”命令 1 次。

（14）在顺序结构 Frame0 中，添加模拟量电压输入函数：函数→用户库→Advantech DA&C→ADVANCE→SlowAI→AIVoltageIn.vi，如图 3-27 所示。

（15）在顺序结构 Frame0 中，添加 2 个写端口位函数：函数→用户库→Advantech DA&C→ADVANCE→SlowSlowDIO→DIOWriteBit.vi。

（16）在顺序结构 Frame0 中，添加 1 个减号函数“-”：函数→编程→数值→减。

（17）在顺序结构 Frame0 中，添加 1 个乘号函数：函数→编程→数值→乘。

（18）在顺序结构 Frame0 中，添加 1 个比较符号函数“≥”：函数→编程→比较→“大于等于?”。

（19）在顺序结构 Frame0 中，添加 1 个比较符号函数“≤”：函数→编程→比较→“小于等于?”。

（20）在顺序结构 Frame0 中，添加 6 个数值常量：函数→编程→数值→数值常量，值分别为 1、50、0、1、0、2。

（21）在顺序结构 Frame0 中，添加两个条件结构：函数→编程→结构→条件结构。

（22）添加 4 个“不等于 0?”函数：函数→编程→比较→不等于 0?，这 4 个比较函数分别放入两个条件结构的真（True）选项和假（False）选项中。

（23）在两个条件结构的真（True）选项和假（False）选项中添加 8 个数值常量：函数→编程→数值→数值常量，值分别为 0、1。

（24）在两个条件结构的假（False）选项中添加两个局部变量：函数→编程→结构→局部变量。

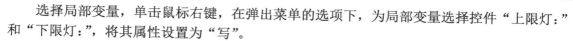

选择局部变量，单击鼠标右键，在弹出菜单的选项下，为局部变量选择控件“上限灯：”和“下限灯：”，将其属性设置为“写”。

（25）分别将数值显示控件、波形图形控件、停止按钮控件从外拖入循环结构 While 循环结构中。

（26）分别将指示灯控件“上限灯：”和“下限灯：”分别拖入两个条件结构的真（True）选项中。

（27）将函数 SelectDevicePop.vi 的输出端口“DevNum”与函数 DeviceOpen.vi 的输入端口“DevNum”相连。

（28）将函数 DeviceOpen.vi 的输出端口“DevHandle”与函数 SelectChannelPop.vi 的输入端口“DevHandle”相连。

（29）将函数 SelectChannelPop.vi 的输出端口“DevHandle”与函数 AIConfig.vi 的输入端口“DevHandle”相连。

将函数 SelectChannelPop.vi 的输出端口“Gain List”与函数 SelectGainPop.vi 的输入端口“Gain List”相连。

将函数 SelectChannelPop.vi 的输出端口“ChanInfo”与函数按名称解除捆绑的输入端口输入簇相连。

（30）将按名称解除捆绑函数的输出端口“通道”与捆绑函数的一个输入端口“簇元素”相连。

（31）将函数 SelectGainPop.vi 的输出端口“GainCode”与捆绑函数的一个输入端口“簇元素”相连。

（32）将捆绑函数的输出端口“输出簇”与函数 AIConfig.vi 的输入端口“Chan & Gain”相连。

（33）将函数 AIConfig.vi 的输出端口“DevHandle”与函数 AIVoltageIn.vi 的输入端口“DevHandle”相连。

（34）将函数 AIVoltageIn.vi 的输出端口“DevHandle”与函数 DeviceClose.vi 的输入端口“DevHandle”相连。

将函数 AIVoltageIn.vi 的输出端口“Voltage”与减函数的输入端口“x”相连。

（35）将数值常量（值为 1）与减函数的输入端口“y”相连。

（36）将减函数的输出端口 x-y 与乘函数的输入端口“x”相连。

（37）将数值常量（值为 50）与乘函数的输入端口“y”相连。

（38）将乘函数的输出端口“x*y”与数值显示控件相连。

将乘函数的输出端口“x*y”与波形显示控件相连。

将乘函数的输出端口“x*y”与“大于等于?”函数的输入端口“x”相连。

将乘函数的输出端口“x*y”与“小于等于?”函数的输入端口“x”相连。

（39）将数值常量（值为 50，上限温度值）与“大于等于?”函数的输入端口“y”相连。

（40）将数值常量（值为 25，下限温度值）与“小于等于?”函数的输入端口“y”相连。

（41）将“大于等于?”函数的输出端口“x >= y?”与条件结构（上）的选择端口?相连。

（42）将“小于等于?”函数的输出端口“x <= y?”与条件结构（上）的选择端口?相连。

（43）将数值常量（值为 0，设备号）与函数 DIOWriteBit.vi（上）的输入端口“Port”相连。

将数值常量（值为 0，设备号）与函数 DIOWriteBit.vi（下）的输入端口“Port”相连。

（44）将数值常量（值为 1，DO 通道号）与函数 DIOWriteBit.vi（上）的输入端口“BitPos”相连。

将数值常量（值为 2，DO 通道号）与函数 DIOWriteBit.vi（下）的输入端口 BitPos 相连。

（45）将函数 DeviceOpen.vi 的输出端口“DevHandle”与函数 DIOWriteBit.vi（上）的输入端口“DevHandle”相连。

将函数 DeviceOpen.vi 的输出端口“DevHandle”与函数 DIOWriteBit.vi（下）的输入端口“DevHandle”相连。

（46）将条件结构（上）的真（True）选项中的数值常量（值为 1，状态位）与函数 DIOWriteBit.vi（上）的输入端口“State”相连。

将条件结构（上）的假（False）选项中的数值常量（值为 0，状态位）与函数 DIOWriteBit.vi（上）的输入端口“State”相连。

（47）将条件结构（下）的真（True）选项中的数值常量（值为 1，状态位）与函数 DIOWriteBit.vi（下）的输入端口“State”相连。

将条件结构（下）的假（False）选项中的数值常量（值为 0，状态位）与函数 DIOWriteBit.vi（下）的输入端口“State”相连。

（48）在条件结构（上）的真（True）选项中，将数值常量（值为 0）与“不等于 0?”函数的输入端口“x”相连；将“不等于 0?”函数的输出端口“x != 0?”与指示灯控件“上限灯：”相连。

在条件结构（上）的假（False）选项中，将数值常量（值为 1）与“不等于 0?”函数的输入端口“x”相连；将“不等于 0?”函数的输出端口“x != 0?”与局部变量“上限灯：”相连。

（49）在条件结构（下）的真（True）选项中，将数值常量（值为 0）与“不等于 0?”函数的输入端口“x”相连；将“不等于 0?”函数的输出端口“x != 0?”与指示灯控件“下限灯：”相连。

在条件结构（下）的假（False）选项中，将数值常量（值为 1）与“不等于 0?”函数的输入端口“x”相连；将“不等于 0?”函数的输出端口“x != 0?”与局部变量“下限灯：”相连。

（50）将数值常量（值为 500，采样频率）与等待下一个整数倍毫秒函数的输入端口“毫秒倍数”相连。

（51）将停止按钮控件与非函数的输入端口“x”相连。

（52）将非函数的输出端口“非 x ?”与循环结构的条件端子 ⟳ 相连。

其他函数的连线在此不做介绍。设计的框图程序如图 3-28 与图 3-29 所示。

3．运行程序

执行菜单命令“文件”→“保存”，保存设计好的 VI 程序。

单击快捷工具栏“运行”按钮，运行程序。

给 Pt100 热电阻传感器升温或降温，VI 程序前面板显示温度测量值及实时变化曲线；同时显示测量温度的平均值、最大值、最小值等。

可以改变温度报警下限值、上限值：在下限指示文本框中输入下限报警值，在上限指示文本框中输入上限报警值。

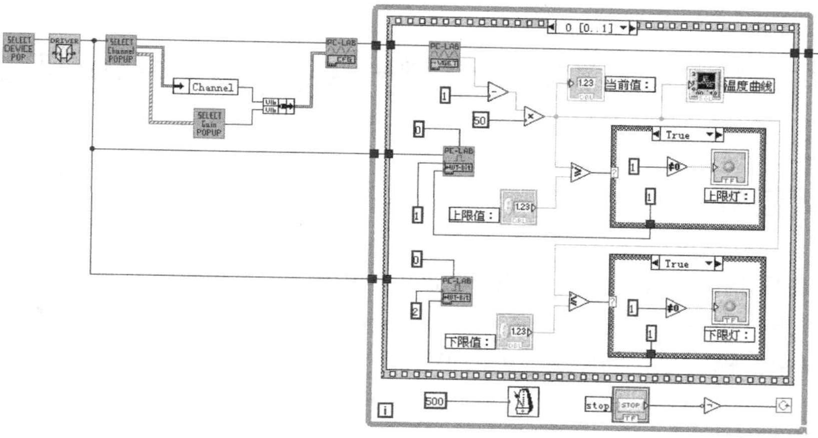

图 3-28　框图程序（一）

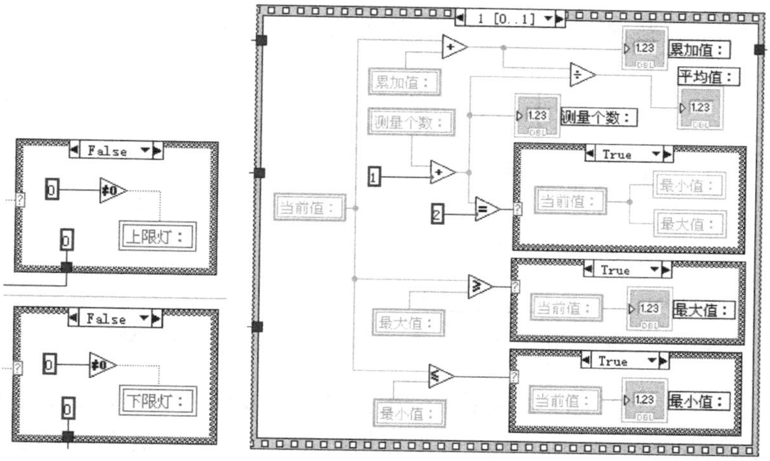

图 3-29　框图程序（二）

当测量温度小于设定的下限温度值时，程序中下限指示灯改变颜色，线路中 DO 指示灯 1 亮；当测量温度值大于设定的上限温度值时，程序中上限指示灯改变颜色，线路中 DO 指示灯 2 亮。

程序运行界面如图 3-30 所示。

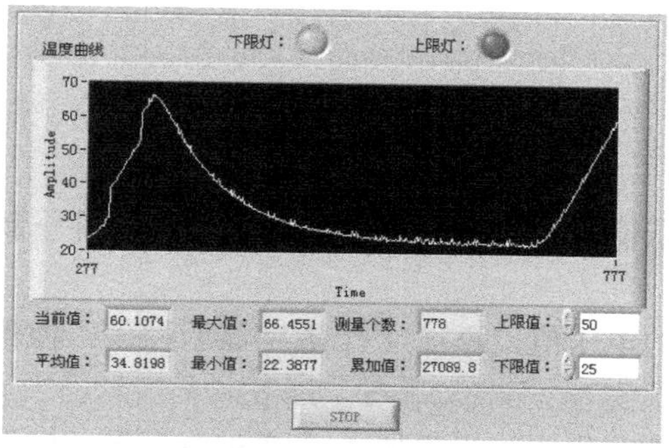

图 3-30　程序运行界面

实例 7　PCI-1710HG 数据采集卡电压输出

一、设计任务

采用 LabVIEW 语言编写程序实现 PC 与 PCI-1710HG 数据采集卡模拟量输出。

任务要求如下：在 PC 程序界面中产生一个变化的数值（0～10），绘制数据变化曲线，线路中模拟量输出口输出变化的电压（0～10V）。

二、线路连接

PC 与 PCI-1710HG 数据采集卡组成的模拟电压输出线路如图 3-31 所示。

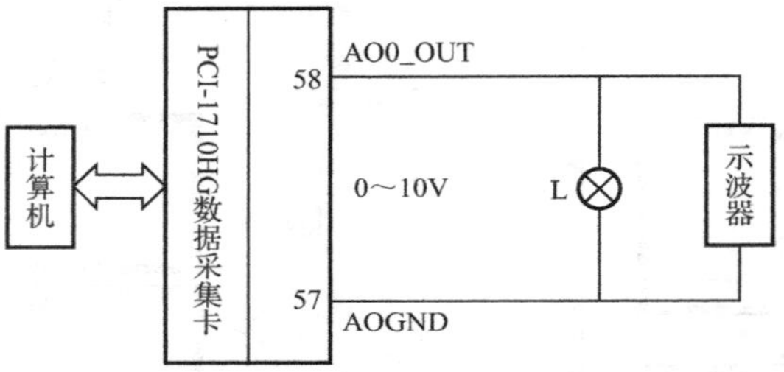

图 3-31　PC 与 PCI-1710HG 数据采集卡组成的模拟电压输出线路

图 3-31 中，将 PCI-1710HG 数据采集卡模拟量输出 0 通道（58 端口和 57 端口）接信号指示灯 L，通过其明暗变化来显示电压大小变化；并用电子示波器来显示电压变化波形（范围：0～10V）。

也可使用万用表直接测量 58 端口（AO0_OUT）与 57 端口（AOGND）之间的输出电压（0～10V））。

本实例用到的硬件包括 PCI-1710HG 数据采集卡、PCL-10168 数据线缆、ADAM-3968 接线端子（使用模拟量输出 AO 通道）、指示灯、示波器等。

三、任务实现

1. 设计程序前面板

（1）为了产生输出电压值，添加 1 个垂直滑动控件：控件→新式→数值→垂直指针滑动杆，标尺范围为 0～10。

（2）为了显示要输出的电压值，添加 1 个数字显示控件：控件→新式→数值→数值显示控件，标签改为“输出电压值”。

（3）为了显示输出电压变化曲线，添加 1 个实时图形显示控件：控件→新式→图形→波形图形，标签改为“电压输出曲线”，将 Y 轴标尺范围改为 0～10。

（4）为了关闭程序，添加 1 个停止按钮控件：控件→新式→布尔→停止按钮。

设计的程序前面板如图 3-32 所示。

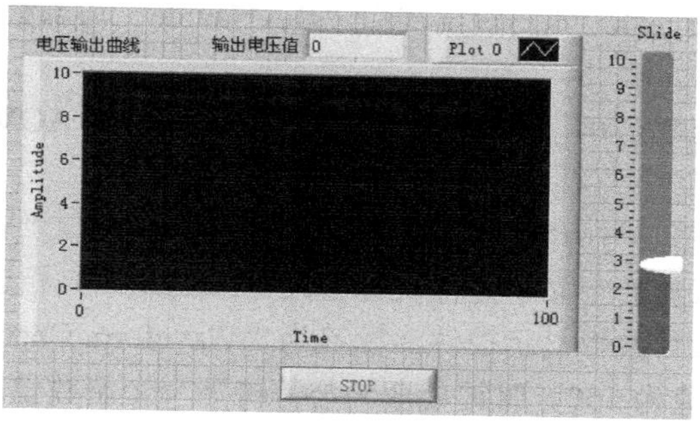

图 3-32　程序前面板

2. 框图程序设计

在进行 LabVIEW 编程之前，必须首先安装研华设备管理程序（Device Manager）、32bit DLL 驱动程序及研华板卡 LabVIEW 驱动程序。

（1）添加选择设备函数：函数→用户库→Advantech DA&C（研华公司的 LabVIEW 函数库）→EASYIO→SelectPOP→SelectDevicePop.vi。

（2）添加打开设备函数：函数→用户库→Advantech DA&C→ADVANCE→DeviceManager→DeviceOpen.vi。

（3）添加关闭设备函数：函数→用户库→ADVANCE→DeviceManager→DeviceClose.vi。

（4）添加 While 循环结构：函数→编程→结构→While 循环。

以下添加的函数放置在 While 循环结构框架中。

（5）添加模拟量电压输出函数：函数→用户库→Advantech DA&C→ADVANCE→SlowAO→AOVoltageOut.vi，如图 3-33 所示。

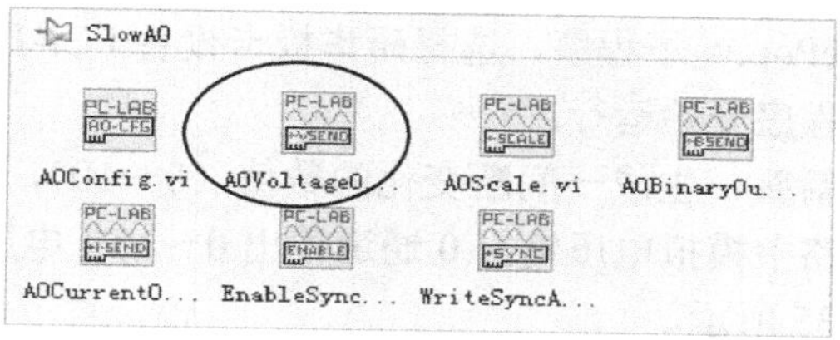

图 3-33　SlowAO 函数库

（6）添加数值常量：函数→编程→数值→数值常量，将值改为 0（模拟量输出通道号）。

（7）添加数值常量：函数→编程→数值→数值常量，将值改为 500（时钟周期）。

（8）添加时钟函数：函数→编程→定时→等待下一个整数倍毫秒。

（9）添加非函数：函数→编程→布尔→非。

（10）分别将数值显示控件（标签为“Numeric”）、波形显示控件（标签为“Waveform Chart”）、垂直滑动控件（标签为“Slide”）、按钮控件（标签为“Stop”）等拖入 While 循环结构中。

（11）将函数 SelectDevicePop.vi 的输出端口“DevNum”与函数 DeviceOpen.vi 的输入端口“DevNum”相连。

（12）将函数 DeviceOpen.vi 的输出端口“DevHandle”与函数 AOVoltageOut.vi 的输入端口“DevHandle”相连。

（13）将函数 AOVoltageOut.vi 的输出端口“DevHandle”与函数 DeviceClose.vi 的输入端口“DevHandle”相连。

（14）将数值常量（值为 0，模拟量输出通道号）与函数 AOVoltageOut.vi 的输入端口“Channel”相连。

（15）将滑动杆输出端口与函数 AOVoltageOut.vi 的输入端口“Voltage”相连。

将滑动杆的输出端口与数字显示控件（标签为“Numeric”）相连。

将滑动杆的输出端口与波形显示控件（标签为“Waveform Chart”）相连。

（16）将数值常量（值为 500，时钟周期）与等待下一个整数倍毫秒函数的输入端口“毫秒倍数”相连。

（17）将按钮控件与非函数的输入端口“x”相连。

（18）将非函数的输出端口“非 x？”与 While 循环结构的条件端子相连。

设计的框图程序如图 3-34 所示。

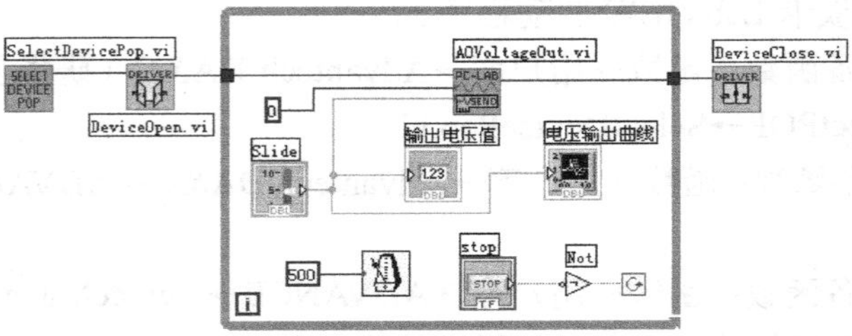

图 3-34　框图程序

3. 运行程序

单击快捷工具栏“运行”按钮，运行程序。

首先运行 SelectDevicePop.vi 子程序，选择研华板卡设备 PCI-1710HG。

硬件设备设置完成，程序开始运行。

用鼠标单击游标上下箭头，生成一间断变化的数值（0～10），在程序界面中产生一个随之变化的曲线。同时，线路中模拟电压输出 0 通道输出 0～10V 电压。

程序运行界面如图 3-35 所示。

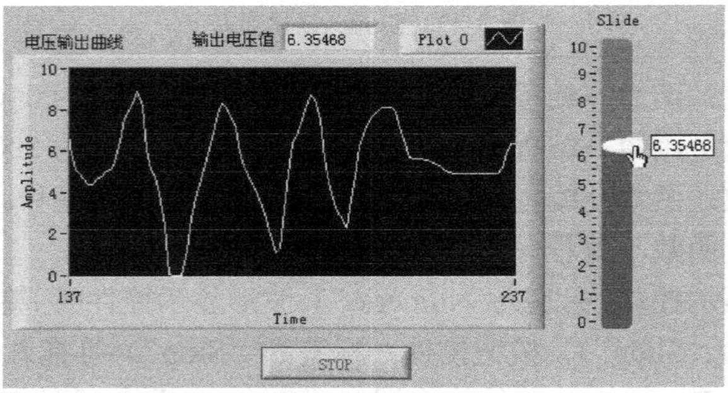

图 3-35　程序运行界面

第 4 章　声卡数据采集实例

声卡作为声音信号与计算机的通用接口，已成为计算机的必备组件。其主要功能就是经过 DSP（数字信号处理）音效芯片的处理，进行模拟音频信号与数字信号的转换。实际上，除了声音信号外，很多信号的频率都落在音频范围内（比如机械量信号、某些载波信号等），当我们需要对这些信号进行采集时，使用声卡作为采集卡是一种令人相当满意的解决方案。

传统示波器是科研和实验室中经常使用的一种台式仪器，但这类仪器结构复杂、价格昂贵。而用虚拟仪器技术只需配置必要的通用数据采集硬件，应用 LabVIEW 的虚拟仪器编程环境，结合计算机的模块化设计方法，可以实现虚拟示波器，并对其功能进行扩展，实现传统台式仪器所没有的频谱分析和功率谱分析功能。

声卡测量频率范围较窄，不能测直流信号，只能测量音频范围内的信号，而且其增益较大，不能直接测量强度较强的信号，有时需加调理电路，在精确测量时，还需进行信号标定。虽然声卡具有这些缺点，但是其价格低廉，灵活性强，在虚拟仪器环境下操作简便，非常适合应用于高校实验教学中。

本章介绍的虚拟示波器主要由一块声卡、PC 和相应的软件组成。

实例基础　声卡与声卡数据采集

1．声卡的作用与特点

从声卡功能上来看，它可以作为一块音频范围内的数据采集卡来使用。图 4-1 是某型号声卡示意图。

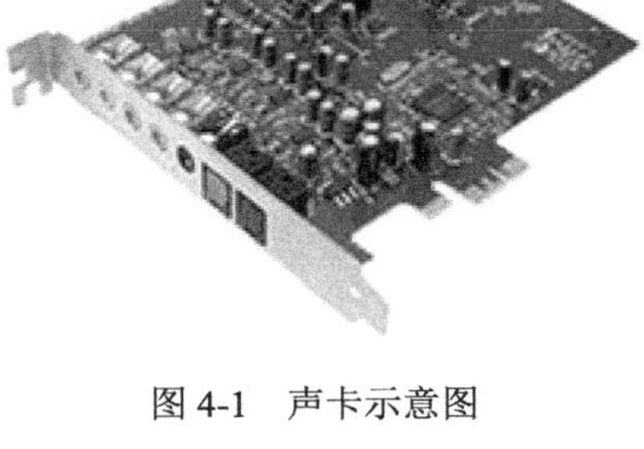

图 4-1　声卡示意图

过去的声卡多以插卡的形式安装在微机的扩展槽上，现在越来越多的主板上集成有声卡。如果测量对象的频率在音频范围，而且对指标又没有太高要求，就可以考虑使用声卡。在教学实验室中用其取代常规的 DAQ 设备是一种很好的选择。

声卡的主要功能包括录制与播放、编辑与合成处理、MIDI 接口 3 个部分。

1）录制与播放

通过声卡，人们可将来自话筒、收录机等外部音源的声音录入计算机，并转换成数字文件进行存储和编辑等操作；人们也可以将数字文件还原成声音信号，通过扬声器回放，例如为电子游戏配音，以及播放 CD、VCD、DVD、MP3 和卡拉 OK 等。

注意，在录制和回放时，不仅要进行 A/D 和 D/A 转换，还要进行压缩和解压缩处理。

2）编辑与合成处理

通过对声音文件进行多种特技效果的处理，包括加入回声，倒放，淡入淡出，往返放音以及左右两个声道交叉放音等，可以实现对各种声源音量的控制与混合。

3）MIDI 接口

通过 MIDI 接口和波表合成，可以记录和回放各种接近真实乐器原声的音乐。

从一般意义上来看，上述功能主要是数据采集和信号处理，很自然地就可以联想到用声卡实现示波器、信号发生器、频谱分析仪等虚拟仪器。

基于声卡的数据采集系统框图如图 4-2 所示。

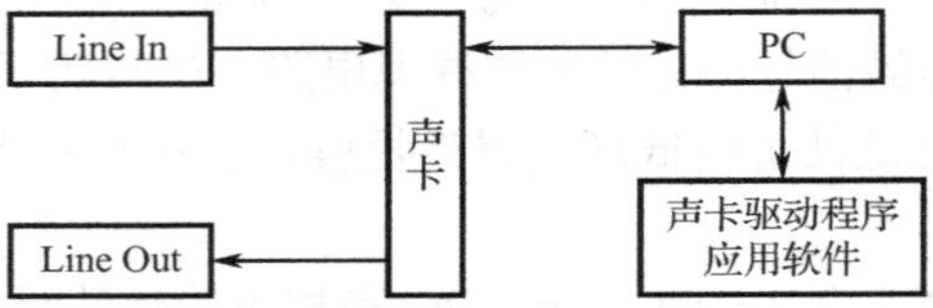

图 4-2　基于声卡的数据采集系统框图

使用声卡作为数据采集卡具有以下优点：

（1）价格便宜。一般，声卡百元甚至几十元就可以买到，比起自己从头到尾开发一块采集卡的成本低得多，比起目前市场上的采集卡的价格，更是不可同日而语，相应的产品成本也会降低。而且绝大多数 PC 自带声卡，因此使用声卡进行数据采集几乎是零成本，开发周期短，节省了数据采集卡的开发时间或购买周期。

（2）能与 PC 整合完美。使用声卡进行数据采集，不必像使用一般数据采集卡一样担心采集卡与系统的冲突，也不用整天挪动机箱插拔数据采集卡。使用声卡进行数据采集所搭建的数据采集系统简洁完美。声卡与 PC 紧密结合为一体，这正是虚拟仪器的实质。

当然，使用声卡采集也有其局限性，那就是声卡是专门针对音频信号（20～20000 Hz）设计的，因此它既不能采集高频信号，也不能采集低频信号（因此声卡的输入端一般加有隔直电容），如果要使用声卡直接对低频信号（比如直流信号）进行采集，可以将这个隔直电容短接。

2. 声卡的构造与设置

1）声卡的构造

声卡一般由以下几部分组成：声音控制/处理芯片、功放芯片、声音输入/输出端口等。声音控制/处理芯片是声卡的核心，集成了采样保持、A/D 转换、D/A 转换，音效处理等电路。一般多媒体计算机的声卡的构造框图如图 4-3 所示。

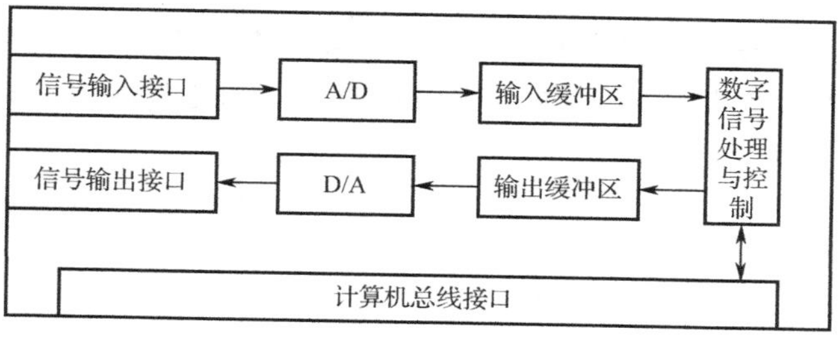

图 4-3　声卡的构造框图

不同的声卡，其硬件接口有所不同，一般声卡有 4～5 个对外接口。

Wave Out（或 Line Out）和 SPK Out 是输出接口，Wave Out 输出的是没有经过放大的信号，需要外接功率放大器，例如可以接到有源音箱；SPK Out 输出的是经过功率放大的信号，可直接接到扬声器上。这些接口可以用来作为双通道信号发生器的输出。

Mic In 和 Line In 是输入接口，Mic In 接口只能接收较弱的信号，幅值约为 0.02～0.2V，易受干扰。对于数据采集，一般常用 Line In 接口，它可以接收幅值不超过 1.5V 的信号，注意，这两个输入接口内部都有隔直电容，直流或频率较低的信号不能被声卡接收。MIDI In 输入接口一般接 MIDI 乐器或游戏摇杆。

多数声卡的输入也是双通道的，但接入插头线往往将这两个通道短接成了一个通道。另外，这两个通道是共地的。

对于普通的集成声卡，一般有 3 个接口，从外观上区分，粉红色的为 Mic In，草绿色的为 Wave Out，浅蓝色的为 Line In，因此，用集成声卡作数据采集时，被测信号应从浅蓝色的 Line In 口引入，输出信号应从草绿色的 Wave Out 口输出。

在实际数据采集中，可以通过 3.5mm 音频插头将信号从声卡接口引入或引出。可以使用坏的立体声耳机做一个双通道的输入线，剪去耳机，保留线和插头即可。注意这两个通道是共地的。

2）声卡的测试与设置

一般声卡主要用于输出声音，输入部分可能没有处于正常工作状态。建议首先使用耳机和 MIC 检查声卡的功能，特别是检查输入功能（录音功能）是否正常。如果不正常，需要检查声卡的设置。可以通过 Windows 操作系统附件带的“录音机”程序测试声卡的信号输入，如图 4-4 所示，如果有波形产生，说明录音功能是正常的。

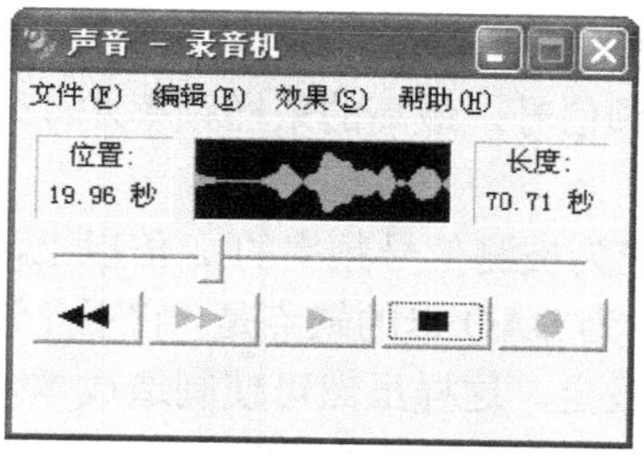

图 4-4 “录音机”程序采集声音信号

一般来说，这里的设置有两层含义，首先是要配置所需的功能，其次要保证已经配置的功能不处于关闭（静音）状态。下面介绍对 Line In 和 Mic In 的检查和设置。

如图 4-5 所示，在“选项”菜单下选“属性”，得到右半部分所示的对话框，在此对话框上选择“录音”，并配置列表中的选项即可（音量调大）。注意图 4-5 中的相关功能都不在静音状态。

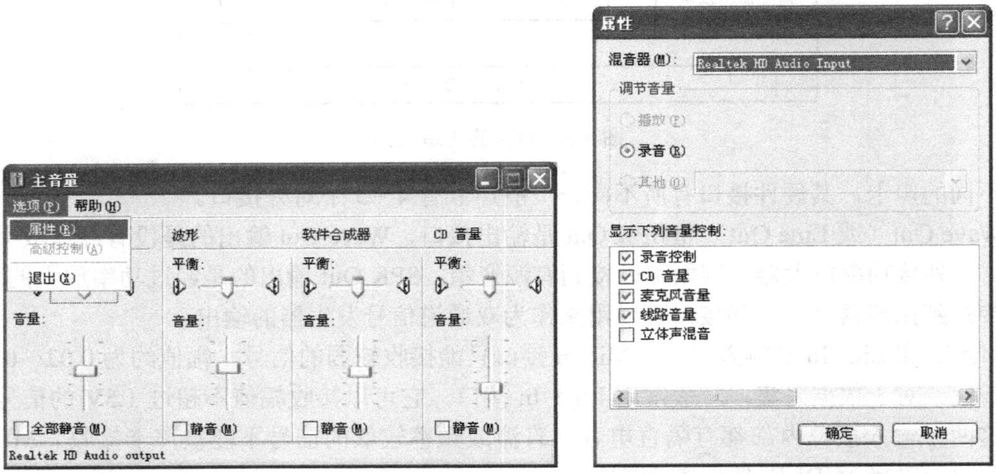

图 4-5　主音量控制窗口和音量控制属性对话框

3. 声卡的主要技术参数

声卡的技术参数主要有两个：采样位数和采样频率。

1）采样位数

采样位数即采样值或取样值，可以理解为声卡处理声音的解析度，这个数值越大，说明解析度就越高，录制和播放声音的效果就越真实。声卡采样的位数概念和数据采集卡的位数概念是一样的，是指将模拟信号转化为数字信号的二进制位数，反映了对信号描述的准确程度。位数值显然是越高越好，目前市面上几乎所有声卡的主流产品都是 16 位，而一般数据采集卡大多只是 12 位，所以从这方面来讲，声卡的精度是比较高的。

2）采样频率

声卡的采样频率一般不是很高，因为它只是处理音频信号，目前最高采样率为 44.1kHz，少数能达 48kHz。对于普通声卡，采样频率一般设为 4 挡：44.1kHz、22.05kHz、9.025kHz 和 8kHz。

22.05kHz 只能达到 FM 广播的声音品质；44.1kHz 是理论上的 CD 音质界限，48kHz 则更好一些。对 20kHz 范围内的音频信号，最高的采样频率才 48kHz，虽然理论上没问题，但似乎余量不大。

根据采样定理，采样频率应为被测信号频率的 2 倍以上，因此声卡的采样频率决定了可以被测信号的频率。使用声卡作为 DAQ 卡的缺点是，它不允许用户在最高采样频率之下任意设定采样频率，而只能分 4 挡设定。这样虽然可使制造成本降低，但却不便于使用。用户基本上不可能控制整周期采样，只能通过信号处理的方法来弥补非整周期采样带来的问题。

3）缓冲区

与一般数据采集卡不同，声卡面临的 D/A 和 A/D 任务通常都是连续状态的。为了在一个简易的结构下较好地完成某个任务，声卡缓冲区的设计有其独到之处。

为了节省 CPU 资源，计算机的 CPU 并不是在每次声卡 D/A 或 A/D 结束后都要响应一次中断，而是采用了缓冲区的工作方式。在这种工作方式下，声卡的 A/D、D/A 都对某一缓冲区进行操作。以输入声音的 A/D 变换为例，每次转换完毕后，声卡控制芯片都将数据存放在缓冲区中，待缓冲区满时，发送中断给 CPU，CPU 响应中断后一次性将缓冲区内的数据全部读走。计算机总线的数据传输速率非常高，读取缓冲区数据所用的时间极短，不会影响 A/D 变换的连续性。缓冲区的工作方式大大降低了 CPU 响应中断的频度，节省了系统资源。声卡输出声音时的 D/A 变换也是类似的。

一般声卡使用的缓冲区长度的默认值是 8KB（8192 字节）。这是由于对 x86 系列处理器来说，在保护模式（Windows 等系统使用的 CPU 工作方式）下，内存以 8KB 为单位被分成很多页，对内存的任何访问都是按页进行的，CPU 保证了在读写 8KB 长度的内存缓冲区时，速度足够快，并且一般不会被其他外来事件打断。设置 8192 字节或其整倍数（例如 32768 字节）大小的缓冲区，可以较好地保证声卡与 CPU 的协调工作。

声卡不提供基准电压，因此无论是 A/D 还是 D/A 在使用时，都需要用户自己参照基准电压进行标定。

另外，还要考虑声卡的频率响应，一般声卡只是对 20Hz～20kHz 的音频信号有比较好的响应，对这范围之外的信号有很强的衰减作用。对于测试，信号频率在 50Hz～10kHz 范围内比较好。

4．利用 LabVIEW 实现声卡数据采集

在 LabVIEW 中函数（Functions）→编程（programming）→图形与声音（Graphics & Sound）→声音（Sound）子选板下，提供了声卡相关的函数节点，如图 4-6 所示。这些节点都是使用 Windows 底层函数编写的，直接与声卡驱动联系，可以实现对声卡的快速访问和操作，具有比较高的执行性能。

声音（Sound）子选板下又包含了输出（Output）、输入（Input）和文件（Files）3 个子选板，它们分别提供声音输出、声音输入和声音文件相关的节点。本节将重点向读者介绍输入（Input）和输出（Output）两个子选板中的函数节点。

1）配置声音输入函数（Sound Input Configure.vi）

该节点用于配置声卡进行数据采集，并将采集的数据送入缓存，其图标与端口如图 4-7 所示。

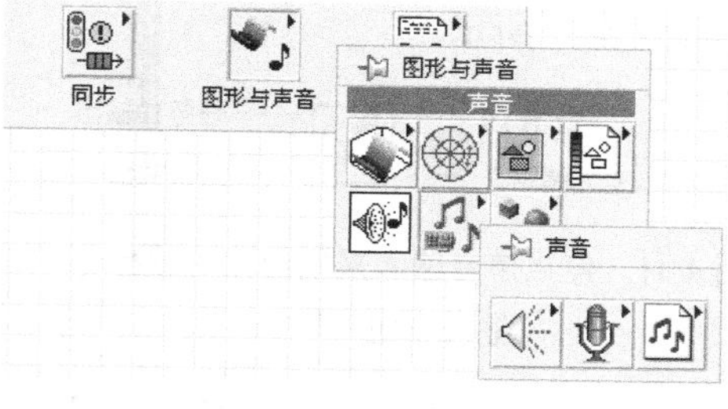

图 4-6　声音（Sound）子选板

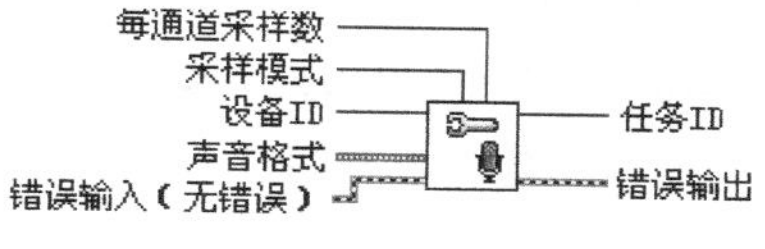

图 4-7　配置声音输入函数的图标与输入/输出端口

主要端口介绍如下：

每通道采样数（number Of samples/ch）输入端口：指定缓存中每通道可容纳的数据样本

数。如果是连续采集，需要将该值设置大一些。

采样模式（sample mode）输入端口：设置采样模式为有限还是连续采集。

设备 ID（device ID）输入端口：设置声卡的设备号，如果计算机上只有一块声卡，就设为默认值 0。

声音格式（sound format）输入端口：设置采样率、采样通道和采样位数。

采样率（sample rate）端口：设置采样频率。通常频率设置为 44.1kHz、22.05kHz 和 11.025kHz，默认值为 22.05kHz。

通道数（number of channels）端口：指定采样的通道数。对于大多数声卡，1 为单声道，2 为立体声。

采样位数（bits per sample）端口：设置采样位数。一般可以设为 16 位或 8 位，默认值为 16 位。

任务 ID（task ID）输出端口：任务标识。

2）读取声音输入函数（Sound Input Read.vi）

该节点用于从声卡中读取数据，有多个实例，DBL 实例的图标与端口如图 4-8 所示。

主要端口介绍如下：

每通道采样数（number of samples/ch）输入端口：指定每通道读取的样本数。

数据（data）输出端口：从缓存中读出的数据，其类型为波形数据。

3）声音输入清零函数（Sound Input Clear.vi）

该节点用于停止数据采集，清除缓存，将任务返回到默认的未配置状态，并且释放任务分配的内存，其图标和端口如图 4-9 所示。

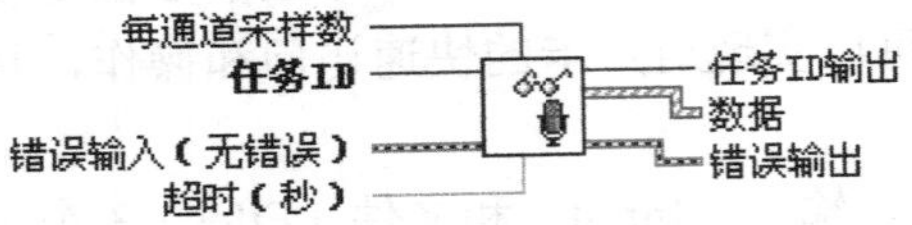

图 4-8　读取声音输入函数的图标与输入/输出端口

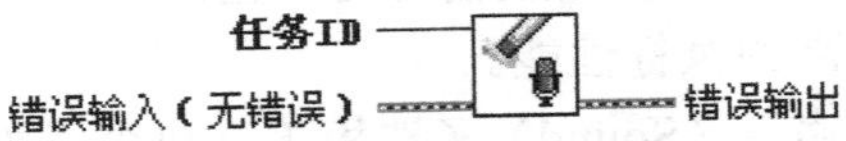

图 4-9　声音输入清零函数的图标与输入/输出端口

4）启动声音输入采集函数（Sound Input Start.vi）

在事先调用 Sound Input Stop.vi 停止了数据采集的情况下，可调用该节点重新启动声卡的采集操作，其图标和端口如图 4-10 所示。

5）停止声音输入采集函数（Sound Input Stop.vi）

该节点用于停止声卡的数据采集，其图标和端口如图 4-11 所示。

图 4-10　启动声音输入采集函数的图标与输入/输出端口

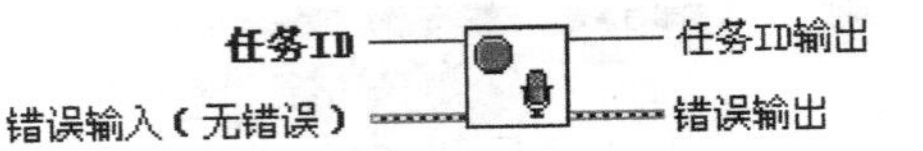

图 4-11　停止声音输入采集函数的图标与输入/输出端口

输出（Output）子选板中配置声音输出函数（Sound Output Configure.vi）、写入声音输出函数（Sound Output Write.vi）、声音输出清零函数（Sound Output Clear.vi）、启动声音输出播放函数（Sound Output Start.vi）和停止声音输出播放函数（Sound Output Stop.vi）这几个节点与相应的声音输入节点在端口定义上相似，只是在功能上相反，这里不再过多介绍，下面介绍另外几个常用节点。

6）设置声音输出音量函数（Sound Output Set Volume.vi）

该节点用于设置声卡的输出音量，有 Single 和 Array 两个实例，Single 实例的图标和端口如图 4-12 所示。

其端口介绍如下：

音量（volume）输入端口：指定输出音量的大小，0 为无声，100 为最大值，默认值为 100。

7）声音输出等待函数（Sound Output Wait.vi）

该节点用于等待声音输出完成，其图标和端口如图 4-13 所示。

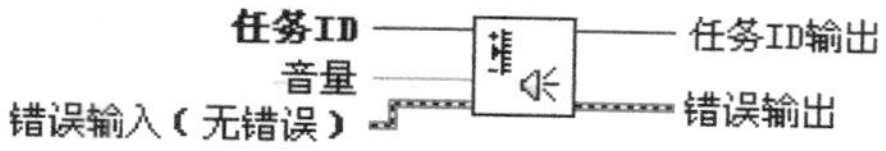

图 4-12　设置声音输出音量函数的图标与输入/输出端口

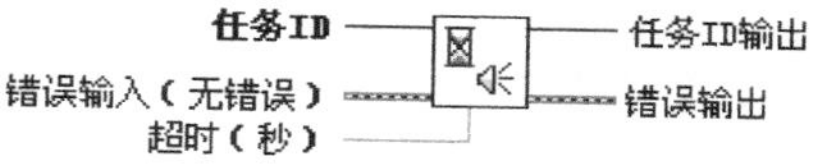

图 4-13　声音输出等待函数的图标与输入/输出端口

实例 8　声卡的双声道模拟输入

一、设计任务

将声卡作为数据采集卡，使用 LabVIEW 作为开发工具，设计一种方便的、灵活性强的虚拟示波器。

二、任务实现

传统示波器是科研和实验室中经常使用的一种台式仪器，这类仪器结构复杂、价格昂贵。通过配置必要的通用数据采集硬件，应用 LabVIEW 的虚拟仪器编程环境，结合计算机的模块化设计方法，可以实现虚拟示波器，并对其功能进行扩展，实现传统台式仪器所没有的频谱分析和功率谱分析功能。

声卡测量频率范围较窄，不能测量直流信号，只能测量音频范围内的信号，而且其增益较大，不能直接测量强度较强的信号，有时需加调理电路。在精确测量时，还需进行信号标定。虽然声卡具有这些缺点，但是其价格低廉，灵活性强，在 LabVIEW 环境下操作简便，非常适用于高校实验教学中。

本虚拟示波器主要由一块声卡、PC 和相应的软件组成。

在使用声卡进行数据采集之前，有必要对声卡做一些设置，因为这里需要使用 Line In 接口作为信号引入端口，首先需要确保该接口能正常工作。双击桌面右下角的扬声器图标，在弹出的“音量控制”对话框中，选择“选项”→“属性”选项，弹出“属性”对话框，在“调节音量”区中选择“录音”，然后在下面的列表框中选择“线路音量”选项，如图 4-14 所示，单击“确定”按钮之后将弹出“录音控制”窗口，在其中确保“麦克风音量”被选中，如图 4-15 所示，而且其音量应该设置为较小值，否则由于增益太大会使输入信号的幅值范围被限制得很小。

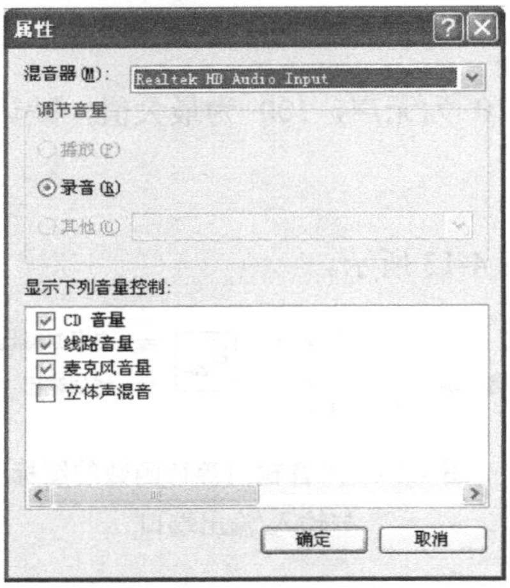

图 4-14　声卡的 Line In 接口设置“属性”对话框

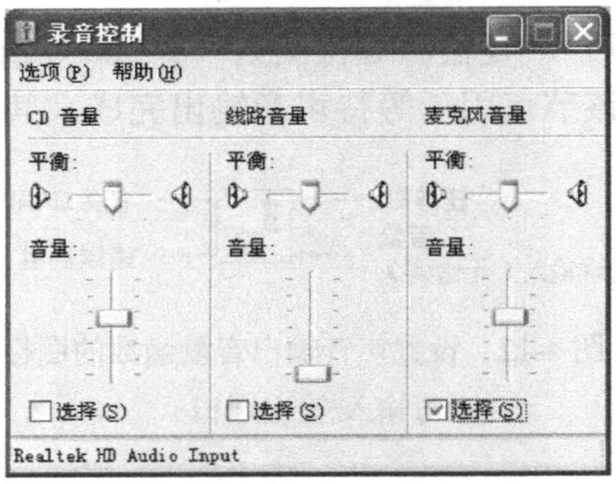

图 4-15　声卡的 Line In 接口设置“录音控制”窗口

如图 4-16 和图 4-17 所示，是一个用声卡实现数据采集的实例。

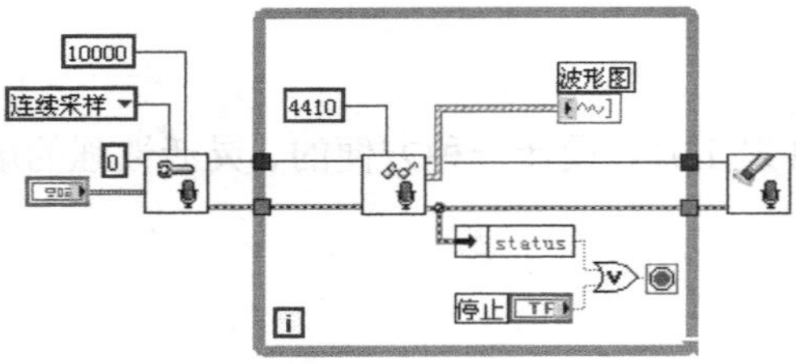

图 4-16　用声卡实现的数据采集前面板

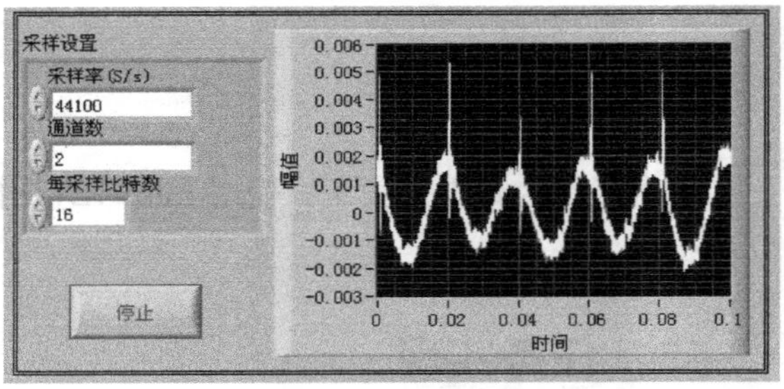

图 4-17　用声卡实现的数据采集框图程序

程序构造过程如下：

（1）调用配置声音输入函数（Sound Input Configure.vi）配置声卡，并开始进行数据采集。采样率设置为 44.1kHz，通道数为 2（即立体声双声道输入），每采样比特数（即采样位数）设置为 16 位，采样模式为连续采样，缓存大小设为每通道 10000 个样本。

（2）调用读取声音输入函数（Sound Input Read.vi）从缓存中读取数据，并在其外边添加一个 While 循环，用于从缓存中连续读取数据，设置每次从每个通道中读取的样本数为 4410，即 0.1s 时长的波形。

（3）循环结束后，调用声音输入清零函数（Sound Input Clear.vi）停止采集，并进行清除缓存和清除占用的内存等操作。

完成上述操作后，即可运行程序进行数据采集。

关于采集通道，应该尽量选择立体声双声道采样，因为当单声道采样时，左、右声道都相同，而且每个声道的幅值只有原信号幅值的 1/2。而用立体声采样时，左、右声道互不干扰，稳定性好，可以采集到两路不同的信号，而且采样信号的幅值与原幅值相同。

注意： 声卡不提供基准电压，不论模数转换还是数模转换，都需要用户对信号进行标定。

实例 9　声卡的双声道模拟输出

一、设计任务

使用声卡实现双声道模拟输出。

二、任务实现

由于声卡在一般状态下，声音输出功能都是正常的，所以在使用声卡进行模拟输出时，可不必首先进行声卡的设置。

程序的前面板与框图程序分别如图 4-18 和图 4-19 所示。

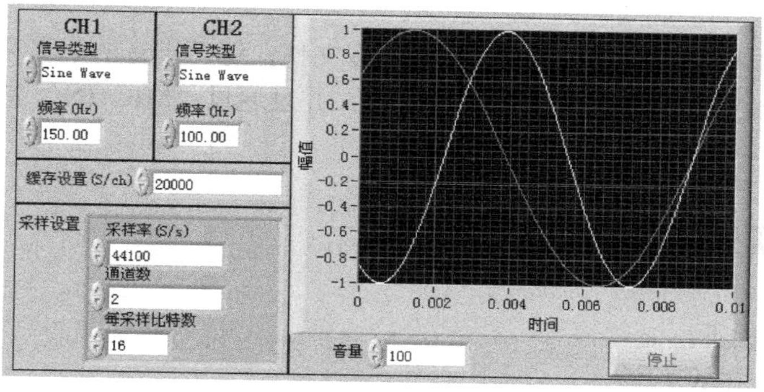

图 4-18　用声卡实现的双声道模拟输出前面板

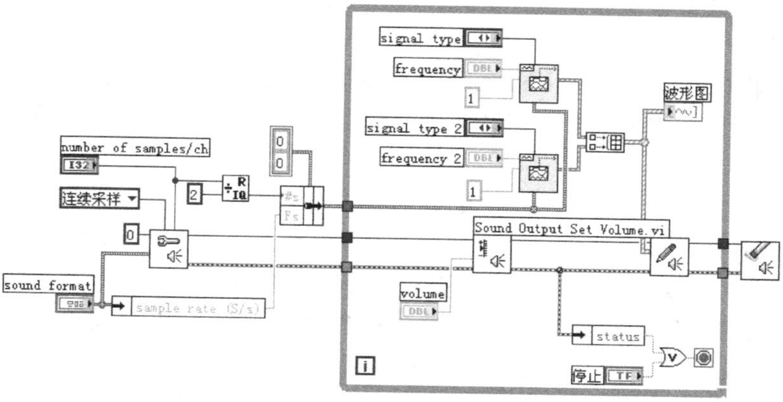

图 4-19　用声卡实现的双声道模拟输出框图程序

程序构造过程如下：

（1）调用配置声音输出函数（Sound Output Configure.vi）配置声卡，并开始声音输出。

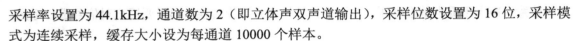

采样率设置为44.1kHz，通道数为2（即立体声双声道输出），采样位数设置为16位，采样模式为连续采样，缓存大小设为每通道10000个样本。

（2）调用写入声音输出函数（Sound Output Write.vi）向缓存中写入由基本函数生成器产生的仿真信号，在其外边添加一个 While 循环，实现连续写入数据，并在循环中串接设置声音输出音量函数（Sound Output Set Volume.vi），用以控制输出音量大小。

（3）循环结束后，调用声音输出清零函数（Sound Output Clear.vi），停止输出并执行相应的清除操作。

完成上述操作后，运行程序即可实现双声道模拟输出。若输出通道设置为单声道，则左、右声道实际输出相同的波形。

实例10 声音信号的采集与存储

一、设计任务

采集由MIC输入的声音信号，并保存为声音文件，练习声音的采集和存储。

本例要求PC装有独立声卡或具有集成声卡，并且通过“MIC IN”端口将传声器输出信号传送到声卡。

二、任务实现

程序构造过程如下：

（1）启动LabVIEW程序。

（2）在启动界面下，执行菜单命令“文件”→“新建VI”，创建一个新的VI。

（3）切换到前面板框图设计窗口下，在前面板设计区放置一个“波形图”控件，并且编辑其标签为“声音信号波形”。

（4）切换到程序框图设计窗口下，在程序框图设计区放置一个“打开声音文件”函数节点。

（5）移动光标到放置的“打开声音文件”节点下的下拉按钮上，打开下拉选项，从中选择“写入”。

（6）在程序框图设计区放置一个“配置声音输入”节点、一个“读取声音输入”节点、一个“写入声音文件”节点、一个“声音输入清零”节点、一个“关闭声音文件”节点和一个“While循环”方框图节点，并按照图4-20所示完成程序框图的设计。

（7）切换到前面板设计窗口下，调整各控件的大小和位置，设置“路径”为“D:\sound\test.wav”（**注意**：需要在D盘建立sound文件夹），并对其他输入控件进行设置。

（8）单击工具栏程序“运行”按钮，并对着传声器输入语音或一段音乐，即可将声音数据写入到指定的文件“test.wav”中。

（9）在波形图控件中可以查看声音信号的波形，其中的一个运行界面如图4-21所示。

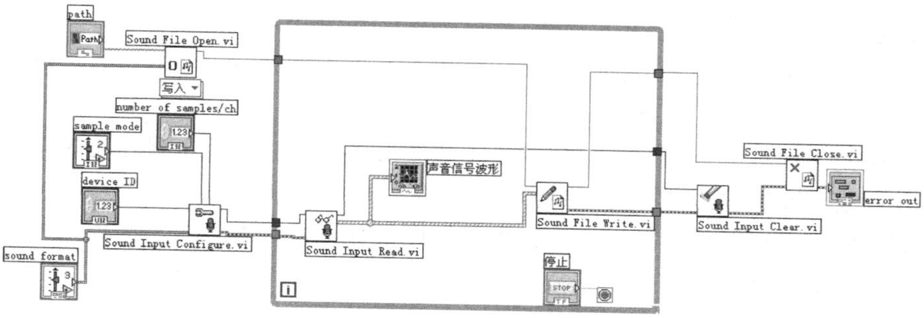

图 4-20　程序框图的设计

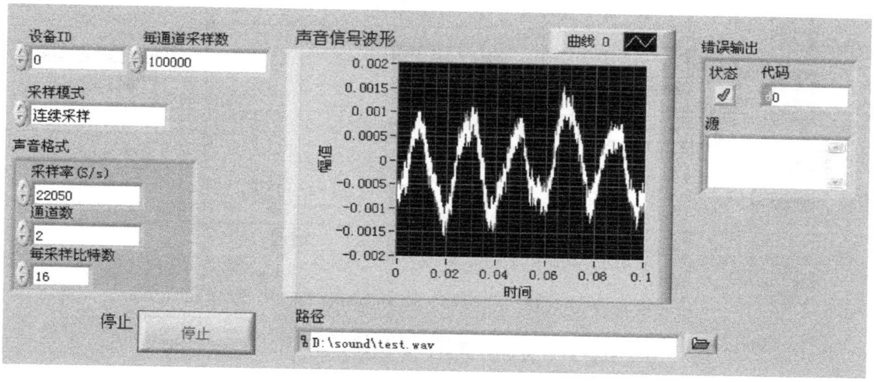

图 4-21　运行界面

（10）单击“停止”按钮，结束程序测试，打开文件目录“D：\sound”，可以看到 LabVIEW 应用程序创建了一个声音文件“test.wav”。

（11）该声音文件记录了程序运行时由传声器输入的声音信息，利用 Windows MediaPlayer 软件，可以播放该声音文件。

（12）对设计的 VI 进行保存。

通过该例可以看出，利用 PC 声卡作为 DAQ 卡，采集数据构建一个简单的数据采集系统非常简单快捷。

实例 11　声音信号的功率谱分析

一、设计任务

通过对采集到的声音信号进行功率谱分析，练习声音信号的采集和分析。

二、任务实现

程序构造过程如下：

（1）启动 LabVIEW 程序。

（2）在 LabVIEW 的启动界面下，执行菜单命令“文件”→“新建 VI”，创建一个新的 VI。

（3）切换到前面板设计窗口下，放置一个“波形图”控件，用于显示实时采集到的声音波形，并设置波形图控件的标签为“声音信号波形”。

（4）切换到程序框图设计窗口下，在程序框图设计区可以看到与前面板上波形图控件对应的“波形图”节点对象。

（5）按照图 4-22 所示设置程序框图。

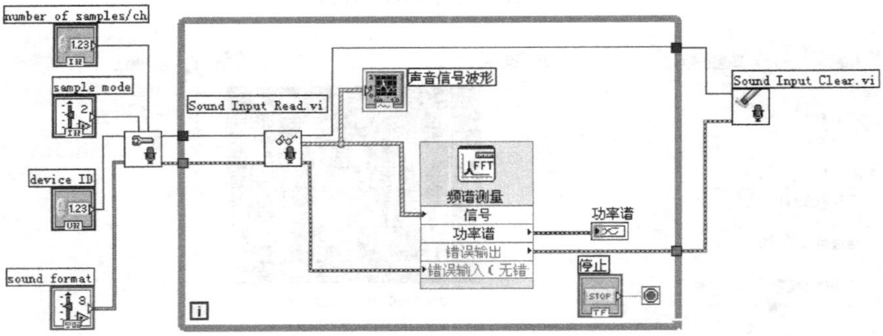

图 4-22　程序框图的设计

（6）切换到前面板设计窗口下，调整各控件的大小和参数，单击前面板工具栏上程序运行按钮，并通过传声器输入一段音乐或语音。对采集的声音信号数据进行实时显示，并进行功率谱分析，其中一个运行界面如图 4-23 所示。

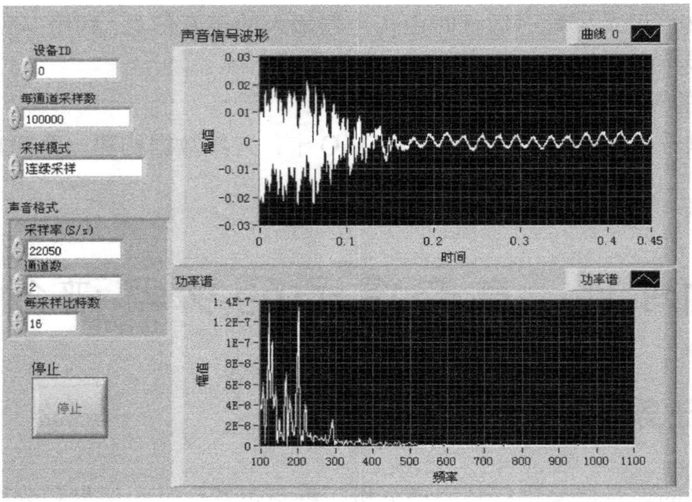

图 4-23　运行界面

（7）结束程序的运行，保存设计的 VI。

本例只是简单介绍了声音信号采集和分析的过程，读者可在此基础上设计一个功能强大的声音信号分析仪。

第 5 章　LabVIEW 串口通信基础

目前计算机的串口通信应用十分广泛，串行接口技术简单成熟，性能可靠，价格低廉，所要求的软、硬件环境或条件都很低，广泛应用于计算机测控相关领域，早期的仪器、单片机、PLC 等均使用串口与计算机进行通信，最初多用于数据通信，但随着工业测控行业的发展，许多测量仪器都带有 RS-232 串口总线接口。

将带有 RS-232 总线接口的仪器作为 I/O 接口设备通过 RS-232 串口总线与 PC 组成虚拟仪器系统，目前仍然是虚拟仪器的构成方式之一。主要适用于速度较低的测试系统，与 GPIB 总线、VXI 总线、PXI 总线相比，它的接口简单，使用方便。

5.1　串口通信的基本概念

5.1.1　通信与通信方式

什么是通信?简单地说，通信就是两个人之间的沟通，也可以说是两个设备之间的数据交换。人类之间的通信使用了诸如电话、书信等工具进行；而设备之间的通信则是使用电信号。最常见的信号传递就是使用电压的改变来达到表示不同状态的目的。以计算机为例，高电位代表了一种状态，而低电位则代表了另一种状态，在组合了很多电位状态后就形成了两种设备之间的通信。

最简单的信息传送方式，就是使用一条信号线路来传送电压的变化而达到传送信息的目的，只要准备沟通的双方事先定义好何种状态代表何种意思，那么通过这一条线就可以让双方进行数据交换。

在计算机内部，所有的数据都是使用“位”来存储的，每一位都是电位的一个状态（计算机中以 0、1 表示）；计算机内部使用组合在一起的 8 位数据代表一般所使用的字符、数字及一些符号，例如 01000001 就表示一个字符。一般来说，必须传递这些字符、数字或符号才能算是进行了数据交换。

数据传输可以通过两种方式进行：并行通信和串行通信。

1. 并行通信

如果一组数据的各数据位在多条线上同时被传送，则这种传输称为并行通信，如图 5-1 所示，使用了 8 条信号线一次将一个字符 11001101 全部传送完毕。

并行数据传送的特点是：各数据位同时传送，传送速度快、效率高，多用在实时、快速的场合，打印机端口就是一个典型的并行传送的例子。

并行传送的数据宽度可以是 1～128 位，甚至更宽，但是有多少数据位就需要多少根数据线，因此传送的成本高。在集成电路芯片的内部、同一插件板上各部件之间、同一机箱内各插件板之间的数据传送都是并行的。

并行数据传送只适用于近距离的通信，通常小于 30m。

2．串行通信

串行通信是指通信的发送方和接收方之间数据信息的传输是在一根数据线上进行，以每次一个二进制的 0、1 为最小单位逐位进行传输，如图 5-2 所示。

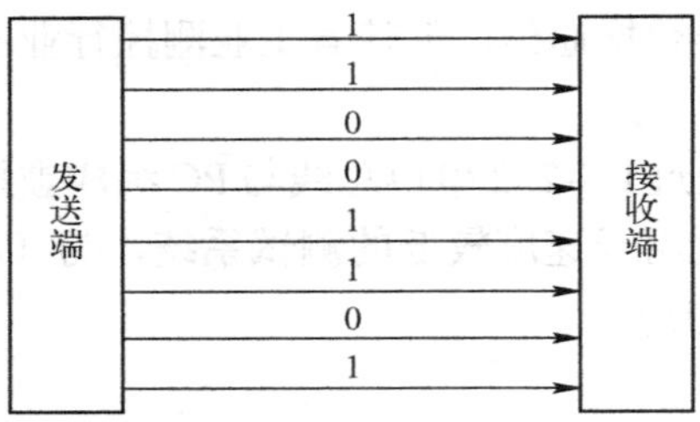

图 5-1　并行通信

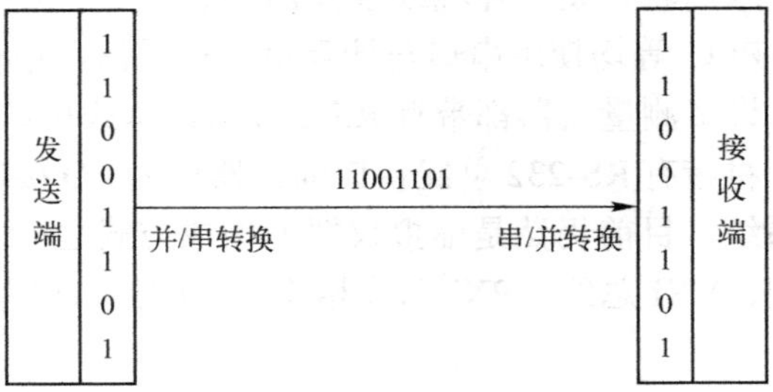

图 5-2　串行通信

串行数据传送的特点是：数据传送按位顺序进行，最少只需要一根传输线即可完成，节省传输线。与并行通信相比，串行通信还有较为显著的优点：传输距离长，可以从几米到几千米；在长距离传输时，串行数据传送的速率会比并行数据传送速率快；串行通信的通信时钟频率容易提高；串行通信的抗干扰能力十分强，其信号间的互相干扰完全可以忽略。但是串行通信传送速度比并行通信慢得多，若并行通信时间为 T，则串行时间为 NT（N 为数据位数）。正是由于串行通信的接线少、成本低，因此它在数据采集和控制系统中得到了广泛的应用，产品也多种多样。

5.1.2　串行通信的工作模式

通过单线传输信息是串行数据通信的基础。数据通常是在两个站（点对点）之间进行传送，按照数据流的方向可分成 3 种传送模式：单工、半双工、全双工。

1．单工形式

单工形式的数据传送是单向的。通信双方中，一方固定为发送端，另一方则固定为接收端。信息只能沿一个方向传送，使用一根传输线，如图 5-3 所示。

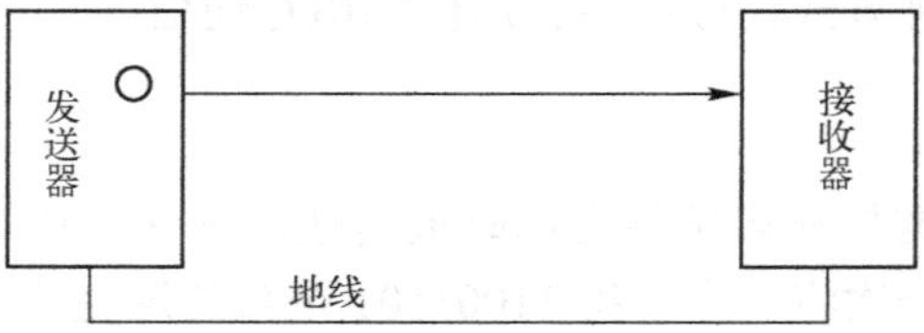

图 5-3　单工形式

单工形式一般用在只向一个方向传送数据的场合。例如，计算机与打印机之间的通信是单工形式，因为只有计算机向打印机传送数据，而没有反方向的数据传送。还有在某些通信信道中，如单工无线发送等也是采用单工形式。

2. 半双工形式

半双工通信使用同一根传输线，既可发送数据又可接收数据，但不能同时发送和接收。在任何时刻只能由其中的一方发送数据，另一方接收数据。因此半双工形式既可以使用一条数据线，也可以使用两条数据线，如图 5-4 所示。

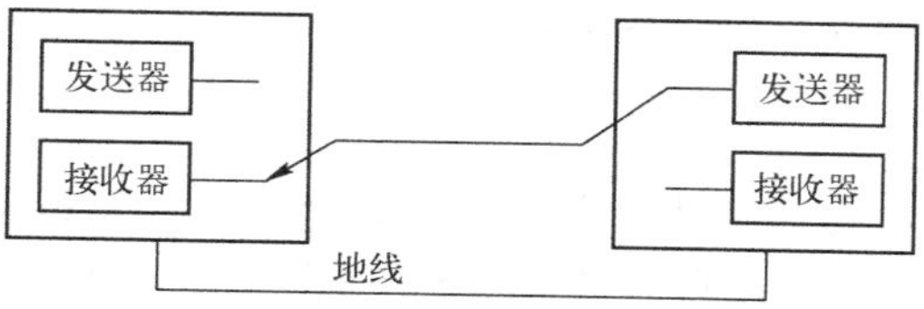

图 5-4　半双工形式

半双工通信中每端需有一个收/发切换电子开关，通过切换来决定数据向哪个方向传输。因为有切换，所以会产生时间延迟，信息传输效率相对低一些。但是对于像打印机这样单方向传输的外围设备，用单工方式就能满足要求了，不必采用半双工方式，可节省一根传输线。

3. 全双工形式

全双工数据通信分别由两根可以在两个不同的站点同时发送和接收的传输线进行传送，通信双方都能在同一时刻进行发送和接收操作，如图 5-5 所示。

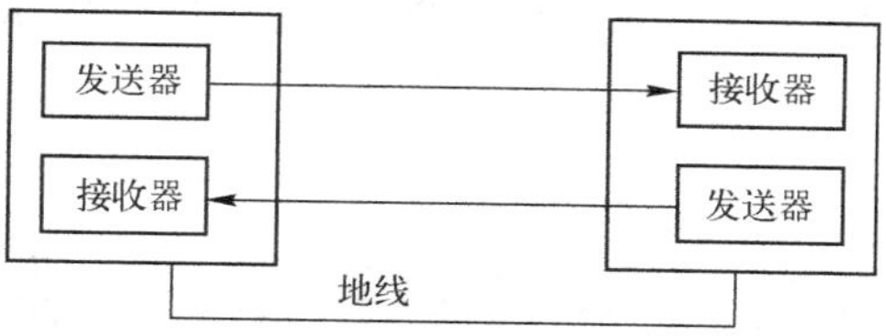

图 5-5　全双工形式

在全双工方式中，每一端都有发送器和接收器，有两条传送线，可在交互式应用和远程控制系统中使用，信息传输效率较高。

5.1.3　串口通信参数

串行端口的通信方式是将字节拆分成一个一个的位再传送出去。接到此电位信号的一方再将一个一个的位组合成原来的字节，如此形成一个字节的完整传送，在数据传送时，应在通信端口初始化时设置几个通信参数。

1. 波特率

串行通信的传输受到通信双方设备性能及通信线路特性的影响，收、发双方必须按照同样的速率进行串行通信，即收、发双方采用同样的波特率。我们通常将传输速率称为波特率，

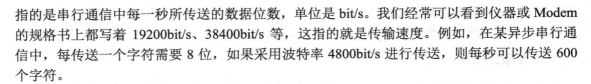

指的是串行通信中每一秒所传送的数据位数，单位是 bit/s。我们经常可以看到仪器或 Modem 的规格书上都写着 19200bit/s、38400bit/s 等，这指的就是传输速度。例如，在某异步串行通信中，每传送一个字符需要 8 位，如果采用波特率 4800bit/s 进行传送，则每秒可以传送 600 个字符。

2. 数据位

当接收设备收到起始位后，紧接着就会收到数据位，数据位的个数可以是 5、6、7 或 8 位数据。在字符数据传送的过程中，数据位从最低有效位开始传送。

3. 起始位

在通信线上，没有数据传送时处于逻辑“1”状态。当发送设备要发送一个字符数据时，首先发出一个逻辑“0”信号，这个逻辑低电平就是起始位。起始位通过通信线传向接收设备，当接收设备检测到这个逻辑低电平后，就开始准备接收数据位信号。因此，起始位所起的作用就是表示字符传送的开始。

4. 停止位

在奇偶校验位或者数据位（无奇偶校验位时）之后是停止位。它可以是 1 位、1.5 位或 2 位，停止位是一个字符数据的结束标志。

5. 奇偶校验位

数据位发送完之后，就可以发送奇偶校验位。奇偶校验位用于有限差错检验，通信双方在通信时约定一致的奇偶校验方式。就数据传送而言，奇偶校验位是冗余位，它表示数据的一种性质，用于检错。

5.2 串口通信标准

5.2.1 RS-232 串口通信标准

1. 概述

RS-232C 是美国电子工业协会（Electronic Industry Association，EIA）于 1962 年公布，并于 1969 年修订的串行接口标准。它已经成为国际上通用的标准。

RS-232C 标准（协议）的全称是 EIA-RS-232C 标准，其中 RS（Recommended Standard）代表推荐标准，232 是标识号，C 代表 RS-232 的最新一次修改（1969 年），它适合于数据传输速率在 0～20000bit/s 范围内的通信。这个标准对串行通信接口的有关问题，如信号电平、信号线功能、电气特性、机械特性等都做了明确规定。

目前 RS-232C 已成为数据终端设备（Data Terminal Equipment，DTE），如计算机和数据通信设备（Data Communication Equipment，DCE），如 Modem 的接口标准。

目前 RS-232C 是 PC 与通信工业中应用最广泛的一种串行接口，在 IBM PC 上的 COM1、

COM2 接口，就是 RS-232C 接口。

利用 RS-232C 串行通信接口可实现两台个人计算机的点对点的通信；可与其他外设（如打印机、逻辑分析仪、智能调节仪、PLC 等）近距离串行连接；连接调制解调器可远距离地与其他计算机通信；将其转换为 RS-422 或 RS-485 接口，可实现一台个人计算机与多台现场设备之间的通信。

2. RS-232C 接口连接器

由于 RS-232C 并未定义连接器的物理特性，因此，出现了 DB-25 和 DB-9 各种类型的连接器，其端口的定义也各不相同。现在计算机上一般只提供 DB-9 连接器，都为公头。相应的连接线上的串口连接器也有公头和母头之分，如图 5-6 所示。

作为多功能 I/O 卡或主板上提供的 COM1 和 COM2 两个串行接口的 DB-9 连接器，它只提供异步通信的 9 个信号端口，如图 5-7 所示，各端口的信号功能描述见表 5-1。

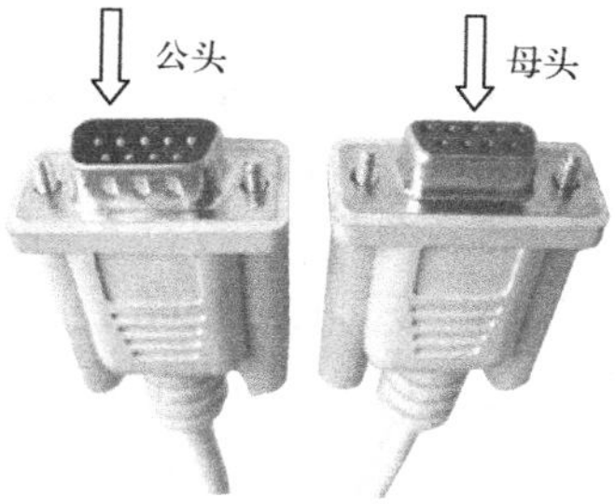

图 5-6 公头与母头串口连接器

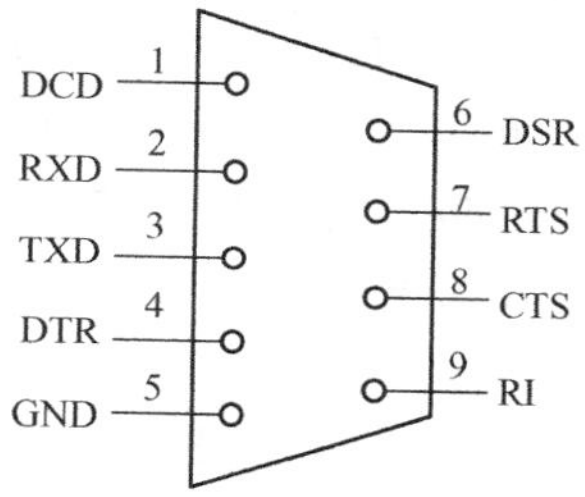

图 5-7　DB-9 串口连接器

表 5-1　9 针串行口的端口功能

端　口	符　号	通 信 方 向	功　能
1	DCD	计算机→调制解调器	载波信号检测。用来表示 DCE 已经接收到满足要求的载波信号，已经接通通信链路，告知 DTE 准备接收数据
2	RXD	计算机 ← 调制解调器	接收数据。接收 DCE 发送的串行数据
3	TXD	计算机→调制解调器	发送数据。将串行数据发送到 DCE。在不发送数据时，TXD 保持逻辑“1”
4	DTR	计算机→调制解调器	数据终端准备好。当该信号有效时，表示 DTE 准备发送数据至 DCE，可以使用
5	GND	计算机 = 调制解调器	信号地线。为其他信号线提供参考电位
6	DSR	计算机 ← 调制解调器	数据装置准备好。当该信号有效时，表示 DCE 已经与通信的信道接通，可以使用
7	RTS	计算机→调制解调器	请求发送。该信号用来表示 DTE 请求向 DCE 发送信号。当 DTE 欲发送数据时，将该信号置为有效，向 DCE 提出发送请求
8	CTS	计算机 ← 调制解调器	清除发送。该信号是 DCE 对 RTS 的响应信号。当 DCE 已经准备好接收 DTE 发送的数据时，将该信号置为有效，通知 DTE 可以通过 TXD 发送数据
9	RI	计算机 ← 调制解调器	振铃信号指示。当 Modem（DCE）收到交换台送来的振铃呼叫信号时，该信号被置为有效，通知 DTE 对方已经被呼叫

RS-232C 的每一个端口都有它的作用，也有它信号流动的方向。原来的 RS-232C 是用来连接调制解调器作传输之用的，因此它的端口意义通常也和调制解调器传输有关。

从功能来看，全部信号线分为 3 类，即数据线（TXD、RXD）、地线（GND）和联络控制线（DSR、DTR、RI、DCD、RTS、CTS）。

可以从表 5-1 了解到硬件线路上的方向。另外值得一提的是，如果从计算机的角度来看这些端口的通信状况，流进计算机端的，可以看成数字输入；而流出计算机端的，则可以看成数字输出。

数字输入与数字输出的关系是什么呢？从工业应用的角度来看，所谓的输入就是用来“监测”，而输出就是用来“控制”的。

3. RS-232C 接口电气特性

EIA-RS-232C 对电气特性、逻辑电平和各种信号线功能都做了规定。

在 TXD 和 RXD 上：逻辑 1 为−15～−3V；逻辑 0 为+3～+15V。

在 RTS、CTS、DSR、DTR 和 DCD 等控制线上：信号有效（接通，ON 状态，正电压）为+3～+15V；信号无效（断开，OFF 状态，负电压）为−15～−3V。

以上规定说明了 RS-232C 标准对逻辑电平的定义。

对于数据（信息码）：逻辑“1”的电平低于−3V，逻辑“0”的电平高于+3V。

对于控制信号：接通状态（ON）即信号有效的电平高于+3V，断开状态（OFF）即信号无效的电平低于−3V，也就是当传输电平的绝对值大于+3V 时，电路可以有效地检查出来，介于−3～+3V 之间的电压无意义，低于−15V 或高于+15V 的电压也认为无意义，因此，实际工作中，应保证电平在±（3～15）V 之间。

5.2.2 RS-422/485 串口通信标准

RS-422 由 RS-232 发展而来，它是为弥补 RS-232 的不足而提出的。为改进 RS-232 抗干扰能力差、通信距离短、传输速率低的缺点，RS-422 定义了一种平衡通信接口，将传输速率提高到 10Mbit/s，传输距离延长到 1219m（速率低于 100kbit/s 时），并允许在一条平衡总线上连接最多 10 个接收器。RS-422 是一种单机发送、多机接收的单向、平衡传输规范。

为扩展 RS-422 应用范围，EIA 又在 RS-422 基础上制定了 RS-485 标准，增加了多点、双向通信能力，即允许多个发送器连接到同一条总线上，同时增加了发送器的驱动能力和冲突保护特性，扩展了总线共模范围，后命名为 TIA/EIA-485-A 标准。由于 EIA 提出的建议标准都是以“RS”作为前缀，所以在通信工业领域，仍然习惯将上述标准以“RS”作为前缀称谓。

由于 RS-485 是在 RS-422 基础上发展而来的，所以 RS-485 的许多电气规定与 RS-422 的相同。如都采用平衡传输方式，都需要在传输线上接终端匹配电阻等。

RS-485 可以采用二线与四线方式，二线制可实现真正的多点双向通信。其主要特点如下。

（1）RS-485 的接口信号电平比 RS-232 降低了，不易损坏接口电路的芯片，且该电平与 TTL 电平兼容，可方便与 TTL 电路连接。

（2）RS-485 的数据最高传输速率为 10Mbit/s。其平衡双绞线的长度与传输速率成反比，在 100kbit/s 速率以下，才可能使用规定最长的电缆长度。只有在很短的距离下才能获得最高传输速率。因为 RS-485 接口组成的半双工网络，一般需二根连线，所以 RS-485 接口均采用屏蔽双绞线传输。

（3）RS-485 接口是采用平衡驱动器和差分接收器的组合，抗共模干扰能力增强，即抗噪声干扰性好，抗干扰性能大大高于 RS-232 接口，因而通信距离远，RS-485 接口的最大传输距离大约为 1200m。

RS-485 协议可以视为 RS-232 协议的替代标准，与传统的 RS-232 协议相比，其在传输速率、传输距离、多机连接等方面均有了非常大的提高，这也是工业系统中使用 RS-485 总线的主要原因。

RS-485 总线工业应用成熟，而且大量的已有工业设备均提供 RS-485 接口，因而时至今日，RS-485 总线仍在工业应用领域中具有十分重要的地位。

5.3　LabVIEW 中的串口通信功能模块

在 LabVIEW 程序框图窗口中函数选板的“仪器 I/O”子选板中的“串口”或者“VISA”子选板块内包含进行串口通信操作的一些功能函数，如图 5-8 所示。

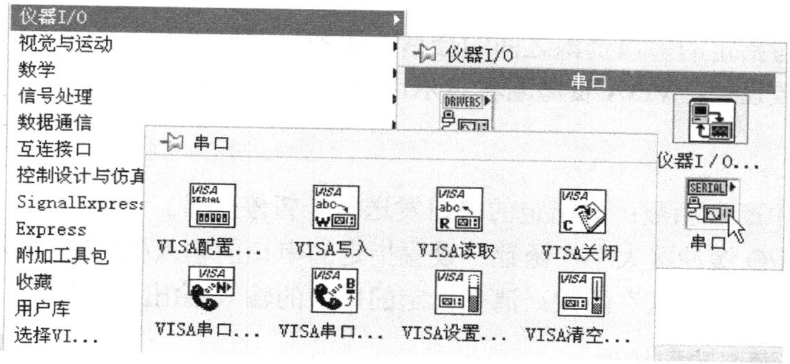

图 5-8　LabVIEW 串口通信功能函数

1. “VISA 配置串口”函数

功能：从指定的仪器中读取信息，对串口进行初始化，可设置串口的波特率、数据位、停止位、校验位、缓存大小及流量控制等参数。

输入端口参数设置：VISA 资源名称端口表示指定要打开的资源，即设置串口号；波特率端口用来设置波特率（默认值为 9600）；数据比特端口用来设置数据位（默认值为 8）；停止位端口用来设置停止位（默认值为 1 位）；奇偶端口用来设置奇偶校验位（默认为 0，即无校验）。

2. “VISA 写入”函数

功能：将输出缓冲区中的数据发送到指定的串口。

输入端口参数设置：VISA 资源名称端口表示串口设备资源名，即设置串口号；写入缓冲区端口用于写入串口缓冲区的字符。

输出端口参数设置：返回数端口表示实际写入数据的字节数。

3. “VISA 读取”函数

功能：将指定的串口接收缓冲区中的数据按指定字节数读取到计算机内存中。

输入端口参数设置：VISA 资源名称端口表示串口设备资源名；即设置串口号；字节总数端口表示要读取的字节数。

输出端口参数设置：读取缓冲区端口表示从串口读到的字符；返回数端口表示实际读取到数据的字节数。

4. “VISA 串口字节数”函数

功能：返回指定串口的接收缓冲区中的数据字节数。

输入端口参数设置：reference 端口表示串口设备资源名，即设置串口号。

输出端口参数设置：Number of Bytes at serial port 端口用于存放接收到的数据字节数。

在使用“VISA 读取”函数读串口前，先用“VISA 串口字节数”函数检测当前串口输入缓冲区中已存的字节数，然后由此指定“VISA 读取”函数从串口输入缓冲区中读出的字节数，可以保证一次就将串口输入缓冲区中的数据全部读出。

5. “VISA 关闭”函数

功能：结束与指定的串口资源之间的会话，即关闭串口资源。

输入端口参数设置：VISA 资源名称表示串口设备资源名，即设置串口号。

6. 其他函数

“VISA 串口中断”函数：向指定的串口发送一个暂停信号。

“VISA 设置 I/O 缓冲区大小”函数：设置指定的串口的输入/输出缓冲区大小。

“VISA 清空 I/O 缓冲区”函数：清空指定的串口的输入/输出缓冲区。

7. “VISA 资源名称”控件

与串口操作有关的所有函数均要提供串口资源（VISA resource name，VISA 资源名称），该控件位于控件选板中的 I/O 子选板中，如图 5-9 所示。

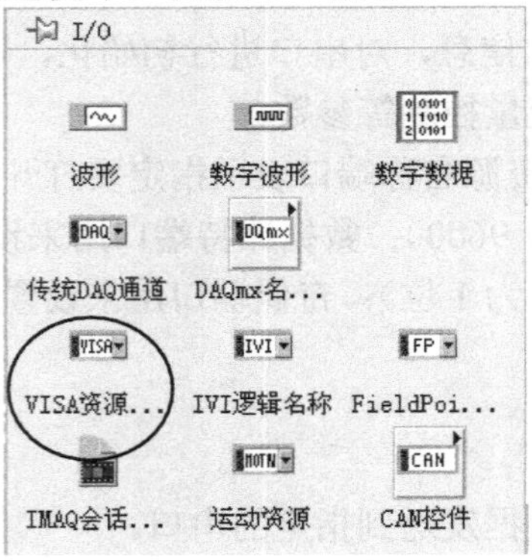

图 5-9　提供串口资源的函数

将该控件添加到前面板中，单击控件右侧的下拉箭头选择串口资源名（即串口号）。

5.4 LabVIEW 串口通信步骤

两台计算机之间的串口通信流程如图 5-10 所示。

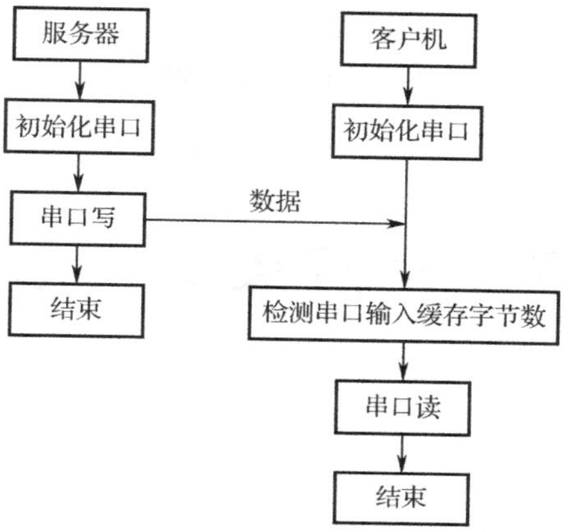

图 5-10 双机串口通信流程图

在 LabVIEW 环境中使用串口与在其他开发环境中开发过程类似，基本的步骤如下。

首先需要调用“VISA 配置串口”函数完成串口参数的设置，包括串口资源分配，设置波特率、数据位、停止位、校验位和流控等。

如果初始化没有问题，就可以使用这个串口进行数据收发。发送数据使用“VISA 写入”函数，接收数据使用“VISA 读取”函数。

在接收数据之前需要使用“VISA 串口字节数”函数查询当前串口接收缓冲区中的数据字节数，如果“VISA 读取”函数要读取的字节数大于缓冲区中的数据字节数，“VISA 读取”操作将一直等待，直至缓冲区中的数据字节数达到要求的字节数。

在某些特殊情况下，需要设置串口接收/发送缓冲区的大小，此时可以使用“VISA 设置 I/O 缓冲区大小”函数。使用“VISA 清空 I/O 缓冲区”函数可以清空接收与发送缓冲区。

在串口使用结束后，使用“VISA 关闭”函数结束与“VISA 资源名称”控件指定的串口之间的会话。

第6章　LabVIEW 串口通信实例

以 PC 作为上位机，以各种监控模块、PLC、单片机、摄像头云台、数控机床及智能设备等作为下位机，这种系统广泛应用于测控领域。

本章通过几个典型实例，详细介绍采用 LabVIEW 实现 PC 与 PC、PC 与单片机、PC 与智能仪器串口通信的程序设计方法。

实例基础　PC 串行接口与智能仪器通信

1. PC 中的串行接口

1）观察计算机上串口位置和几何特征

在 PC 主机箱后面板上，有各种各样的接口，其中有两个 9 针的接头区，如图 6-1 所示，这就是 RS-232C 串行通信端口。PC 上的串行接口有多个名称：232 口、串口、通信口、COM 口、异步口等。

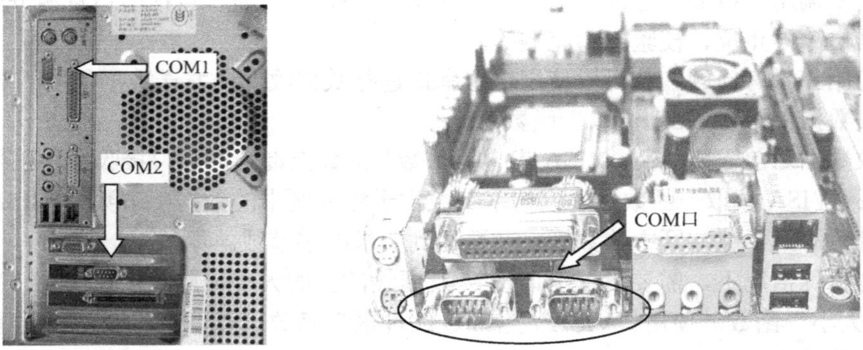

图 6-1　PC 上的串行接口

2）查看串口设备信息

进入 Windows 操作系统，右击“我的电脑”图标，如图 6-2 所示。在“系统属性”对话框中选择“硬件”项，单击“设备管理器”按钮，出现“设备管理器”对话框。在列表中有端口（COM 和 LPT）设备信息，如图 6-3 所示。

右击“通信端口（COM1）”选项，选择“属性”，进入“通信端口（COM1）属性”对话框，在这里可以查看端口的低级设置，也可查看其资源。

在“端口设置”选项卡中，可以看到默认的波特率和其他设置，如图 6-4 所示，这些设置可以在这里改变，也可以在应用程序中修改。

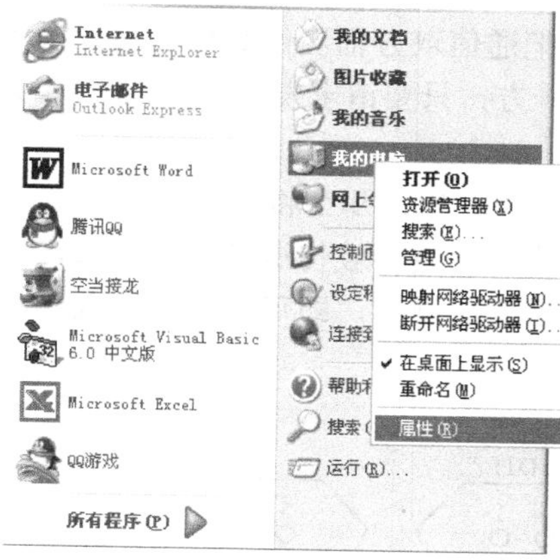

图 6-2 “我的电脑”属性

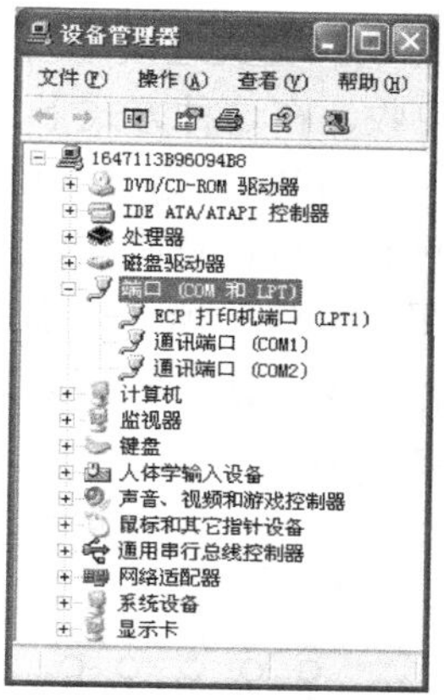

图 6-3 查看串口设备

在“资源”选项卡中，可以看到，COM1 端口的输入/输出范围（03F8-03FF）和中断请求号（04），如图 6-5 所示。

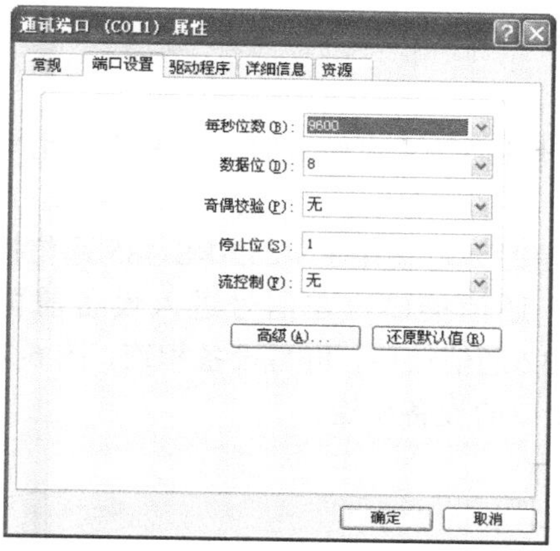

图 6-4 查看端口设置

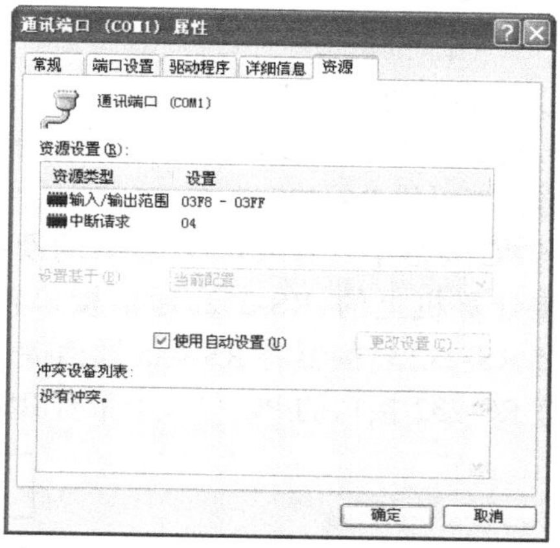

图 6-5 查看端口资源

2. PC 串口通信线路连接

1）近距离通信线路连接

当 2 台 RS-232 串口设备通信距离较近时（<15m），可以用电缆线直接将 2 台设备的 RS-232 端口连接，若通信距离较远（>15m）时，则需附加调制解调器（Modem）。

在 RS-232 的应用中，很少严格按照 RS-232 标准。其主要原因是许多定义的信号在大多数的应用中并没有用上。在许多应用中，例如 Modem，只用了 9 个信号（2 条数据线、6 条控制线、1 条地线）。但在其他一些应用中，可能只需要 5 个信号（2 条数据线、2 条握手线、1 条地线）；还有一些应用，可能只需要数据线，而不需要握手线（即只需要 3 条信号线）。

当通信距离较近时，通信双方不需要 Modem，可以直接连接，这种情况下，只需使用少数几根信号线。最简单的情况是，在通信中根本不需要 RS-232 的控制联络信号，只需 3 根线（发送线、接收线、信号地线）便可实现全双工异步串行通信。

图 6-6（a）是两台串口通信设备之间的最简单连接（即三线连接），图中的 2 号接收端口

与 3 号发送端口交叉连接是因为在直连方式时，把通信双方都当作数据终端设备看待，双方都可发也可收。在这种方式下，通信双方的任何一方，只要请求发送 RTS 有效和数据终端准备好 DTR 有效就能开始发送和接收。

如果只有一台计算机，而且也没有两个串口可以使用，那么将第 2 端口与第 3 端口外部短路，如图 6-6（b）所示，那么由第 3 端口的输出信号就会被传送到第 2 端口，从而送到同一串口的输入缓冲区，程序只要在相同的串口上做读取操作，即可将数据读入，一样可以形成一个测试环境。

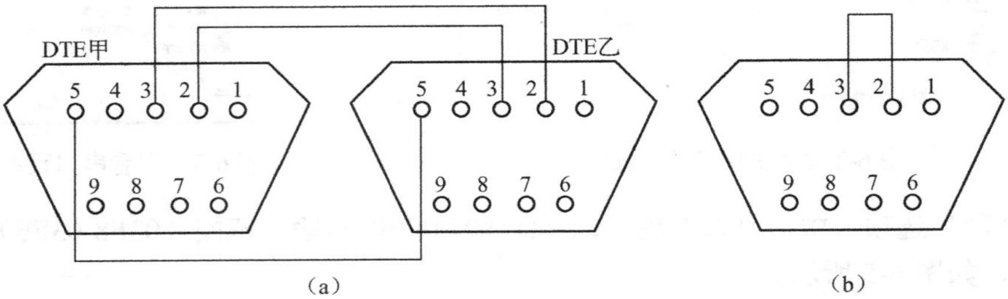

图 6-6　串口设备最简单连接

2）远距离通信线路连接

一般 PC 采用 RS-232 通信接口，当 PC 与串口设备通信距离较远时，二者不能用电缆直接连接，可采用 RS-485 总线。

当 PC 与多个具有 RS-232 接口的设备远距离通信时，可使用 RS-232/RS-485 通信接口转换器将计算机上的 RS-232 通信接口转为 RS-485 通信接口，在信号进入设备前再使用 RS-485/RS-232 转换器将 RS-485 通信接口转为 RS-232 通信接口，再与设备相连，图 6-7 所示为具有 RS-232 接口的 PC 与 *n* 个带有 RS-232 通信接口的设备相连。

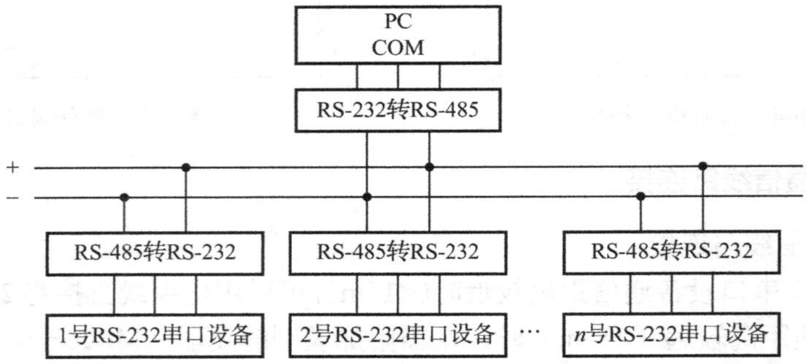

图 6-7　PC 与多个 RS-232 串口设备远距离连接

当 PC 与多个具有 RS-485 接口的设备通信时，由于两端设备接口电气特性不一，不能直接相连，因此，也采用 RS-232/RS-485 通信接口转换器将 RS-232 接口转换为 RS-485 信号电平，再与串口设备相连。图 6-8 所示为具有 RS-232 接口的 PC 与 *n* 个带有 RS-485 通信接口的设备相连。

工业 PC（IPC）一般直接提供 RS-485 接口，与多台具有 RS-485 接口的设备通信时不用转换器可直接相连。图 6-9 所示为具有 RS-485 接口的 IPC 与 *n* 个带有 RS-485 通信接口的设备相连。

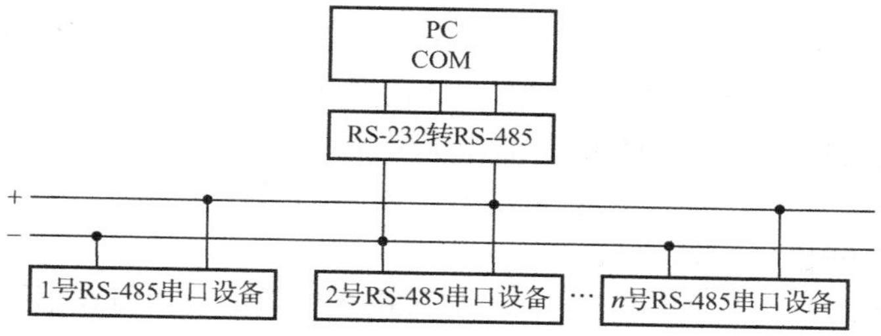

图 6-8 PC 与多个 RS-485 串口设备远距离连接

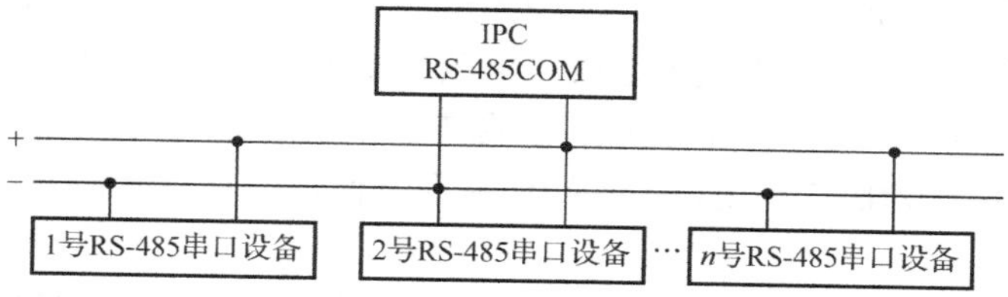

图 6-9 IPC 与多个 RS-485 串口设备远距离连接

RS-485 接口只有两根线要连接，有+、−端（或称 A、B 端）区分，用双绞线将所有串口设备的接口并联在一起即可。

3．XMT-3000A 型智能仪器的通信协议

目前仪器仪表的智能化程度越来越高，大量的智能仪器都配备了 RS-232 通信接口，并提供了相应的通信协议，能够将测试、采集的数据传输给计算机等设备，以便进行大量数据的储存、处理、查询和分析。

通常个人计算机（PC）或工控机（IPC）是智能仪器上位机的最佳选择，因为 PC 或 IPC 不仅能解决智能仪器（作为下位机）所不能解决的问题，如数值运算、曲线显示、数据查询、报表打印等，而且具有丰富和强大的软件开发工具环境。

XMT 系列仪表是具有调节、报警功能的数字式指示调节型智能仪表，是专为热工、电力、化工等工业系统测量、显示、变送温度的一种标准仪器，适用于旧式动圈指针式仪表的更新、改造。它采用工控单片机为主控部件，智能化程度高，使用方便。它不仅具有显示温度的功能，还能实现被测温度超限报警或双位继电器调节。其面板上设置有温度设定按键。当被测温度高于设定温度时，仪表内部的继电器动作，可以切断加热回路。

图 6-10 XMT-3000A 型智能仪器示意图

图 6-10 是 XMT-3000A 型智能仪器示意图。

1）接口规格

XMT-3000A 智能仪器使用异步串行通信接口，共有两种通信方式：RS-232 和 RS-485。接口电平符合 RS-232C 或 RS-485 标准中的规定。数据格式为 1 个起始位，8 位数据，无校验位，2 个停止位。通信传输数据的波特率可调范围为 300～4800bit/s。

XMT 仪表采用多机通信协议，如果采用 RS-485 通信接口，则可将 1～64 台的仪表同时连接在一个通信接口上。采用 RS-232C 通信接口时，一个通信接口只能连接一台仪表。

RS-485 通信接口与 RS-422 接口的信号电平相同，通信距离长达 1km 以上，优于 RS-232C

通信接口。RS-422 为全双工工作方式，RS-485 为半双工工作方式，RS-485 只需两根线就能使多台 XMT 仪表与计算机进行通信，而 RS-422 需要 4 根通信线。由于通信协议的限制，XMT 只能工作在半双工模式，所以 XMT 仪表推荐使用 RS-485 接口，以简化通信线路接线。为使用普通个人计算机作上位机，可使用 RS-232C/RS-485 型通信接口转换器，将计算机上的 RS-232C 通信口转为 RS-485 通信口。

XMT 仪表的 RS-232C 及 RS-485 通信接口采用光电隔离技术将通信接口与仪表的其他部分线路隔离，当通信线路上的某台仪表损坏或故障时，并不会对其他仪表产生影响。同样当仪表的通信部分损坏或主机发生故障时，仪表仍能正常进行测量及控制，并可通过仪表键盘对仪表进行操作。因此采用 XMT 仪表组成的集散型控制系统具有较高工作可靠性。

由于采用普通计算机作上位机，其软件资源丰富，发展速度极快。新的 XMT 上位机软件广泛采用 Windows 作为操作环境，不仅操作直观方便，而且功能强大。

2）通信指令

XMT 仪表采用十六进制数据格式来表示各种指令代码及数据。XMT 仪表软件通信指令经过优化设计只有两条指令，一条为读指令，一条为写指令，两条指令使得上位机软件编写容易，不过却能 100%完整地对仪表进行操作。

地址代号：为了在一个通信接口上连接多台 XMT 仪表，需要给每台 XMT 仪表编一个互不相同的代号，这一代号在本文约定称为通信地址代号（简称地址代号）。XMT 有效的地址为 0～63。所以一条通信线路上最多可连接 64 台 XMT 仪表。仪表的地址代号由参数 Addr 决定。

XMT 调节器内部采用整型数据表示参数及测量值等，数据最大范围为：−999～+9999（线性测量时）或者是−9999～+30000（温度测量时）。因此采用−32768～−16384 之间的数值来表示地址代号。XMT 仪表通信协议规定，地址代号为两个字节，其数值范围（十六进制数）是 80H～BFH，两个字节必须相同，数值为仪表地址+80H。例如，仪表参数 Addr=10（十六进制数为 0AH，0A+80H=8AH），则该仪表的地址表示为：8AH　8AH。

参数代号：仪表的参数用 1 个十六进制数的参数代号来表示。它在指令中表示要读/写的参数名。表 6-1 列出了 XMT 仪表的部分参数代号。

表 6-1　XMT 仪表可读/写的参数代号表

参数代号	参数名	含义	参数代号	参数名	含义
00H	SV	给定值	0BH	Sn	输入规格
01H	HIAL	上限报警	0CH	dIP	小数点位置
02H	LoAL	下限报警	0DH	dIL	下限显示值
03H	dHAL	正偏差报警	0EH	dIH	上限显示值
04H	dLAL	负偏差报警	15H	baud	通信波特率
05H	dF	回差	16H	Addr	通信地址
06H	CtrL	控制方式	17H	dL	数字滤波

注意：如果向仪表读取参数代号在表格中参数以外，则返回参数值为错误信号（二个 7F 值）。

3）读指令

指令格式为：地址代号+52H+参数代号

返回：依次返回为测量值 PV、给定值 SV、输出值 MV+报警状态、所读参数值。

读或写指令均返回测量值、给定值、输出值、报警状态及指定的参数值。

例如，主机需要读地址为 0（Addr=0）的仪表当前测量值等数据及 dIP 参数，该仪表当前测量值为 250.8℃，设定温度为 250℃，输出值为 32，存在上限报警，dIP 参数为 1。

则主机向仪表发送读指令：80H 80H 52H 0CH；其中，80H 80H 代表仪表地址代号；52H 代表读指令；0CH 代表参数代号。

仪表返回数据为：CCH 09H C4H 09H 20H 00H 02H；其中，CCH 09H 代表测量值；C4H 09H 代表给定值；20H 00H 代表输出值/报警状态；02H 代表 dIP 参数值。

返回的测量值数据每 2 个 8 位数据代表一个 16 位整型数，低位字节在前，高位字节在后，负温度值采用补码表示，热电偶或热电阻输入时其单位都是 0.1℃。回送的十六进制数据（2 个字节）先转换为十进制数据，然后将十进制数据除以 10 再显示出来，1～5V 或 0～5V 等线性输入时，单位都是线性最小单位。因为传递的是 16 位二进制数，所以无法表示小数点，要求用户在上位机处理。

上位机每向仪表发一个指令，仪表则返回一个数据。编写上位机软件时，注意每条有效指令，仪表在 0～0.36s 内做出应答，而上位机也必须等仪表返回指令后，才能发新的指令，否则将引起错误。如果仪表超过最大响应时间仍没有应答，原因则可能为无效指令、通信线路故障，仪表没有开机，通信地址不合等，此时上位机应重发指令。

4）写指令

指令格式：地址指令+43H+参数代号+写入值的低位字节+写入值的高位字节

仪表返回：测量值 PV、给定值 SV、输出值 MV+报警状态、被写入的参数值

写命令的参数代号的含义与读命令中的参数代号是一样的，数据的格式也相同。

写入值为 16 位整数，设定温度的单位为℃。

例如：需要设定地址为 2 的 XMT 仪表的下限报警温度为 300℃。

主机向仪表发送写指令：

82H 82H 43H 02H 2CH 01H

其中 82H 82H 代表地址代号；43H 代表写指令；02H 代表参数代号；2CH 代表写入值的低位字节；01H 代表写入值的高位字节。

返回：仪表写参数完毕，将返回已写的数据：

CCH 09H C4H 09H 20H 00H 2CH 01H

其中，CCH 09H 代表测量值；C4H 09H 代表给定值；20H 00H 代表输出值/报警值；2CH 01H 代表 dLAL 参数值。

实例 12　PC 与 PC 串口通信

一、设计任务

采用 LabVIEW 编写程序实现 PC 与 PC 串口通信。任务要求：两台计算机互发字符并自

动接收，如一台计算机输入字符串“收到信息请回复！”，单击“发送字符”命令，另一台计算机若收到，就输入字符串“收到了！”，单击“发送字符”命令，信息返回到与它相连的计算机。

该程序实际上就是编写一个简单的双机聊天程序。

二、线路连接

1．硬件线路

在实际使用中常使用串口通信线将 2 个串口设备连接起来。串口线的制作方法非常简单：准备 2 个 9 针的串口接线端子（因为计算机上的串口为公头，因此连接线为母头），准备 3 根导线（最好采用 3 芯屏蔽线），按图 6-11 所示将导线焊接到接线端子上。

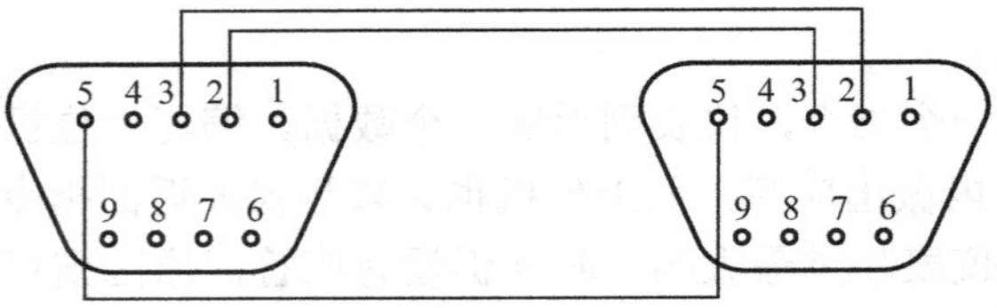

图 6-11　串口通信线的制作

图 6-11 中的 2 号接收端口与 3 号发送端口交叉连接是因为在直连方式下，把通信双方都当作数据终端设备看待，双方都既可发也可收。在这种方式下，通信双方的任何一方，只要请求发送 RTS 有效和数据终端准备好 DTR 有效就能开始发送和接收。

在计算机通电前，按图 6-12 所示将两台 PC 的 COM1 口用串口线连接起来。

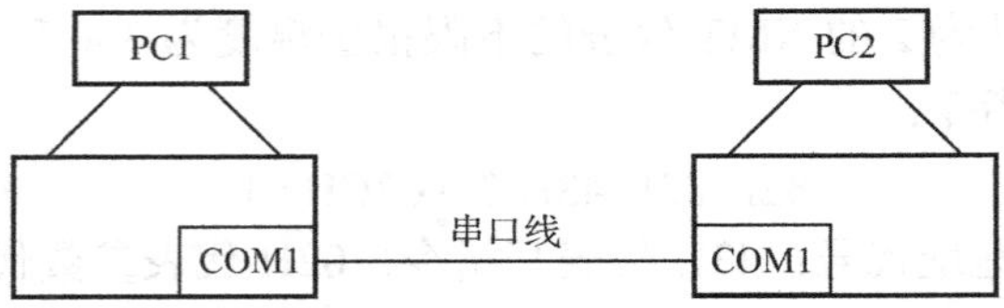

图 6-12　PC 与 PC 串口通信线路

2．PC 与 PC 串口通信调试

在进行串口开发之前，一般要进行串口调试，经常使用的工具是串口调试助手程序。它是一个适用于 Windows 平台的串口监视、串口调试程序。它可以在线设置各种传输速率、通信端口等参数，可以发送字符串命令，可以发送文件，可以设置自动发送/手动发送方式，可以十六进制显示接收到的数据等，从而提高串口开发效率。

“串口调试助手”程序（ScomAssistant.exe）是串口开发设计人员常用的调试工具，如图 6-13 所示。

在两台计算机中同时运行“串口调试助手”程序，首先串口号选“COM1”、波特率选“4800”、校验位选“NONE”、数据位选“8”、停止位选“1”等（**注意**：两台计算机设置的参数必须一致），单击“打开串口”按钮。

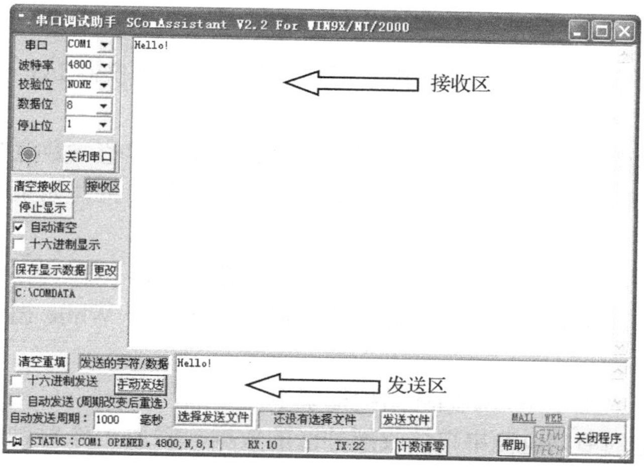

图 6-13　“串口调试助手”程序

在发送区输入字符，比如“Hello！”，单击“手动发送”按钮，发送区的字符串通过 COM1 口发送出去；如果联网通信的另一台计算机收到字符，则返回字符串，如“Hello！”，如果通信正常该字符串将显示在接收区中。

若选择了“手动发送”，每单击一次可以发送一次；若选中了“自动发送”，则每隔设定的发送周期内发送一次，直到去掉“自动发送”为止。还有一些特殊的字符，如回车换行，则直接敲回车键即可。

三、任务实现

1. 程序前面板设计

新建 VI。切换到 LabVIEW 的前面板窗口，通过控件选板给程序前面板添加控件。

（1）为了输入要发送的字符串，添加 1 个字符串输入控件：控件→字符串与路径→字符串输入控件。将标签改为“发送区：”，将字符输入区放大。

（2）为了显示接收到的字符串，添加 1 个字符串显示控件：控件→字符串与路径→字符串显示控件。将标签改为“接收区”，将字符显示区放大。

（3）为了获得串行端口号，添加 1 个 VISA 资源名称控件：控件→I/O→VISA 资源名称。

（4）为了执行发送字符命令，添加 1 个确定按钮控件：控件→布尔→确定按钮。将标题改为“发送字符”。

（5）为了执行关闭程序命令，添加 1 个停止按钮控件：控件→布尔→停止按钮。将标题改为“关闭程序”。

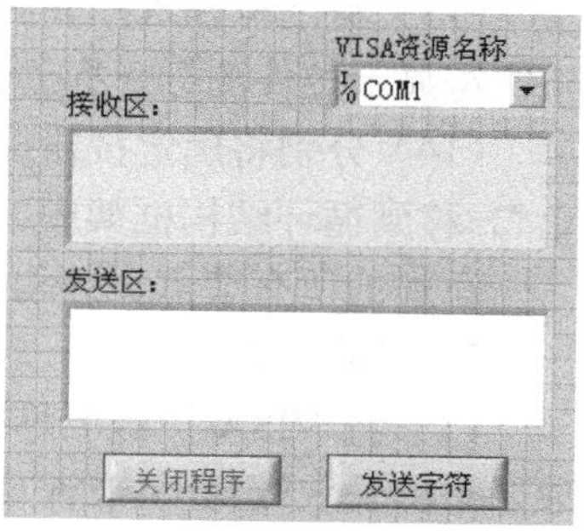

图 6-14　程序前面板

设计的程序前面板如图 6-14 所示。

2. 框图程序设计

切换到 LabVIEW 的程序框图窗口，调整控件位置，添加节点与连线。

1）添加节点

（1）为了设置通信参数，添加 1 个配置串口函数：函数→仪器 I/O→串口→VISA 配置串口。标签为“VISA Configure Serial Port”。

（2）为了设置通信参数值，添加 4 个数值常量：函数→数值→数值常量。将数值分别设为 9600（波特率）、8（数据位）、0（校验位，无）和 1（停止位，如果不能正常通信，将值设为 10）。

（3）为了关闭串口，添加 2 个关闭串口函数：函数→仪器 I/O→串口→VISA 关闭。

（4）为了周期性地监测串口接收缓冲区的数据，添加 1 个 While 循环结构：函数→结构→While 循环。

以下添加的节点放置在 While 循环结构框架中：

（5）为了以一定的周期监测串口接收缓冲区的数据，添加 1 个时钟函数：函数→定时→等待下一个整数倍毫秒。

（6）为了设置检测周期，添加 1 个数值常量：函数→数值→数值常量。将数值改为 500（时钟频率值）。

（7）为了获得串口缓冲区数据个数，添加 1 个串口字节数函数：函数→仪器 I/O→串口→VISA 串口字节数。标签为“属性节点”。

（8）添加 1 个数值常量：函数→数值→数值常量。将数值改为 0（比较值）。

（9）为了判断串口缓冲区是否有数据，添加 1 个比较函数：函数→比较→“不等于?”。

只有当串口接收缓冲区的数据个数不等于 0 时，才将数据读入到接收区。

（10）添加 2 个条件结构：函数→结构→条件结构。

添加理由：发送字符时，需要单击按钮“发送字符”，因此需要判断是否单击了发送按钮；接收数据时，需要判断串口接收缓冲区的数据个数是否不为 0。

（11）为了发送数据到串口，在条件结构（上）“真”选项框架中添加 1 个串口写入函数：函数→仪器 I/O→串口→VISA 写入。

（12）为了从串口缓冲区获取返回数据，在条件结构（下）“真”选项框架中添加 1 个串口读取函数：函数→仪器 I/O→串口→VISA 读出。

（13）将字符输入控件图标（标签为“发送区:”）移到条件结构（上）“真”选项框架中；将字符显示控件图标（标签为“接收区:”）移到条件结构（下）“真”选项框架中。

（14）分别将确定按钮控件图标（标签为“确定按钮”）、停止按钮控件图标（标签为“停止”）移到循环结构框架中。

添加的所有节点、结构、控件及其布置如图 6-15 所示。

2）节点连线

（1）将 VISA 资源名称控件的输出端口分别与串口配置函数、VISA 写入函数、VISA 读取函数的输入端口“VISA 资源名称”相连；将 VISA 资源名称控件的输出端口与串口字节数函数的输入端口“reference（引用）”相连，此时“reference”自动变为“VISA 资源名称”。

（2）将数值常量 9600、8、0、1 分别与 VISA 配置串口函数的输入端口波特率、数据比特、奇偶、停止位相连。

（3）将数值常量 500 与时钟函数的输入端口“毫秒倍数”相连。

（4）将“确定按钮”按钮与条件结构（上）的选择端口?相连。

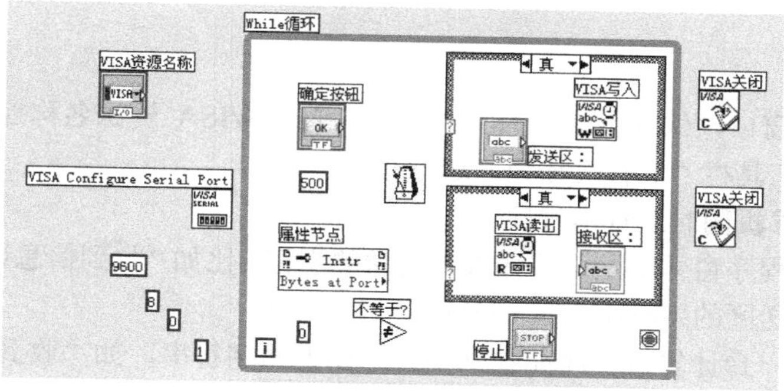

图 6-15　框图程序——节点布置图

（5）将 VISA 串口字节数函数的输出端口“Number of bytes at Serial port”与比较函数“不等于?”的输入端口“x”相连；再与 VISA 读取函数的输入端口“字节总数”相连。

（6）将数值常量“0”与比较函数“不等于?”的输入端口“y”相连。

（7）将比较函数“不等于?”的输出端口“x!= y?”与条件结构（下）的选择端口“?”相连。

（8）在条件结构（上）中将字符串输入控件与 VISA 写入函数的输入端口“写入缓冲区”相连。

（9）在条件结构（下）中将 VISA 读取函数的输出端口“读取缓冲区”与字符串显示控件相连。

（10）在条件结构（上）“真”选项中将 VISA 写入函数的输出端口“VISA 资源名称输出”与 VISA 关闭函数（上）的输入端口“VISA 资源名称”相连。

（11）在条件结构（下）“真”选项中将 VISA 读取函数的输出端口“VISA 资源名称输出”与 VISA 关闭函数（下）的输入端口“VISA 资源名称”相连。

（12）将停止按钮控件与循环结构的条件端口相连。

连线后的框图程序如图 6-16 所示（所有图标的标签已去掉）。

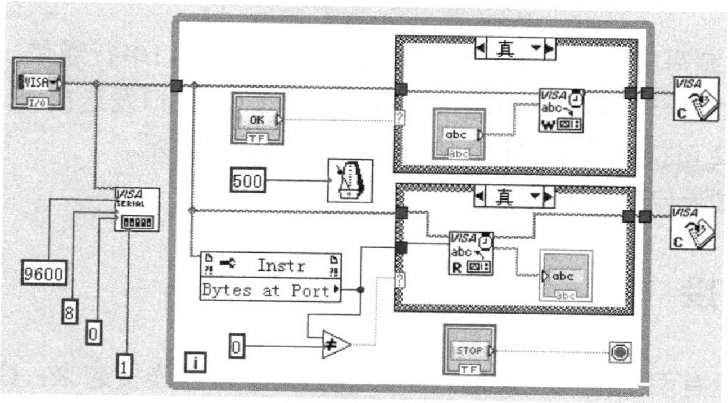

图 6-16　框图程序——节点连线图 1

（13）进入 2 个条件结构的“假”选项，将 VISA 资源名称控件的输出端口与 VISA 关闭函数（上、下）的输入端口“VISA 资源名称”相连，如图 6-17 所示。

3. 运行程序

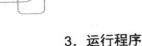

切换到前面板窗口，保存设计好的 VI 程序。通过 VISA 资源名称控件选择串口号，如 COM1。单击快捷工具栏“运行”按钮，运行程序。

注意：2 台计算机同时运行本程序。

在一台计算机程序窗体中发送区输入要发送的字符，比如“收到信息请回复！”，单击“发送字符”按钮，发送区的字符串通过 COM1 口发送出去。

通信连接的另一台计算机程序如收到字符，则返回字符串，如“收到了！”，如果通信正常该字符串将显示在接收区中。

程序运行界面如图 6-18 所示。

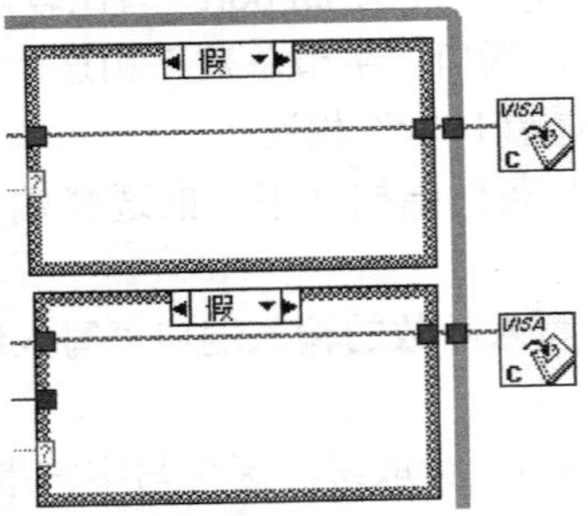

图 6-17　框图程序——节点连线图 2

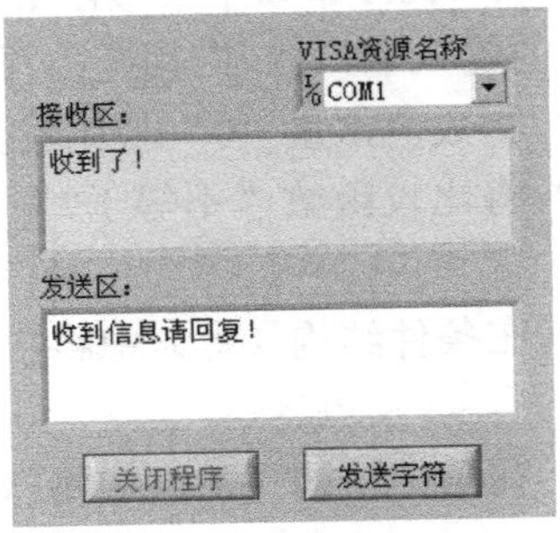

图 6-18　程序运行界面

实例 13　PC 双串口互通信

一、设计任务

采用 LabVIEW 编写程序实现 PC 的 COM1 口与 COM2 口串行通信。任务要求：

（1）在程序界面的一个文本框中输入字符，通过 COM1 口发送出去。

（2）通过 COM2 口接收这些字符，在另一个文本框中显示。

（3）使用手动发送与自动接收方式。

二、线路连接

如果一台计算机有两个串口，可通过串口线将两个串口连接起来：COM1 口的 TXD 与 COM2 口的 RXD 相连；COM1 口的 RXD 与 COM2 口的 TXD 相连；COM1 口的 GND 与 COM2 口的 GND 相连，如图 6-19（a）所示，这是串口通信设备之间的最简单连接（即三线连接），图中的 2 号接收端口与 3 号发送端口交叉连接是因为在直连方式时，将通信双方都视为数据终端设备，双方都可发也可收。

如果一台计算机只有 1 个串口可以使用，那么将第 2 端口与第 3 端口短路，如图 6-19（b）

所示，则第 3 端口的输出信号就会被传送到第 2 端口，进而送到同一串口的输入缓冲区，程序只要再通过相同的串口进行读取操作，即可将数据读入，一样可以形成一个测试环境。

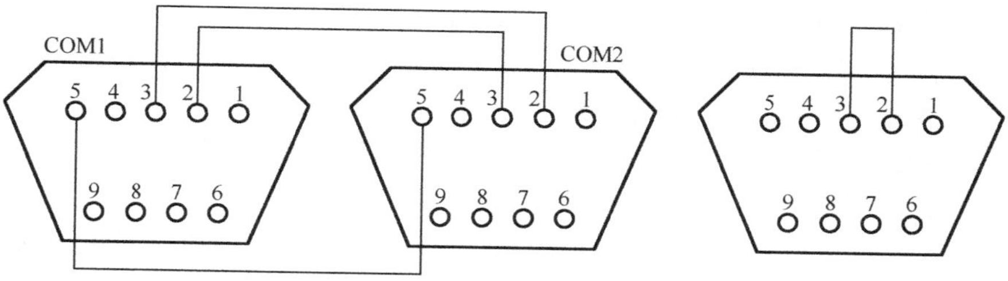

（a）　　　　（b）

图 6-19　串口设备最简单连接

注意：连接串口线时，计算机严禁通电，否则极易烧毁串口。

三、任务实现

1. 程序前面板设计

（1）为输入要发送的字符串，添加 1 个字符串输入控件：控件→新式→字符串与路径→字符串输入控件，将标签改为“发送数据区”。

（2）为显示接收到的字符串，添加 1 个字符串显示控件：控件→新式→字符串与路径→字符串显示控件，将标签改为“接收数据区”。

（3）为实现双串口通信，添加两个串口资源检测控件：控件→新式→I/O→VISA 资源名称，标签分别为“接收端口号”“发送端口号”；单击控件箭头，选择串口号，如“ASRL1：”或 COM1。

（4）为执行发送字符命令，添加 1 个确定按钮控件：控件→新式→布尔→确定按钮，将标签改为“发送”。

（5）为执行关闭程序命令，添加 1 个停止按钮控件：控件→新式→布尔→停止按钮，将标签改为“停止”。

设计的程序前面板如图 6-20 所示。

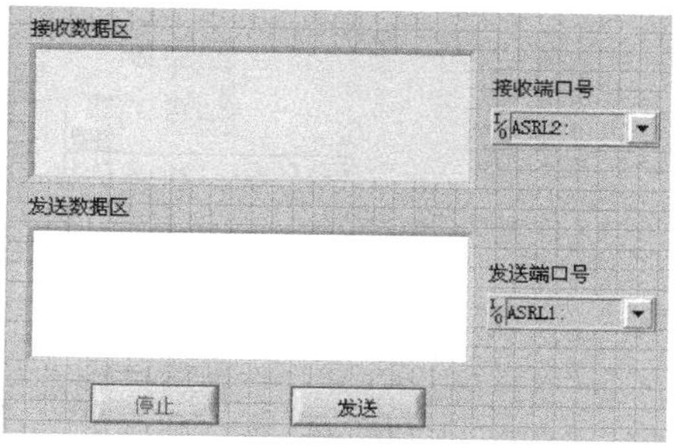

图 6-20　程序前面板

2. 框图程序设计

（1）为设置通信参数，添加两个配置串口函数：函数→仪器 I/O→串口→VISA 配置串口。

（2）为关闭串口，添加两个关闭串口函数：函数→仪器 I/O→串口→VISA 关闭，并拖入循环结构框架中。

（3）为周期性地监测串口接收缓冲区的数据，添加 1 个 While 循环结构：函数→编程→结构→While 循环。

以下添加的节点或结构放置在循环结构框架中。

（4）为了判断是否执行发送命令，添加 1 个条件结构：函数→编程→结构→条件结构。

（5）为了发送数据到串口，添加 1 个串口写入函数：函数→仪器 I/O→串口→VISA 写入，并拖入条件结构“真”选项框架中。

（6）为了从串口缓冲区获取返回数据，添加 1 个串口读取函数：函数→仪器 I/O→串口→VISA 读取，并拖入条件结构“真”选项框架中。

（7）分别将字符输入控件图标（标签为“发送数据区”）、字符显示控件图标（标签为“接收数据区”）拖入条件结构“真”选项框架中。

（8）分别将 OK 按钮控件图标（标签为“发送数据”）、Stop 按钮控件图标（标签为“停止”）拖入循环结构框架中。

（9）将 VISA 资源名称函数的输出端口分别与 VISA 串口配置函数、VISA 写入函数、VISA 读取函数的输入端口 VISA 资源名称相连。

（10）在条件结构“真”选项中将 VISA 写入函数的输出端口“VISA 资源名称输出”与 VISA 关闭函数（上）的输入端口“VISA 资源名称”相连。

（11）在条件结构“真”选项中将 VISA 读取函数的输出端口“VISA 资源名称输出”与 VISA 关闭函数（下）的输入端口“VISA 资源名称”相连。

（12）将 OK 按钮节点（标签为“发送数据”）与条件结构上的选择端口?相连。

（13）将字符串输入控件图标（标签为“发送数据区”）与 VISA 写入函数的输入端口“写入缓冲区”相连。

（14）将 VISA 读取函数的输出端口“读取缓冲区”与字符串显示控件图标（标签为“接收数据区”）相连。

（15）将 Stop 按钮节点（标签为“停止运行”）与循环结构中的条件端口相连。

设计的框图程序如图 6-21 所示。

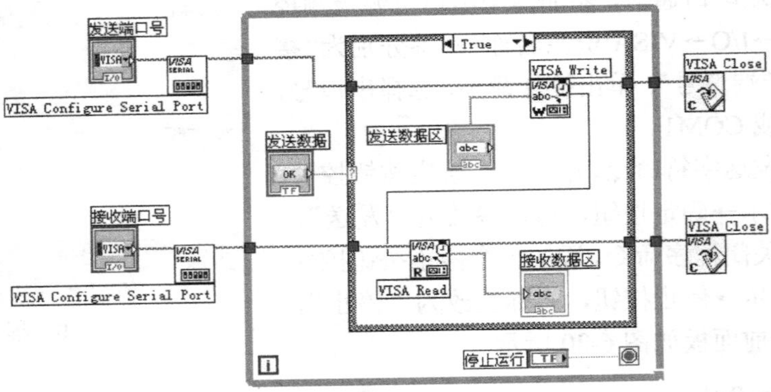

图 6-21 框图程序

3. 运行程序

单击快捷工具栏“运行”按钮，运行程序。

首先在程序窗体中发送字符区输入要发送的字符，单击“发送”按钮，发送区的字符串通过 COM1 口的第 3 端口发送出去；COM1 口传送过来的字符串由 COM2 口的第 2 端口输入缓冲区并自动读入，显示在接收区中。单击“停止”按钮将终止程序的运行。

程序运行界面如图 6-22 所示。

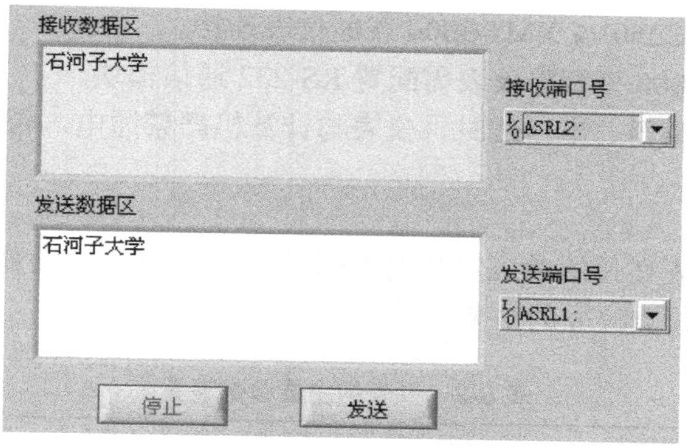

图 6-22 程序运行界面

实例 14 PC 与智能仪器串口通信

一、设计任务

采用 LabVIEW 语言编写应用程序，实现 PC 与 XMT-3000A 智能仪表组成的温度检测。任务要求：

（1）PC 自动连续读取并显示智能仪器温度测量值（十进制）。

（2）在 PC 程序画面绘制温度实时变化曲线。

二、线路连接与测试

1. 线路连接

查看智能仪表的串口及其连接线。

一般 PC 采用 RS-232 通信接口，若智能仪表具有 RS-232 接口，当通信距离较近且是一对一通信时，二者可直接电缆连接。

仪表通电前，通过三线制串口通信线将 PC 与智能仪表连接起来：智能仪表的第 14 端口（RXD）与 PC 串口 COM1 的第 3 端口（TXD）相连；智能仪表的第 15 端口（TXD）与 PC 串口 COM1 的第 2 端口（RXD）相连；智能仪表的第 16 端口（GND）与 PC 串口 COM1 的第 5 端口（GND）相连，如图 6-23 所示。

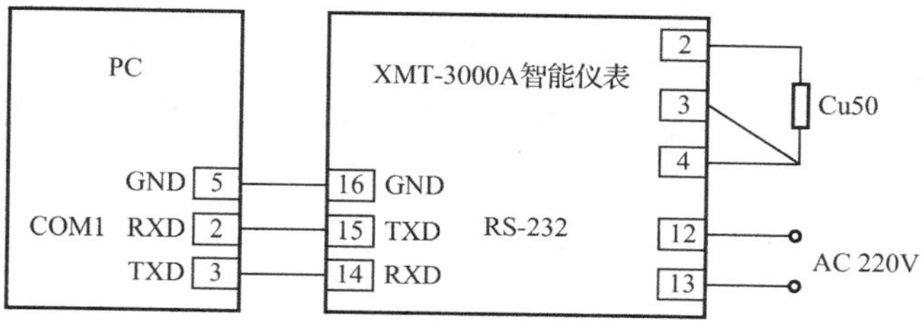

图 6-23 PC 与 XMT-3000A 智能仪表组成的温度检测线路

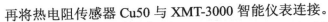

再将热电阻传感器 Cu50 与 XMT-3000 智能仪表连接。

本实训所用 XMT-3000 型智能仪表需配置 RS-232 通信模块。

特别注意：连接传感器、串口线时，仪表与计算机严禁通电，否则极易烧毁串口。

2. 参数设置

XMT-3000 智能仪表在使用前应对其输入/输出参数进行正确设置，设置好的仪表才能投入正常使用。按表 6-2 设置仪表的主要参数。

表 6-2　仪表的主要参数设置

参　数	参数含义	设置值
HiAL	上限绝对值报警值	30
LoAL	下限绝对值报警值	20
Sn	输入规格	传感器为：Cu50，则 Sn=20
diP	小数点位置	要求显示一位小数，则 diP=1
ALP	仪表功能定义	ALP=10
Addr	通信地址	1
bAud	通信波特率	4800

3. 温度测量与控制

（1）正确设置仪器参数后，仪器 PV 窗显示当前温度测量值。

（2）给传感器升温，当温度测量值大于上限报警值 30℃时，上限指示灯亮，仪器 SV 窗显示上限报警信息。

（3）给传感器降温，当温度测量值小于上限报警值 30℃，大于下限报警值 20℃时，上限指示灯和下限指示灯均灭。

（4）继续给传感器降温，当温度测量值小于下限报警值 20℃时，下限指示灯亮，仪器 SV 窗显示下限报警信息。

4. 串口通信调试

PC 与智能仪表系统连接并设置参数后，可进行串口通信调试。

运行“串口调试助手”程序，首先设置串口号“COM1”、波特率“4800”、校验位“NONE”、数据位“8”、停止位“2”等参数（注意：设置的参数必须与智能仪表设置的一致），选择十六进制显示和十六进制发送方式，打开串口，如图 6-24 所示。

在“发送的字符/数据”文本框中输入读指令“81 81 52 0C”（81 81 表示仪表的地址 1，52 表示从仪表读数据，0C 表示参数代号），单击“手动发送”按钮，则 PC 向仪器发送一条指令，仪器返回一组数据，如“3F 01 14 00 00 01 01 00”，该组数据在返回信息框内显示（瞬时温度不同，返回数据不同）。

根据仪器返回数据，可知仪器的当前温度测量值为“01 3F”（十六进制，低位字节在前，高位字节在后），十进制为 31.9。

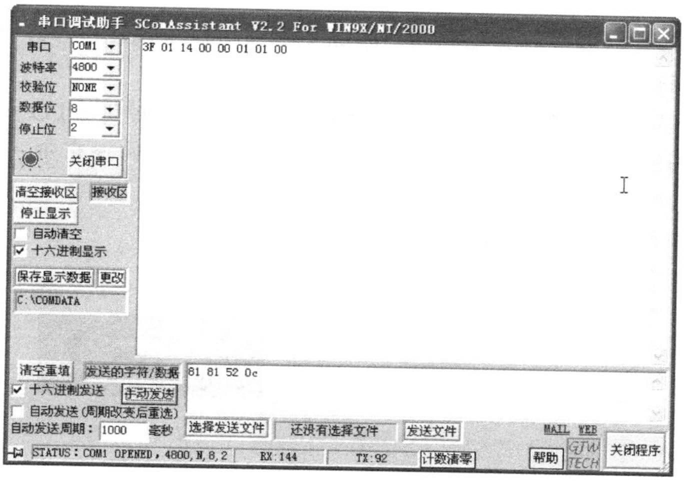

图 6-24　串口调试助手

5．数制转换

可以使用“计算器”实现数制转换。打开 Windows 附件中计算器程序，在“查看”菜单下选择“科学型”。

选择“十六进制”，输入仪器当前温度测量值“01 3F”（十六进制，0 在最前面不显示），如图 6-25 所示。

单击“十进制”选项，则十六进制数“013F”转换为十进制数“319”，如图 6-26 所示。仪器的当前测量温度为 31.9℃。

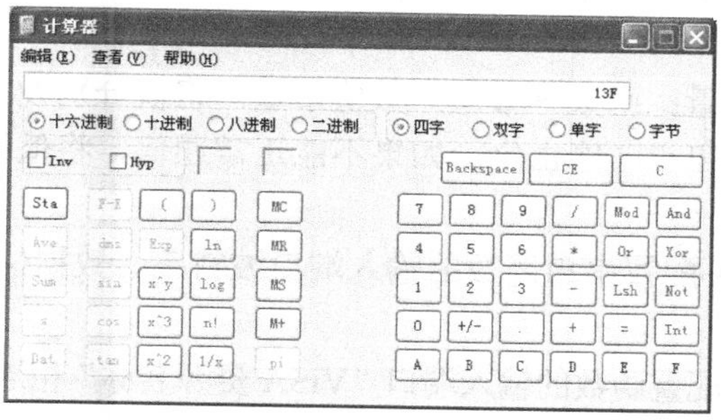

图 6-25　在计算器中输入十六进制数

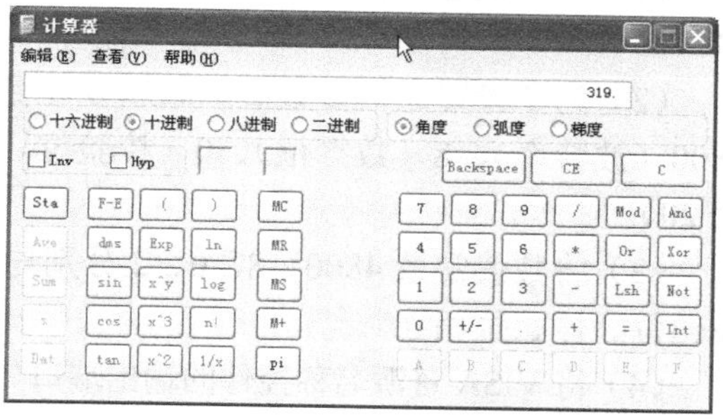

图 6-26　十六进制数转十进制数

三、任务实现

1．程序前面板设计

新建 VI。切换到 LabVIEW 的前面板窗口，通过控件选板给程序前面板添加控件。

（1）为了以数字形式显示测量温度值，添加 1 个数值显示控件：控件→数值→数值显示控件。将标签改为“测量值”。

（2）为了以指针形式显示测量温度值，添加 1 个仪表控件：控件→数值→仪表。将标签改为“仪表”。

（3）为了显示测量温度实时变化曲线，添加 1 个图形显示控件：控件→图形→波形图表。将标签改为“实时曲线”。

（4）为了获得串行端口号，添加 1 个串口资源检测控件：控件→I/O→VISA 资源名称。

（5）为了执行关闭程序命令，添加 1 个停止按钮控件：控件→布尔→停止按钮。标签为“STOP”。

设计的程序前面板如图 6-27 所示。

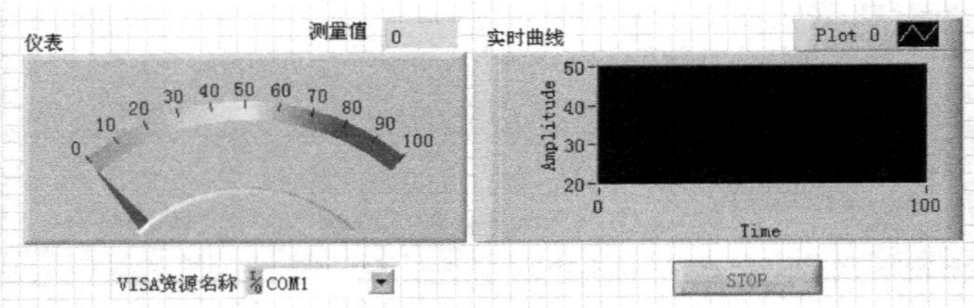

图 6-27　程序前面板

2．框图程序设计

切换到 LabVIEW 的程序框图窗口，调整控件位置，添加节点与连线。

程序设计思路：读温度值时，向串口发送指令 81、81、52、0C（十六进制），智能仪表向串口返回包含测量温度值的数据包（十六进制）。

主要解决 3 个问题：如何发送读指令？如何读取返回值？如何从返回值中提取温度值？

1）串口初始化框图程序

（1）为了设置通信参数，添加 1 个串口配置函数：函数→仪器 I/O→串口→VISA 配置串口。

（2）为了设置通信参数值，添加 4 个数值常量：函数→数值→数值常量。将值分别设为 4800（波特率）、8（数据位）、0（校验位，无）和 2（停止位，如果不能正常通信，将值设为 20）。

（3）将数值常量 4800、8、0、2 分别与 VISA 配置串口函数的输入端口波特率、数据位、校验位、停止位相连。

（4）将 VISA 资源名称控件的输出端口与串口配置函数的输入端口“VISA 资源名称”相连。

2）发送指令框图程序

（1）为了周期性地读取智能仪器的温度测量值，添加 1 个 While 循环结构：函数→结构→While 循环。

以下在 While 循环结构框架中添加节点并连线。

（2）为了以一定的周期读取智能仪器的温度测量数据，添加 1 个时钟函数：函数→定时→等待下一个整数倍毫秒。

（3）添加 1 个数值常量：函数→数值→数值常量，将值改为“300”（时钟频率值）。

（4）将数值常量“300”与等待下一个整数倍毫秒函数的输入端口“毫秒倍数”相连。

（5）为了停止程序时，关闭串口，添加 1 个条件结构：函数→结构→条件结构。

（6）为了关闭串口，在条件结构的“真”选项中，添加 1 个关闭串口函数：函数→仪器 I/O→串口→VISA 关闭。

（7）将停止按钮控件图标移到 While 循环结构框架中。

（8）将停止按钮与循环结构的条件端口相连；再将停止按钮与条件结构的选择端口“?”相连。

（9）将 VISA 资源名称控件的输出端口与 VISA 关闭函数的输入端口“VISA 资源名称”相连。

（10）添加 1 个顺序结构：函数→结构→层叠式顺序结构（LabVIEW2015 以后版本结构子选板中没有直接提供层叠式顺序结构，先添加平铺式顺序结构，右击边框，弹出快捷菜单，选择“替换为层叠式顺序”）。

将顺序结构框架设置为 2 个（0～1）。设置方法：右击顺序结构上边框，弹出快捷菜单，选择“在后面添加帧”，执行 1 次。

以下在顺序结构框架 0 中添加节点并连线。

（11）为了发送指令，添加 1 个串口写入函数：函数→仪器 I/O→串口→VISA 写入。

（12）为了输入读指令，添加数组常量：函数→数组→数组常量，标签为“读指令”。

再往数组常量数据区添加数值常量，设置为 4 列，将其数据格式设置为十六进制，方法为：右击数组框架中的数值常量，弹出快捷菜单，选择“格式与精度”（或“显示格式”）菜单项，出现“数值常量属性”对话框，在“格式与精度”（或“显示格式”）选项卡中选择十六进制，单击“确定”按钮。

将 4 个数值常量的值分别改为 81、81、52、0C（即读 1 号表测量值指令）。

（13）添加 1 个字节数组转字符串函数：函数→字符串→字符串/数组/路径转换→字节数组至字符串转换。

（14）将 VISA 资源名称控件的输出端口与 VISA 写入函数的输入端口“VISA 资源名称”相连。

（15）将数组常量（标签为“读指令”）的输出端口与字节数组至字符串转换函数的输入端口“无符号字节数组”相连。

（16）将字节数组至字符串转换函数的输出端口“字符串”与 VISA 写入函数的输入端口“写入缓冲区”相连。

连接好的框图程序如图 6-28 所示。

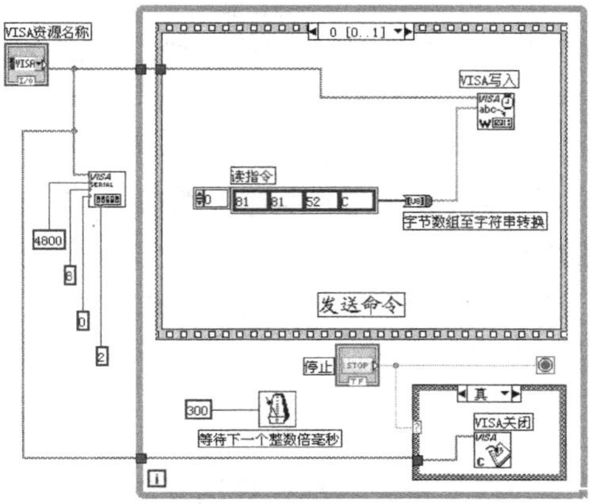

图 6-28　发送“读指令”框图程序

3）接收数据框图程序

以下在顺序结构框架 1 中添加节点并连线。

（1）为了获得串口缓冲区数据个数，添加 1 个串口字节数函数：函数→仪器 I/O→串口→VISA 串口字节数，标签为“属性节点”。

（2）将 VISA 资源名称控件的输出端口与串口字节数函数的输入端口“reference（引用）”相连，此时“reference”自动变为“VISA 资源名称”。

（3）为了从串口缓冲区获取返回数据，添加 1 个串口读取函数：函数→仪器 I/O→串口→VISA 读取。

（4）将 VISA 资源名称控件的输出端口与 VISA 读取函数的输入端口“VISA 资源名称”相连。

（5）添加 1 个字符串转字节数组函数：函数→字符串→字符串/数组/路径转换→字符串至字节数组转换。

（6）添加 2 个索引数组函数：函数→数组→索引数组。

（7）添加 1 个加函数：函数→数值→加。

（8）添加 2 个乘函数：函数→数值→乘。

（9）添加 4 个数值常量：函数→数值→数值常量，值分别设为 0、1、256 和 0.1。

（10）分别将数值显示控件图标（标签为“测量值”）、仪表控件图标（标签为“仪表”）、波形图表控件图标（标签为“实时曲线”）移到顺序结构的框架 1 中。

（11）将“串口字节数”函数的输出端口“Number of bytes at Serial port”与 VISA 读取函数的输入端口“字节总数”相连。

（12）将 VISA 读取函数的输出端口“读取缓冲区”与字符串至字节数组转换函数的输入端口“字符串”相连。

（13）将“字符串至字节数组转换”函数的输出端口“无符号字节数组”分别与索引数组函数（上）和索引数组函数（下）的输入端口“数组”相连。

（14）将数值常量“0”“1”分别与索引数组函数（上）和索引数组函数（下）的输入端口“索引”相连。

（15）将索引数组函数（上）的输出端口“元素”与加函数的输入端口“x”相连。

（16）将索引数组函数（下）的输出端口“元素”与乘函数（下）的输入端口“x”相连。

（17）将数值常量“256”与乘函数（下）的输入端口“y”相连。

（18）将乘函数（下）的输出端口“x*y”与加函数的输入端口“y”相连。

（19）将加函数的输出端口“x+y”与乘函数（上）的输入端口“x”相连。

（20）将数值常量“0.1”与乘函数（上）的输入端口“y”相连。

（21）将乘函数（上）的输出端口“x*y”分别与数值显示控件（标签为“测量值”）、仪表控件（标签为“仪表”）、波形图表控件（标签为“实时曲线”）的输入端口相连。

连接好的框图程序如图 6-29 所示。

3．运行程序

切换到前面板窗口，通过 VISA 资源名称控件选择串口号，如 COM1。单击快捷工具栏“运行”按钮，运行程序。

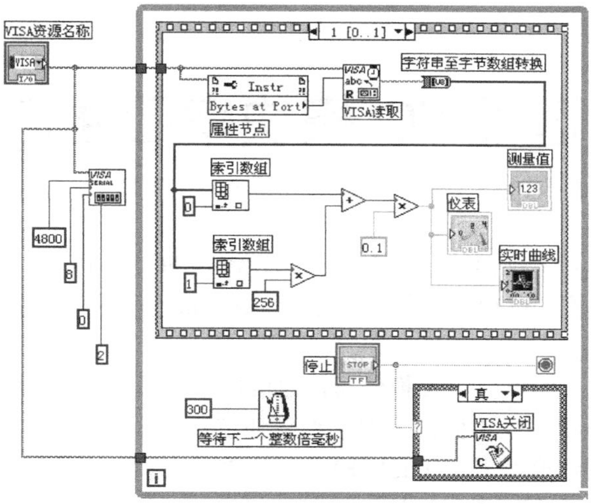

图 6-29　接收数据框图程序

给传感器升温或降温，程序运行界面中显示测量温度值及实时变化曲线，如图 6-30 所示。观察画面显示的温度值与智能仪表显示的温度值是否一致。

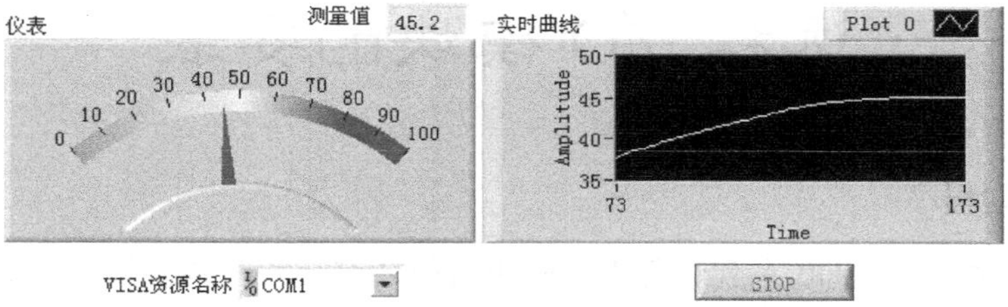

图 6-30　程序运行界面

第 7 章　远程 I/O 模块串口通信控制实例

远程 I/O 模块又称为牛顿模块，为近年来比较流行的一种 I/O 方式，它在工业现场安装，就地完成 A/D、D/A 转换、I/O 操作及脉冲量的计数、累计等操作，是实现计算机远程分布式测控的一种理想方式。

远程 I/O 以通信方式和计算机交换信息，通信接口一般采用 RS-485 总线，通信协议与模块的生产厂家有关，但都是采用面向字符的通信协议。

本章通过实例，详细介绍采用 LabVIEW 实现 PC 与远程 I/O 模块数字量输入、数字量输出、温度测控以及电压输出的程序设计方法。

实例基础　ADAM4000 系列远程 I/O 模块的安装

1. 安装驱动程序

在使用研华 ADAM4000 系列远程 I/O 模块编程之前必须安装研华设备 DLL 驱动程序和设备管理程序 Device Manager。

进入研华公司官方网站 www.advantech.com.cn 找到并下载下列程序：ADAM_DLL.exe、DevMgr.exe、ADAM-4000-5000Utility.exe 等。依次安装上述程序。

2. 配置模块

配置模块使用 Utility.exe 程序。运行 Utility.exe 程序，出现如图 7-1 所示的界面。

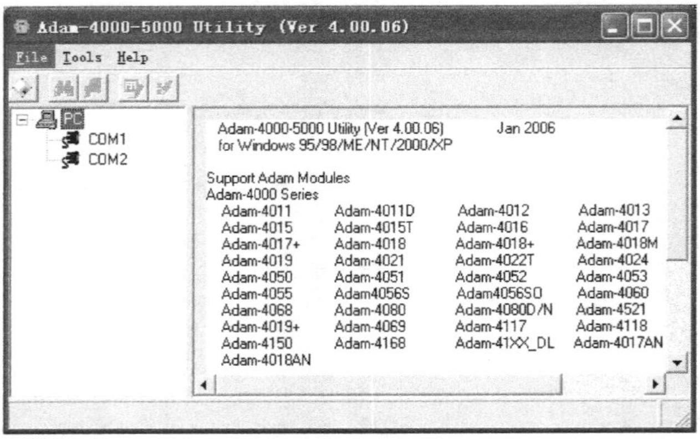

图 7-1　Utility 程序界面

选中 COM1，单击工具栏快捷键 search，出现 Search Installed modules 对话窗口，如图 7-2 所示。提示扫描模块的范围，允许输入 0～255，确定一个值后，单击“OK”按钮开始扫描。

图 7-2　扫描安装的模块

如果计算机 COM1 口安装有模块，将在程序右侧 COM1 下方出现已安装的模块名称，如图 7-3 所示。图 7-3 中显示 COM1 口安装了 4012 和 4050 两个模块。

单击模块名称“4012”，进入测试/配置界面，如图 7-4 所示。设置模块的地址值（1）、波特率（9600bps）、电压输入范围等，完成后，单击“Update”按钮。图 7-4 中模块名称 4012 前显示其地址值 01，AI 通道的输入电压是 1.4635V。

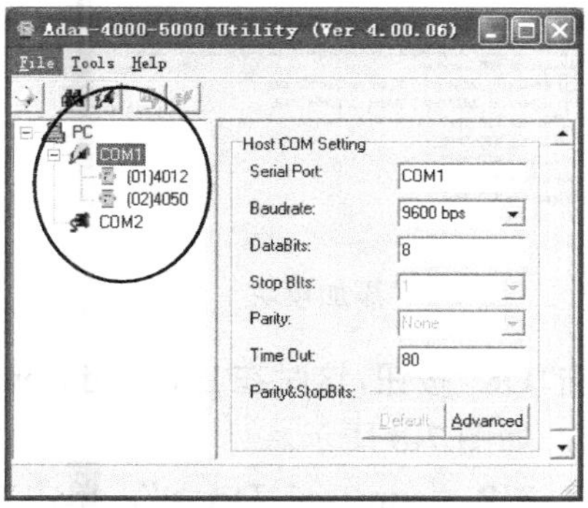

图 7-3　显示已安装的模块

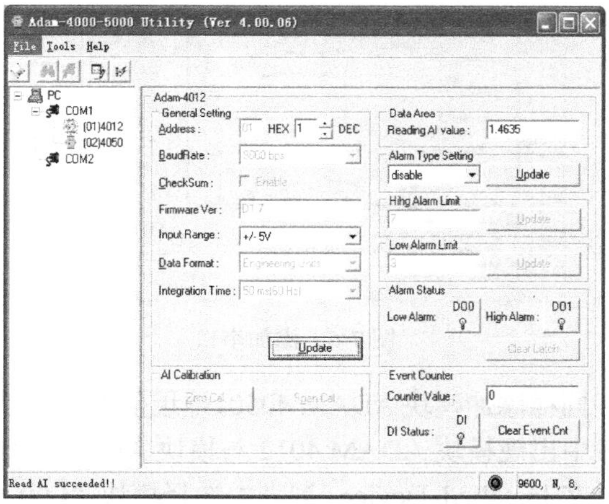

图 7-4　4012 模块配置与测试

单击模块名称“4050”，进入测试/配置界面，如图 7-5 所示。

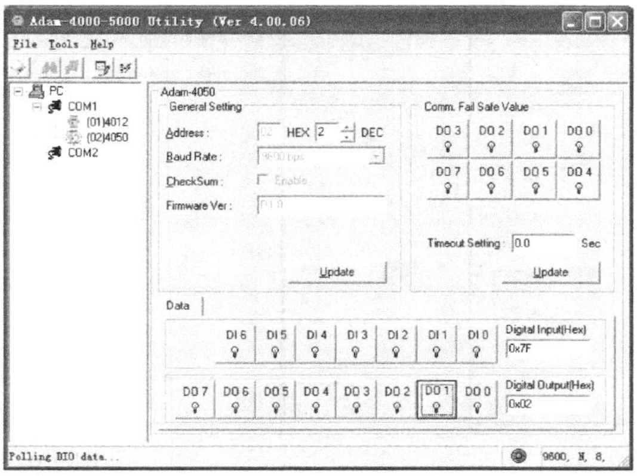

图 7-5　4050 模块配置与测试

设定波特率与校验和应注意：在同一 485 总线上的所有模块和主计算机的波特率与校验和必须相同。联网前分别设置好 2 个模块的地址，不能重复。

3．模块测试

运行设备管理程序 DevMgr.exe，在出现的对话框中从 Supported Devices 列表中选择 Advantech COM Devices，单击“Add”按钮，出现 Communication Port Configuration 对话框，设置串口通信参数，如图 7-6 所示。完成后，单击“OK”按钮。

展开 Advantech COM Devices 项，选择 Advantech ADAM-4000 Modules for RS-485 项，单击“Add”按钮，出现 Advantech ADAM-4000 Modules Parameters 对话框，如图 7-7 所示。在 Module Type 下拉框选择 ADAM 4012，在 Module Address 文本框中设置地址值，如 1（必须和模块的配置值一致）。

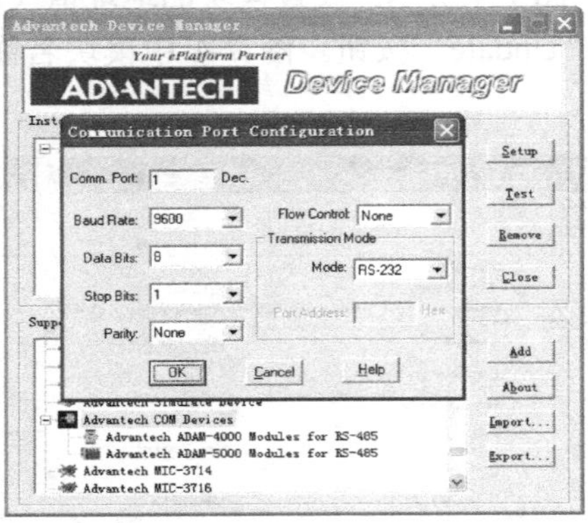

图 7-6　添加串口

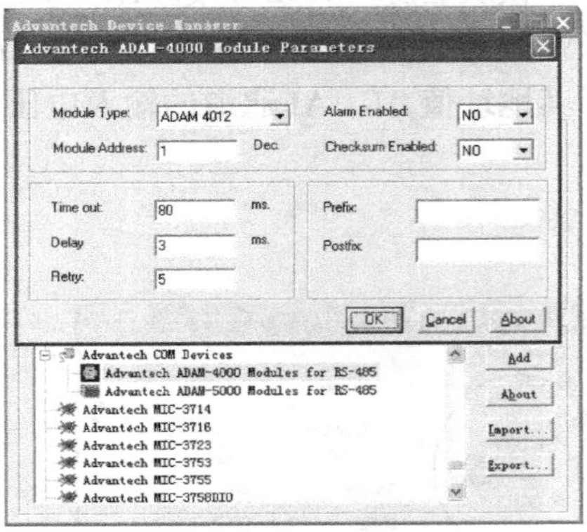

图 7-7　添加模块

同样添加模块 ADAM 4050，地址值设为 2。完成后单击“OK”按钮，这时在 Installed Devices 列表中出现模块 ADAM 4012 与模块 ADAM 4050 的信息，如图 7-8 所示。

在 Installed Devices 列表中选择模块“000 < ADAM 4012 Address=1 Dec.>”，单击右侧“Test”按钮，出现“Advantech Devices Test-COM1”对话框，如图 7-9 所示。在 Analog Input 选项卡中，显示模拟输入电压值，ADAM-4012 模块的输入电压是 1.4235V。

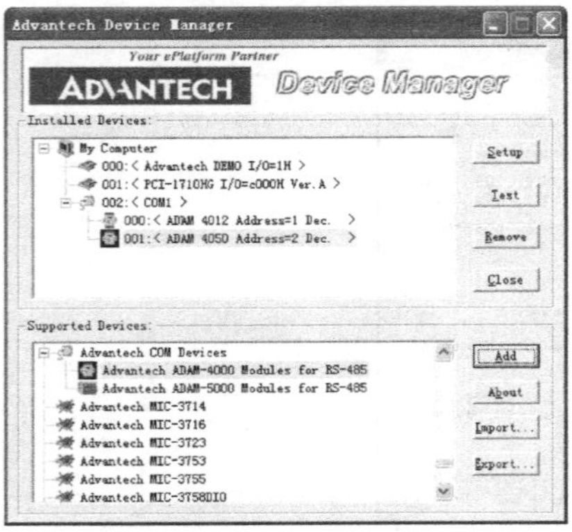

图 7-8　模块添加完成

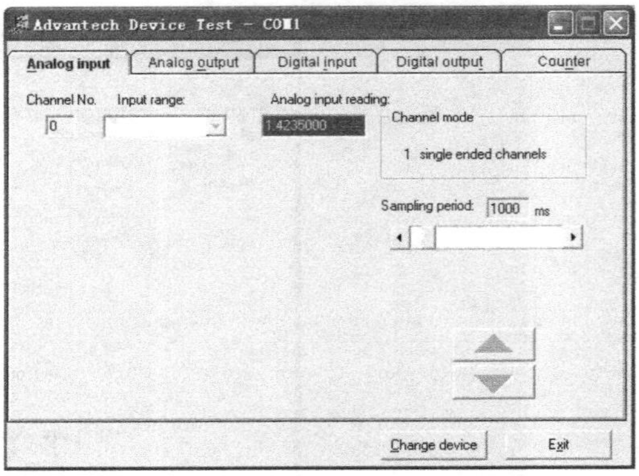

图 7-9　测试模块

至此，可以用开发软件对 I/O 模块编程。

实例 15　远程 I/O 模块数字量输入

一、设计任务

采用 LabVIEW 语言编写程序实现 PC 与远程 I/O 数字信号输入。任务要求如下：利用开关产生数字（开关）信号并作用在远程 I/O 模块数字量输入通道，使 PC 程序界面中信号指示灯颜色改变。

二、线路连接

1. 线路连接

PC 与 ADAM4050 远程 I/O 模块组成的数字量输入线路如图 7-10 所示。

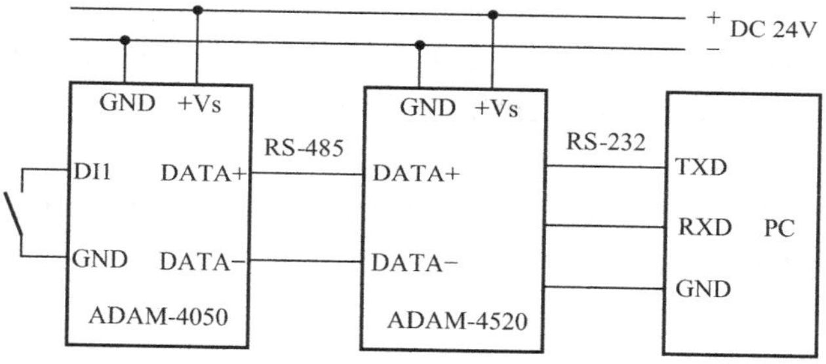

图 7-10　PC 与 ADAM4050 远程 I/O 模块组成的数字量输入线路

如图 7-10 所示，ADAM-4520（RS-232 与 RS-485 转换模块）与 PC 的串口 COM1 连接，转换为 RS-485 总线；ADAM-4050（数字量输入与输出模块）的信号输入端子 DATA+、DATA−分别与 ADAM-4520 的 DATA+、DATA−连接。模块电源端子+Vs、GND 分别与 DC24V 电源的+、−连接。

数字量输入：可使用按钮、行程开关等的常开触点接数字量输入端口如 DI1。

实际测试中，可用导线将输入端口如 DI1 与数字地（GND）之间短接或断开产生数字量输入信号。

其他数字量输入通道接线方法与 DI1 通道相同。

注意： 在进行 LabVIEW 编程之前，必须安装 ADAM4000 系列远程 I/O 模块驱动程序，并将 ADAM-4050 模块的地址设为 02。

2. 串口通信调试

PC 与远程 I/O 模块 ADAM-4050 连接并设置参数后，可进行串口通信调试。

运行“串口调试助手”程序，首先设置串口号 COM1、波特率 9600、校验位 NONE、数据位 8、停止位 1 等参数，打开串口。

在“发送的字符/数据”文本框中输入读指令：“$026+回车键”（即输入$026 后按回车键），单击“手动发送”按钮，则 PC 向模块发送一条指令，模块返回一串文本数据，如“!005E00”，该串数据在返回信息框内显示，如图 7-11 所示。

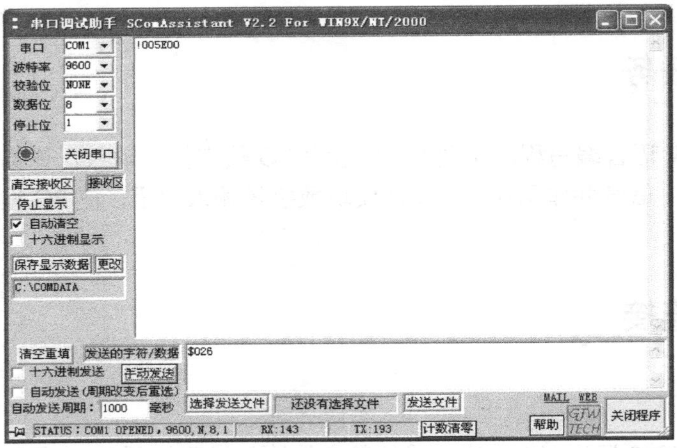

图 7-11　串口通信调试

返回数据中，从第 4 个字符开始取 2 位如字符串“5E”就是模块数字量各输入端口的状态值。该字符串为十六进制，转换为二进制为“01011110”，表示模块数字量输入 0、5 和 7 通道为低电平，1、2、3、4 和 6 通道为高电平。

可以使用“计算器”实现十六进制与二进制的转换。打开 Windows 附件中“计算器”程序，在“查看”菜单下选择“科学型”。

三、任务实现

1．程序前面板设计

新建 VI。切换到 LabVIEW 的前面板窗口，通过控件选板给程序前面板添加控件。

（1）为了显示开关量输入状态，添加 7 个指示灯控件：控件→布尔→圆形指示灯。将标签分别改为 DI0～DI6。

（2）为了显示返回信息值，添加 1 个字符串显示控件：控件→字符串与路径→字符串显示控件，标签改为“返回信息：”。

（3）为了获得串行端口号，添加 1 个串口资源检测控件：控件→I/O→VISA 资源名称。

设计的程序前面板如图 7-12 所示。

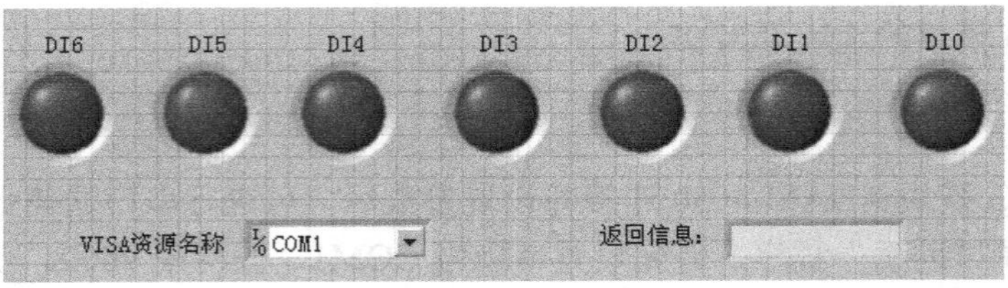

图 7-12　程序前面板

2. 框图程序设计

切换到 LabVIEW 的程序框图窗口，添加节点与连线。

程序设计思路：读各通道数字量输入状态值时，向串口发送指令“$026+回车键”，模块向串口返回状态值（字符串形式）。

主要解决 2 个问题：如何发送读指令？如何读取返回字符串并解析？

1）串口初始化框图程序

（1）添加 1 个顺序结构：函数→结构→层叠式顺序结构（LabVIEW 2015 以后版本结构子选板中没有直接提供层叠式顺序结构，先添加平铺式顺序结构，右击边框，弹出快捷菜单，选择“替换为层叠式顺序”）。

将顺序结构框架设置为 4 个（0～3）。设置方法：右击顺序式结构上边框，弹出快捷菜单，选择“在后面添加帧”，执行 3 次。

以下在顺序结构框架 0 中添加节点并连线。

（2）为了设置通信参数，添加 1 个串口配置函数：函数→仪器 I/O→串口→VISA 配置串口。标签为“VISA Configure Serial Port”。

（3）为了设置通信参数值，添加 4 个数值常量：函数→数值→数值常量。将值分别设为 9600（波特率）、8（数据位）、0（校验位，无）和 1（停止位，如果不能正常通信，将值设为“10”）。

（4）将 VISA 资源名称控件的输出端口与串口配置函数的输入端口“VISA 资源名称”相连。

（5）将数值常量 9600、8、0、1 分别与 VISA 配置串口函数的输入端口波特率、数据位、校验位、停止位相连。

连接好的框图程序如图 7-13 所示。

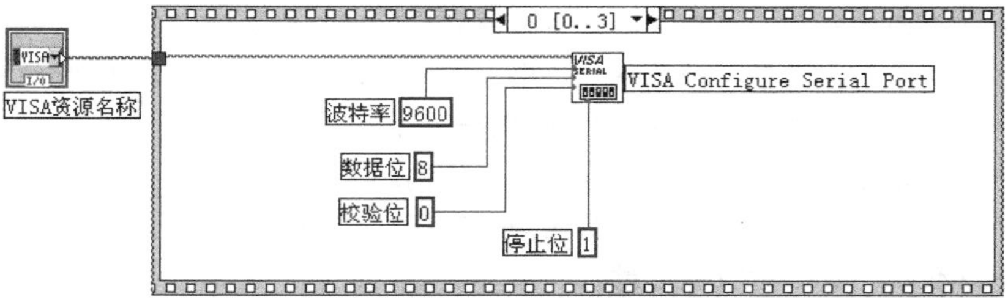

图 7-13　串口初始化框图程序

2）发送指令框图程序

以下在顺序结构框架 1 中添加节点并连线。

（1）添加 1 个字符串常量：函数→字符串→字符串常量。将值改为“$026”，标签为“读 02 号模块所有数字量输入通道状态值”。

（2）添加 1 个回车键常量：函数→字符串→回车键常量。

（3）添加 1 个字符串连接函数：函数→字符串→连接字符串。用于将读指令和回车键常量连接后送给串口写入函数。

（4）为了发送指令到串口，添加 1 个串口写入函数：函数→仪器 I/O→串口→VISA 写入。

（5）将字符串常量“$026”与连接字符串函数的输入端口“字符串”相连。

（6）将回车键常量与连接字符串函数的第 2 个输入端口“字符串”相连。

（7）将连接字符串函数的输出端口“连接的字符串”与 VISA 写入函数的输入端口“写入缓冲区”相连。

（8）将 VISA 资源名称控件的输出端口与串口写入函数的输入端口“VISA 资源名称”相连。

连接好的框图程序如图 7-14 所示。

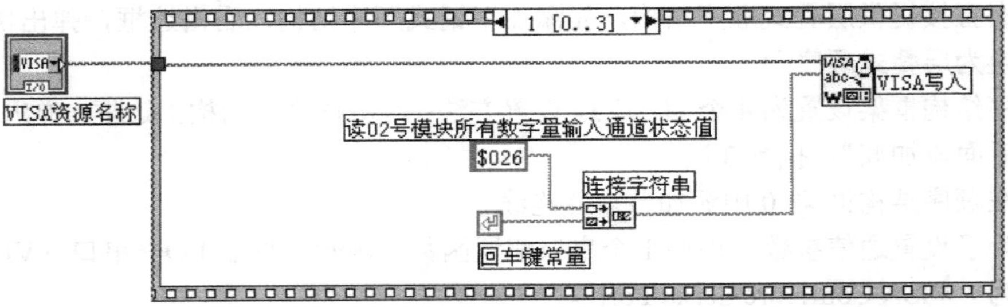

图 7-14　发送“写指令”框图程序

3）接收数据框图程序

以下在顺序结构框架 2 中添加节点并连线。

（1）为了设置通信参数，添加 1 个串口字节数函数：函数→仪器 I/O→串口→VISA 串口字节数，标签为“属性节点”。

（2）为了从串口缓冲区获取返回数据，添加 1 个串口读取函数：函数→仪器 I/O→串口→VISA 读取。

（3）添加 2 个部分字符串函数：函数→字符串→部分字符串（又称“截取字符串”）。

（4）添加 4 个数值常量：函数→数值→数值常量，值分别设为“3”“1”“4”和“1”。

（5）添加 2 个字符串常量：函数→字符串→字符串常量，值分别设为“7”和“C”。

（6）添加 2 个比较函数：函数→比较→“等于?”。

（7）添加 2 个条件结构：函数→结构→条件结构。

（8）在条件结构（上）中添加 3 个真常量，在条件结构（下）中添加 2 个真常量和 2 个假常量：函数→布尔→真常量或假常量。

（9）将 DI4、DI5、DI6 指示灯控件图标移到条件结构（上）“真”选项框架中；将 DI0、DI1、DI2、DI3 指示灯控件图标移到条件结构（下）“真”选项框架中。

（10）将字符串显示控件图标（标签为“返回信息”）移到顺序结构的框架 2 中。

（11）将 VISA 资源名称控件的输出端口与串口字节数函数的输入端口“reference（引用）”相连，此时“reference”自动变为“VISA 资源名称”。

（12）将串口字节数函数的输出端口“VISA 资源名称”（或“引用输出”）与 VISA 读取函数的输入端口“VISA 资源名称”相连。

（13）将串口字节数函数的输出端口“Number of bytes at Serial port”与 VISA 读取函数的输入端口“字节总数”相连。

（14）将 VISA 读取函数的输出端口“读取缓冲区”与字符串显示控件（标签为“返回信

息:”）相连。

（15）将 VISA 读取函数的输出端口“读取缓冲区”分别与 2 个部分字符串函数的输入端口“字符串”相连。

（16）将数值常量“3”与部分字符串函数（上）的输入端口“偏移量”相连。

（17）将数值常量“1”与部分字符串函数（上）的输入端口“长度”相连。

（18）将数值常量“4”与部分字符串函数（下）的输入端口“偏移量”相连。

（19）将数值常量“1”与部分字符串函数（下）的输入端口“长度”相连。

（20）将 2 个部分字符串函数的输出端口“子字符串”分别与 2 个比较函数“=”的输入端口“x”相连。

（21）将 2 个字符串常量“7”和“C”分别与 2 个比较函数“=”的输入端口“y”相连。

（22）将 2 个比较函数“=”的输出端口“x=y?”分别与 2 个条件结构的选择端口“?”相连。

（23）在 2 个条件结构中，将真常量与假常量分别与各个指示灯控件相连。

连接好的框图程序如图 7-15 所示。

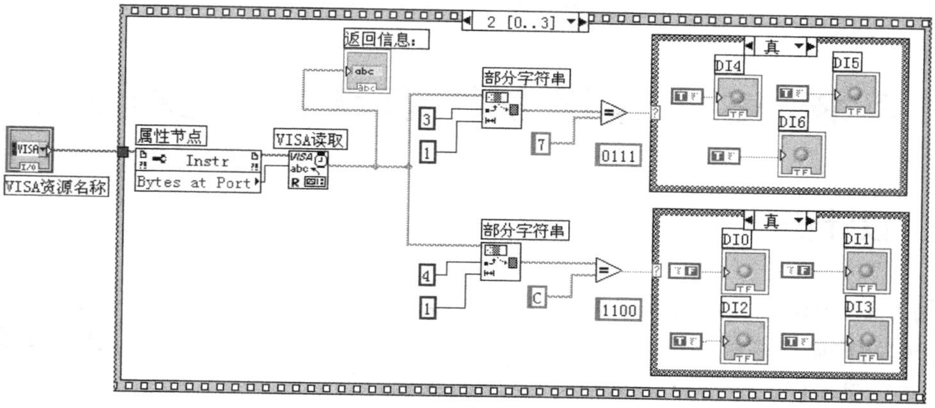

图 7-15 接收返回信息框图程序

4）延时框图程序

在顺序结构框架 3 中添加 1 个时间延迟函数：函数→定时→时间延迟，延迟时间采用默认值，如 7-16 所示。

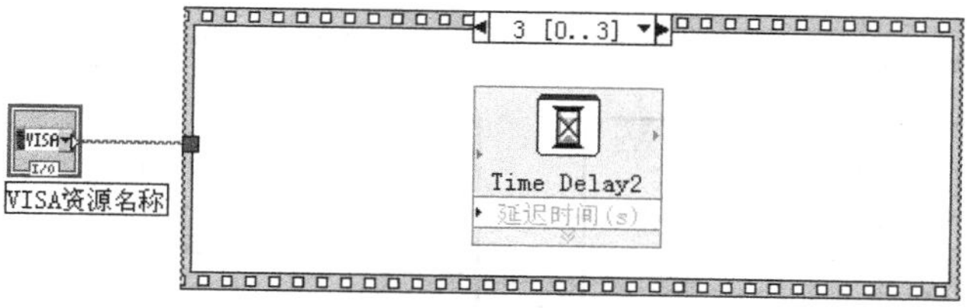

图 7-16 延时框图程序

3. 运行程序

切换到前面板窗口，通过 VISA 资源名称控件选择串口号，如 COM1。单击快捷工具栏

“连续运行”按钮，运行程序。

将按钮、行程开关等接数字量输入 0 通道和 1 通道（或用导线将远程 I/O 模块数字量输入端口 DI0、DI1 和数字地 GND 短接或断开），使远程 I/O 模块数字量输入通道 DI0 和 DI1 输入数字（开关）信号，程序接收数据“!007C00”，其中 7C 就是各数字量输入通道状态值，提取出来，将 7 转换为二进制：111，从右到左依次为 4～6 通道的状态，将 C 转换为二进制：1100，从右到左依次为 0～3 通道的状态。0 表示低电平，1 表示高电平（即 2～6 通道为高电平），使程序画面中相应信号指示灯颜色改变。

程序运行界面如图 7-17 所示。

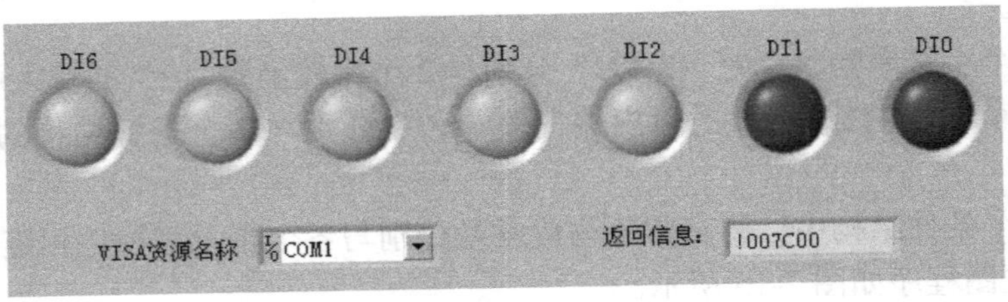

图 7-17 程序运行界面

实例 16 远程 I/O 模块数字量输出

一、设计任务

采用 LabVIEW 语言编写程序实现 PC 与远程 I/O 数字信号输出。任务要求：

在 PC 程序画面中执行打开/关闭命令，画面中信号指示灯变换颜色，同时，线路中远程 I/O 模块数字量输出口输出高/低电平，信号指示灯亮/灭。

二、线路连接

1. 线路连接

PC 与 ADAM4050 远程 I/O 模块组成的数字量输出线路如图 7-18 所示。

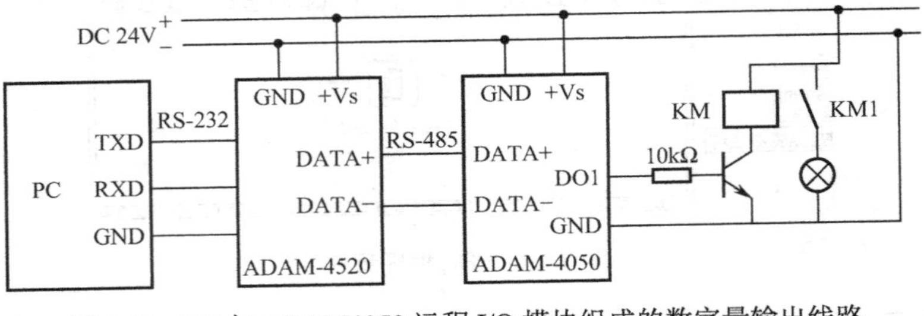

图 7-18 PC 与 ADAM4050 远程 I/O 模块组成的数字量输出线路

如图 7-10 所示，ADAM-4520（RS-232 与 RS-485 转换模块）与 PC 的串口 COM1 连接，

转换为 RS-485 总线；ADAM-4050（数字量输入与输出模块）的信号输入端子 DATA+、DATA-分别与 ADAM-4520 的 DATA+、DATA-连接。模块电源端子+Vs、GND 分别与 DC24V 电源的+、-连接。

模块数字量输出 DO1 通道接三极管基极，当 PC 输出控制信号置 DO1 为高电平时，三极管导通，继电器线圈有电流通过，其常开开关 KM1 闭合，指示灯亮；当置 DO1 为低电平时，三极管截止，继电器常开开关 KM1 断开，指示灯灭。

也可使用万用表直接测量数字量输出通道 DO1 与数字地 GND 之间的输出电压（高电平或低电平）来判断数字量输出状态。

其他数字量输出通道信号输出接线方法与 DO1 通道相同。

注意：在进行 LabVIEW 编程之前，必须安装 ADAM4000 系列远程 I/O 模块驱动程序，并将 ADAM-4050 模块的地址设为 02。

2. 串口通信调试

PC 与远程 I/O 模块 ADAM-4050 连接并设置参数后，可进行串口通信调试。

运行“串口调试助手”程序，首先设置串口号 COM1、波特率 9600、校验位 NONE、数据位 8、停止位 1 等参数，打开串口。

在“发送的字符/数据”文本框中输入控制指令，如“#021101+回车键”（即输入#021101 后按回车键），单击“手动发送”按钮，则 PC 向模块发送一条指令，置模块数字量输出 1 通道为高电平，如图 7-19 所示。

图 7-19　串口通信调试

如果置模块输出 1 通道为低电平，输入控制指令“#021100+回车键”。

控制指令由“#”+“02”+“11”+“01”+“回车键”几部分组成，其中“#”为固定标志字符；“02”为模块地址；“11”表示只置模块数字量输出 1 通道为高电平或低电平（如果只置模块数字量输出 2 通道为高电平或低电平，该字符串应写为“12”)；“01”表示置单个通道（本例为 1 通道）为高电平（如果要置单个通道为低电平，该字符串应写为“00”)。

三、任务实现

1. 程序前面板设计

新建 VI。切换到 LabVIEW 的前面板窗口，通过控件选板给程序前面板添加控件。

（1）为了实现数字量输出，添加 1 个开关控件：控件→布尔→垂直滑动杆开关。将标签改为“开关”。

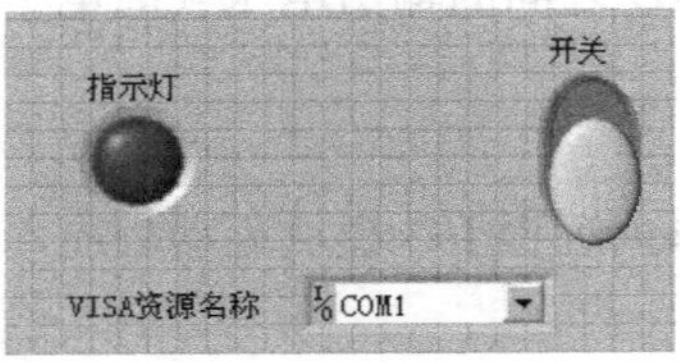

图 7-20　程序前面板

（2）为了显示数字量输出状态，添加 1 个指示灯控件：控件→布尔→圆形指示灯。将标签改为“指示灯”。

（3）为了获得串行端口号，添加 1 个串口资源检测控件：控件→I/O→VISA 资源名称。

设计的程序前面板如图 7-20 所示。

2. 框图程序设计

切换到 LabVIEW 的程序框图窗口，添加节点与连线。

主要解决 1 个问题：如何发送带有数字量输出通道地址和状态值的写指令，如“#021101+回车键”？

1）串口初始化框图程序

（1）添加 1 个顺序结构：函数→结构→层叠式顺序结构（LabVIEW2015 以后版本结构子选板中没有直接提供层叠式顺序结构，先添加平铺式顺序结构，右击边框，弹出快捷菜单，选择“替换为层叠式顺序”）。

将顺序结构框架设置为 3 个（0～2）。设置方法：右击顺序结构上边框，弹出快捷菜单，选择“在后面添加帧”，执行 2 次。

以下在顺序结构框架 0 中添加节点并连线。

（2）为了设置通信参数，添加 1 个串口配置函数：函数→仪器 I/O→串口→VISA 配置串口，标签为“VISA Configure Serial Port”。

（3）为了设置通信参数值，添加 4 个数值常量：函数→数值→数值常量。将值分别设为 9600（波特率）、8（数据位）、0（校验位，无）和 1（停止位，如果不能正常通信，将值设为“10”）。

（4）将 VISA 资源名称控件的输出端口与串口配置函数的输入端口“VISA 资源名称”相连。

（5）将数值常量 9600、8、0、1 分别与 VISA 配置串口函数的输入端口波特率、数据位、校验位、停止位相连。

连接好的框图程序如图 7-21 所示。

2）发送指令框图程序 1

（1）在顺序结构框架 1 中添加 1 个条件结构：函数→结构→条件结构。

（2）将开关控件移到顺序结构框架 1 框架中，并与条件结构的条件端口“?”相连。

以下在条件结构的“真”选项中添加节点并连线。

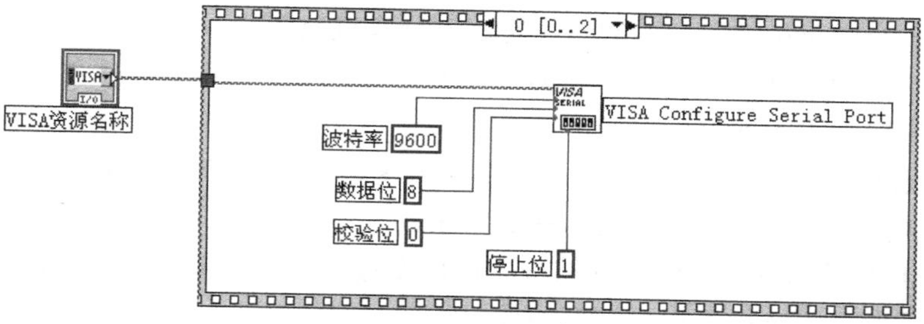

图 7-21　串口初始化框图程序

（3）添加 1 个字符串常量：函数→字符串→字符串常量。将值设为“#021101”。标签为“置 02 号模块 1 通道高电平”。

字符串“#021101”为模块控制指令，表示置 02 号模块 1 通道高电平。

（4）添加 1 个回车键常量：函数→字符串→回车键常量。

（5）添加 1 个字符串连接函数：函数→字符串→连接字符串。用于将读指令和回车键常量连接后送给串口写入函数。

（6）为了发送指令到串口，添加 1 个串口写入函数：函数→仪器 I/O→串口→VISA 写入。

（7）添加 1 个假常量：函数→布尔→假常量。

（8）将字符串常量“#021101”与连接字符串函数的输入端口“字符串”相连。

（9）将回车键常量与连接字符串函数的第 2 个输入端口“字符串”相连。

（10）将连接字符串函数的输出端口“连接的字符串”与 VISA 写入函数的输入端口“写入缓冲区”相连。

（11）将 VISA 资源名称控件的输出端口与 VISA 写入函数的输入端口“VISA 资源名称”相连。

（12）将指示灯控件图标移到条件结构“真”选项框架中，将假常量与指示灯控件相连。

连接好的框图程序如图 7-22 所示。

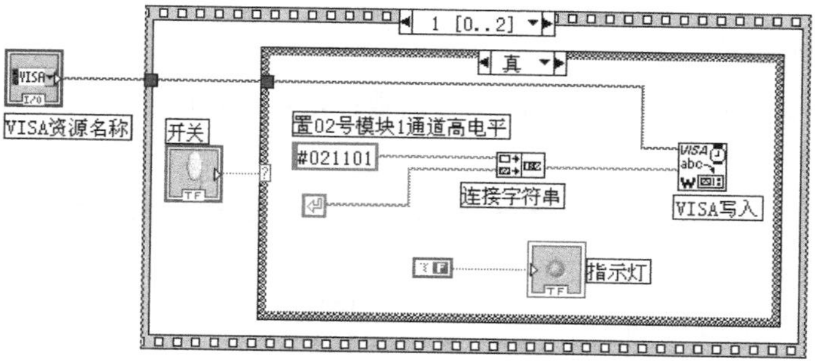

图 7-22　写指令框图程序 1

3）发送指令框图程序 2

以下在条件结构的“假”选项中添加节点并连线。

（1）添加 1 个字符串常量：函数→字符串→字符串常量。将值设为“#021100”，标签为“置 02 号模块 1 通道低电平”。

字符串“#021100”：模块控制指令，表示置 02 号模块 1 通道低电平。

（2）添加 1 个回车键常量：函数→字符串→回车键常量。

（3）添加 1 个字符串连接函数：函数→字符串→连接字符串。用于将读指令和回车键常量连接后送给串口写入函数。

（4）为了发送指令到串口，添加 1 个串口写入函数：函数→仪器 I/O→串口→VISA 写入。

（5）添加 1 个真常量：函数→布尔→真常量。

（6）添加 1 个局部变量：函数→结构→局部变量。右击局部变量图标，在弹出的快捷菜单“选择项”子菜单里选择“指示灯”控件。

（7）将字符串常量“#021100”与连接字符串函数的输入端口“字符串”相连。

（8）将回车键常量与连接字符串函数的第 2 个输入端口“字符串”相连。

（9）将连接字符串函数的输出端口“连接的字符串”与 VISA 写入函数的输入端口“写入缓冲区”相连。

（10）将 VISA 资源名称控件的输出端口与 VISA 写入函数的输入端口“VISA 资源名称”相连。

（11）将真常量与“指示灯”控件的局部变量相连。

连接好的框图程序如图 7-23 所示。

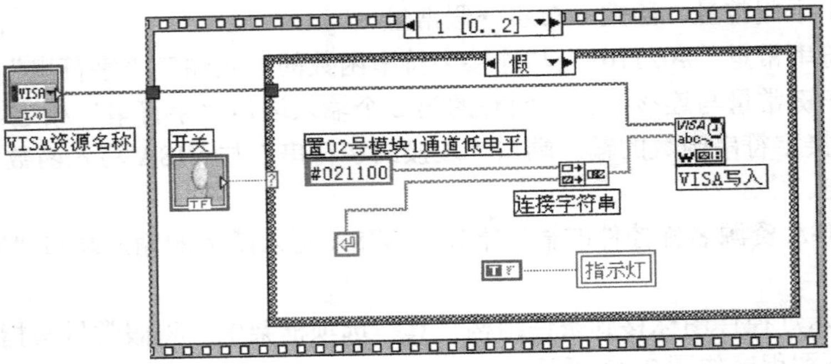

图 7-23　写指令框图程序 2

4）延时框图程序

在顺序结构框架 2 中添加 1 个时间延迟函数：函数→定时→时间延迟，延迟时间采用默认值，如图 7-24 所示。

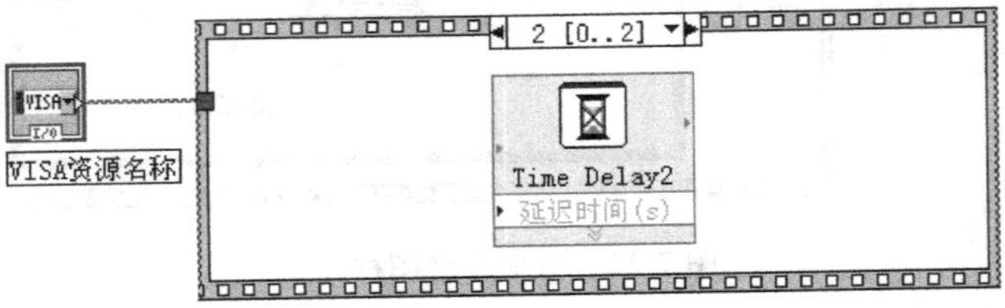

图 7-24　延时框图程序

3．运行程序

切换到前面板窗口，通过 VISA 资源名称控件选择串口号，如 COM1。单击快捷工具栏“连续运行”按钮，运行程序。

在程序画面中单击“开关”对象（打开或关闭），画面中指示灯改变颜色，同时，线路中数字量输出端口 DO1 置高/低电平，信号指示灯亮/灭。

可使用万用表直接测量数字量输出通道 1（DO1 和 GND）的输出电压（高电平或低电平）。程序运行界面如图 7-25 所示。

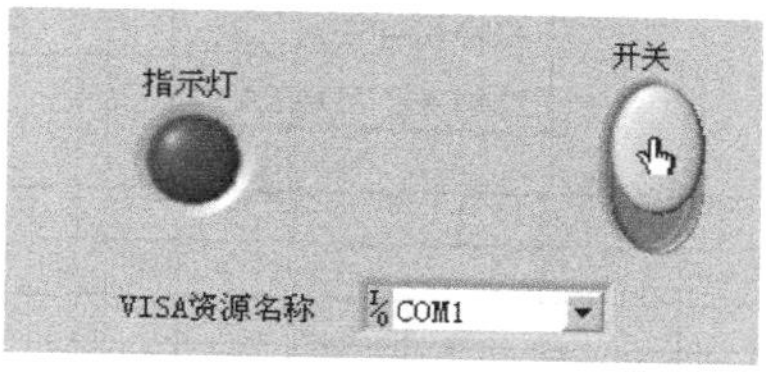

图 7-25　程序运行界面

实例 17　远程 I/O 模块温度测控

一、设计任务

采用 LabVIEW 语言编写应用程序实现 PC 与远程 I/O 模块的温度测控。

任务要求：自动连续读取并显示检测温度值（十进制）；绘制温度实时变化曲线；当测量温度大于设定值时，线路中指示灯亮。

二、线路连接

1．线路连接

PC 与 ADAM4012、ADAM4050 远程 I/O 模块组成的温度测控线路如图 7-26 所示。

图 7-26 中，ADAM-4520 串口与 PC 的串口 COM1 连接，并转换为 RS-485 总线；ADAM-4012 的 DATA+和 DATA−分别与 ADAM-4520 的 DATA+和 DATA−连接；ADAM-4050 的 DATA+和 DATA−分别与 ADAM-4520 的 DATA+和 DATA−连接。模块电源端子+Vs、GND 分别与 DC24V 电源的+、−连接。

温度传感器 Pt100 热电阻检测温度变化，通过温度变送器（测量范围 0～200℃）转换为 4～20mA 电流信号，经过 250Ω电阻转换为 1～5V 电压信号送入 ADAM-4012 模块的模拟量输入通道 Vin。温度与电压的数学关系是：温度=（电压−1）×50。

当检测温度大于等于计算机程序设定的上限值，计算机输出控制信号，使 ADAM-4050 模块数字量输出 1 通道 DO1 端口置高电平，晶体管 V1 导通，继电器 KM1 常开开关 KM11 闭合，指示灯 L1 亮。

当检测温度小于等于计算机程序设定的下限值，计算机输出控制信号，使 ADAM-4050 模块数字量输出 2 通道 DO2 端口置高电平，晶体管 V2 导通，继电器 KM2 常开开关 KM21 闭合，指示灯 L2 亮。

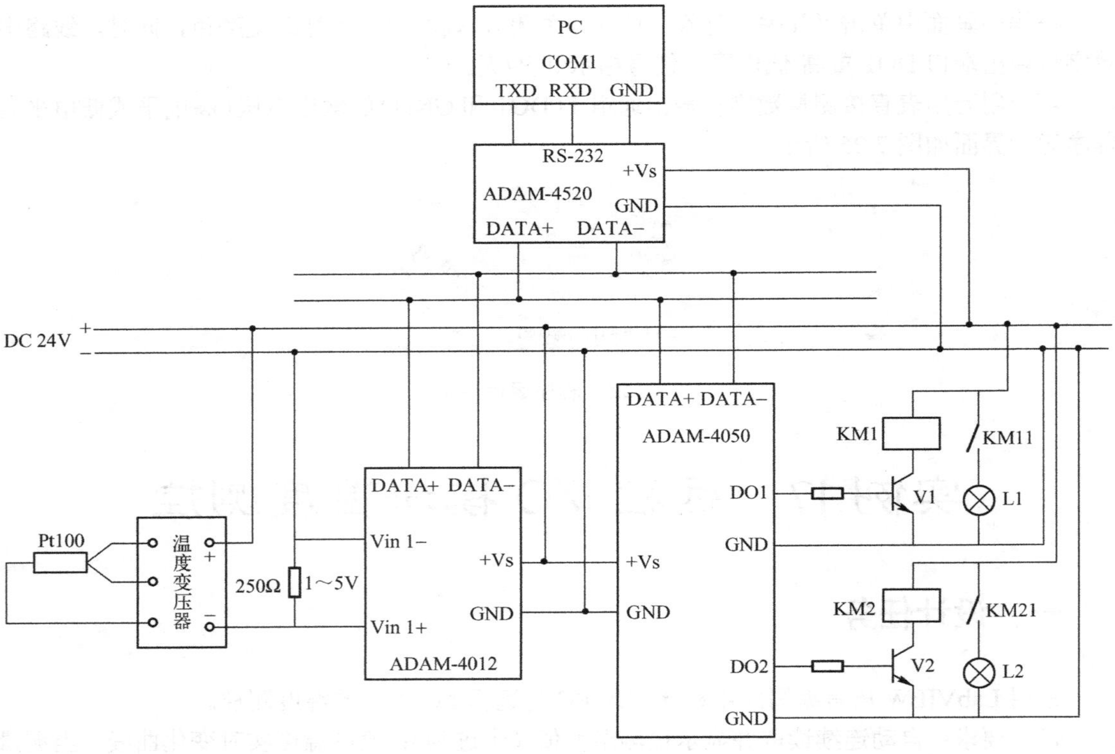

图 7-26　PC 与远程 I/O 模块组成的温度测控线路

注意： 在进行 LabVIEW 编程之前，必须安装 ADAM4000 系列远程 I/O 模块驱动程序，并将 ADAM-4012 的地址设为 01，将 ADAM-4050 的地址设为 02。

2．串口通信调试

PC 与远程 I/O 模块 ADAM-4012 和 ADAM-4050 连接并设置参数后，可进行串口通信调试。

运行“串口调试助手”程序，首先设置串口号 COM1、波特率 9600、校验位 NONE、数据位 8、停止位 1 等参数，打开串口，如图 7-27 所示。

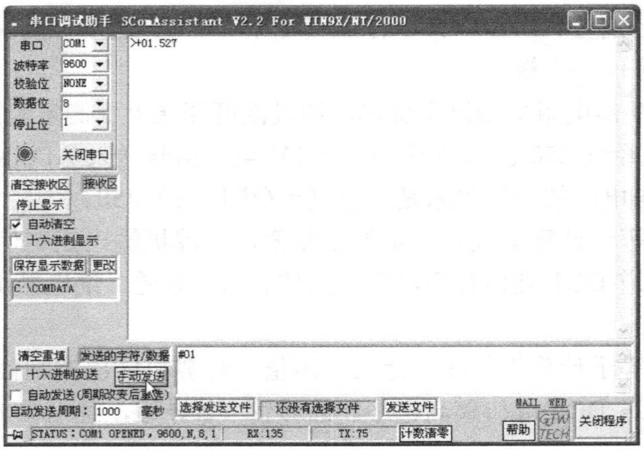

图 7-27　串口通信调试

在“发送的字符/数据”文本框中输入读指令：“#01+回车键”（即输入#01 后按回车键），单击“手动发送”按钮，则 PC 向模块发送一条指令，ADAM-4012 模块返回一串文本数据，如“>+01.527”，该串数据在返回信息框内显示。

返回数据中，从第 4 个字符开始取 5 位即 1.527 就是输入电压值。

因为温度变送器的测温范围是 0～200℃，输出 4～20mA 电流信号，经过 250Ω电阻转换为 1～5V 电压信号，则温度 t 与电压 u 的换算关系为 $t=(u-1)*50$，这样串口调试助手得到的电压值 1.527 就表示传感器检测的温度值为 26.35℃。

三、任务实现

1．程序前面板设计

新建 VI。切换到 LabVIEW 的前面板窗口，通过控件选板给程序前面板添加控件。

（1）为了以数字形式显示测量温度值，添加 1 个数值显示控件：控件→数值→数值显示控件。将标签改为“温度值：”。

（2）为了以指针形式显示测量电压值，添加 1 个仪表控件：控件→数值→仪表。将标签改为“温度表”。

（3）为了显示测量温度实时变化曲线，添加 1 个波形图表控件：控件→图形→波形图表。将标签改为“温度曲线”。

（4）为了显示温度超限状态，添加 1 个指示灯控件：控件→布尔→圆形指示灯。将标签分别改为“指示灯”。

（5）为了实现串口通信，添加 1 个串口资源检测控件：控件→I/O→VISA 资源名称。

（6）为了执行关闭程序命令，添加 1 个停止按钮控件：控件→布尔→停止按钮。标题为“STOP”。

设计的程序前面板如图 7-28 所示。

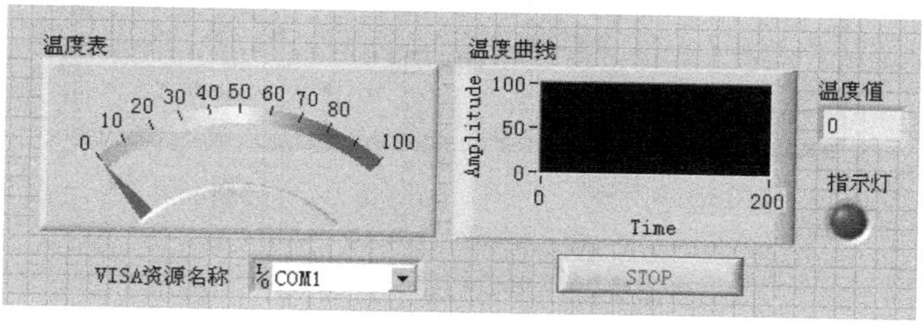

图 7-28　程序前面板

2．框图程序设计

切换到 LabVIEW 的程序框图窗口，调整控件位置，添加节点与连线。

程序设计思路：读温度值时，向串口发送指令“#01+回车键”，ADAM-4012 模块向串口返回反映温度大小的电压值（字符串形式），然后将电压值转换为温度值；超温时，向串口发送指令“#021101+回车键”，即置 ADAM-4050 模块 1 通道高电平。

要解决 2 个问题：如何发送读指令？如何读取电压值并转换为数值形式？

1）串口初始化框图程序

（1）添加 1 个 While 循环结构：函数→结构→While 循环。

（2）将 VISA 资源名称控件、停止按钮控件的图标移到 While 循环结构的框架中。

（3）将停止按钮图标与循环结构的条件端口◉相连。

（4）在 While 循环结构中添加 1 个顺序结构：函数→结构→层叠式顺序结构（LabVIEW2015 以后版本结构子选板中没有直接提供层叠式顺序结构，先添加平铺式顺序结构，右击边框，在弹出的快捷菜单中选择“替换为层叠式顺序”）。

将顺序结构框架设置为 5 个（0～4）。设置方法：右击顺序式结构上边框，弹出快捷菜单，选择“在后面添加帧”，执行 4 次。

以下在顺序结构框架 0 中添加节点并连线。

（5）为了设置通信参数，添加 1 个串口配置函数：函数→仪器 I/O→串口→VISA 配置串口，标签为“VISA Configure Serial Port”。

（6）为了设置通信参数值，添加 4 个数值常量：函数→数值→数值常量。将值分别设为 9600（波特率）、8（数据位）、0（校验位，无）和 1（停止位，如果不能正常通信，将值设为 10）。

（7）将数值常量 9600、8、0、1 分别与 VISA 配置串口函数的输入端口波特率、数据比特、奇偶、停止位相连。

（8）将 VISA 资源名称控件的输出端口与串口配置函数的输入端口“VISA 资源名称”相连。

连接好的框图程序如图 7-29 所示。

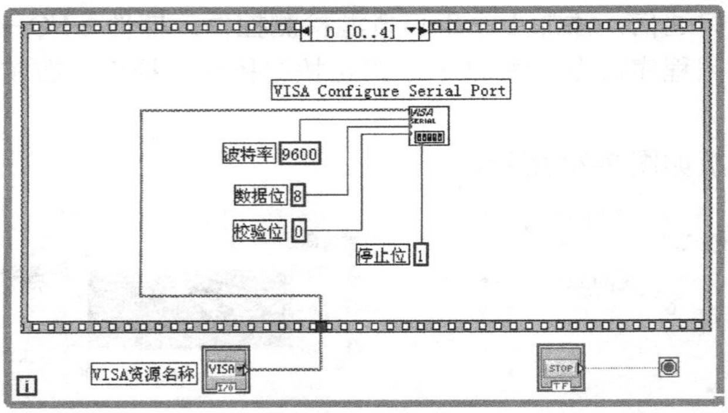

图 7-29 串口初始化框图程序

2）发送指令框图程序

以下在顺序结构框架 1 中添加节点并连线。

（1）添加 1 个字符串常量：函数→字符串→字符串常量。将值设为“#01”，标签为“读 01 号模块 1 通道电压指令”。

（2）添加 1 个回车键常量：函数→字符串→回车键常量。

（3）添加 1 个字符串连接函数：函数→字符串→连接字符串。用于将读指令和回车键常量连接后送给串口写入函数。

（4）为了发送指令到串口，添加 1 个串口写入函数：函数→仪器 I/O→串口→VISA 写入。

(5) 将字符串常量“#01”与连接字符串函数的输入端口“字符串”相连。

(6) 将回车键常量与连接字符串函数的第 2 个输入端口“字符串”相连。

(7) 将连接字符串函数的输出端口“连接的字符串”与 VISA 写入函数的输入端口“写入缓冲区”相连。

(8) 将 VISA 资源名称控件的输出端口与 VISA 写入函数的输入端口“VISA 资源名称”相连。

连接好的框图程序如图 7-30 所示。

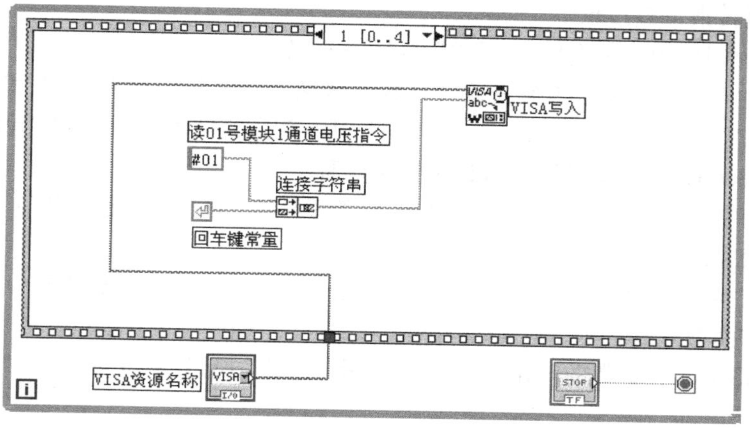

图 7-30　读指令框图程序

3) 延时框图程序

在顺序结构框架 2 中添加 1 个时间延迟函数：函数→定时→时间延迟。延迟时间采用默认值，如图 7-31 所示。

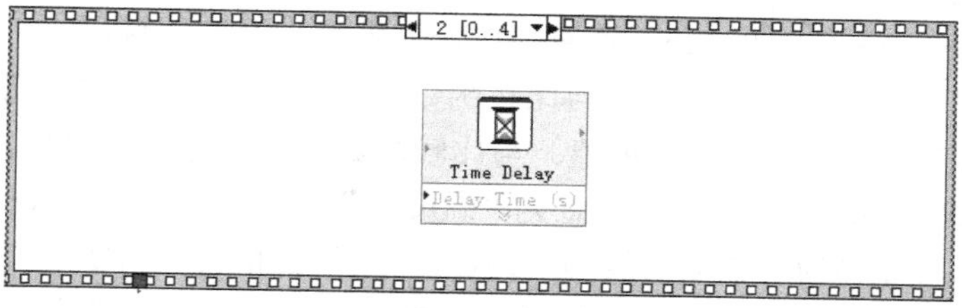

图 7-31　延时框图程序

4) 接收数据框图程序

以下在顺序结构框架 3 中添加节点并连线。

(1) 添加 1 个串口字节数函数：函数→仪器 I/O→串口→VISA 串口字节数，标签为“属性节点”。

(2) 为了从串口缓冲区获取返回数据，添加 1 个串口读取函数：函数→仪器 I/O→串口→VISA 读取。

(3) 添加 1 个部分字符串函数：函数→字符串→部分字符串（又称“截取字符串”）。

(4) 添加 1 个字符串转换函数：函数→字符串→字符串/数值转换→分数/指数字符串至数值转换。

（5）添加 1 个公式节点：函数→结构→公式节点。用鼠标在框图程序中拖动，画出公式节点的图框。

添加公式节点的输入端口：右击公式节点左边框，从弹出菜单中选择“添加输入”，然后在出现的端口图标中输入变量名称，如“x”，就完成了一个输入端口的创建。

添加公式节点的输出端口：右击公式节点右边框，从弹出菜单中选择“添加输出”，然后在出现的端口图标中输入变量名称，如“y”，就完成了一个输出端口的创建。

按照 C 语言的语法规则在公式节点的框架中输入公式“y=(x−1)*50;”。该公式的作用是将检测的电压值转换为温度值。

（6）添加 1 个比较函数“大于等于?”：函数→比较→“大于等于?”。

（7）添加 3 个数值常量：函数→数值→数值常量。将值分别设为 3、6 和 30。

（8）将 VISA 资源名称控件的输出端口与串口字节数函数的输入端口“reference（引用）”相连，此时“reference”自动变为“VISA 资源名称”。

（9）将串口字节数函数的输出端口“VISA 资源名称”（或“引用输出”）与 VISA 读取函数的输入端口“VISA 资源名称”相连。

（10）将串口字节数函数的输出端口“Number of bytes at Serial port”与 VISA 读取函数的输入端口“字节总数”相连。

（11）将 VISA 读取函数的输出端口“读取缓冲区”与部分字符串函数的输入端口“字符串”相连。

（12）将数值常量 3 与部分字符串函数的输入端口“偏移量”相连。

（13）将数值常量 6 与部分字符串函数的输入端口“长度”相连。

（14）将部分字符串函数的输出端口“子字符串”（电压值的字符串形式）与分数/指数字符串至数值转换函数的输入端口“字符串”相连。

（15）将分数/指数字符串至数值转换函数的输出端口“数字”（电压值的数值形式）与公式节点输入端口“x”相连。通过公式计算将电压值转换为温度值输出。

（16）将公式节点的输出端口“y”与比较函数“大于等于?”的输入端口“x”相连。

（17）将数值常量“30”（上限温度值）与比较函数“大于等于?”的输入端口“y”相连。

（18）分别将数值显示控件图标（标签为“温度值”）、仪表控件图标（标签为“温度表”）、波形图表控件图标（标签为“温度曲线”）移到顺序结构的框架 3 中。

（19）将公式节点的输出端口“y”分别与数值显示控件、仪表控件、波形图表控件的输入端口相连。

（20）添加 1 个条件结构：函数→结构→条件结构。

（21）将比较函数“大于等于?”的输出端口“x>=y?”与条件结构的选择端口“?”相连。

连接好的框图程序如图 7-32 所示。

5）报警控制框图程序 1

以下节点的添加与连线在条件结构的“真”选项中进行。

（1）为了发送指令，添加 1 个串口写入函数：函数→仪器 I/O→串口→VISA 写入。

（2）添加 1 个字符串常量：函数→字符串→字符串常量。将值设为“#021101”（将 ADAM-4050 模块的数字量输出 1 通道置为高电平）。

（3）添加 1 个回车键常量：函数→字符串→回车键常量。

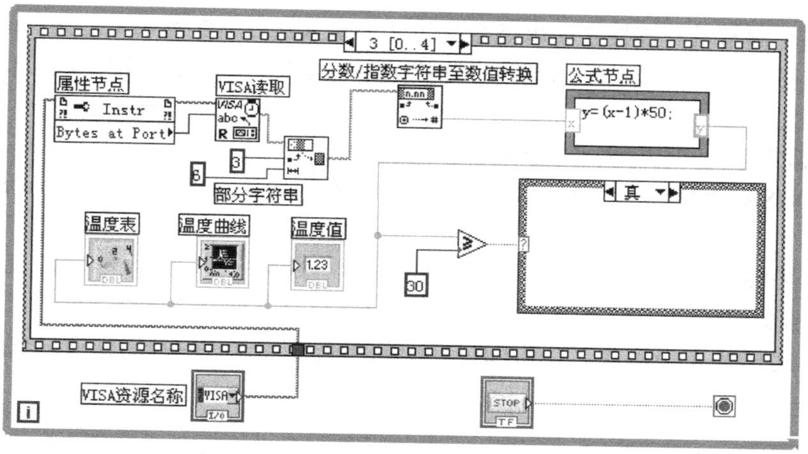

图 7-32　接收数据框图程序

（4）添加 1 个连接字符串函数：函数→字符串→连接字符串。用于将读指令和回车键常量连接后送给写串口函数。

（5）添加 1 个真常量：函数→布尔→真常量。

（6）将指示灯控件图标移到条件结构的“真”选项框架中。

（7）将字符串常量“#021101”与连接字符串函数的输入端口“字符串”相连。

（8）将回车键常量与连接字符串函数的第 2 个输入端口“字符串”相连。

（9）将连接字符串函数的输出端口“连接的字符串”与 VISA 写入函数的输入端口“写入缓冲区”相连。

（10）将真常量与指示灯控件相连。

（11）将 VISA 资源名称控件的输出端口与 VISA 写入函数的输入端口“VISA 资源名称”相连。

连接好的框图程序如图 7-33 所示。

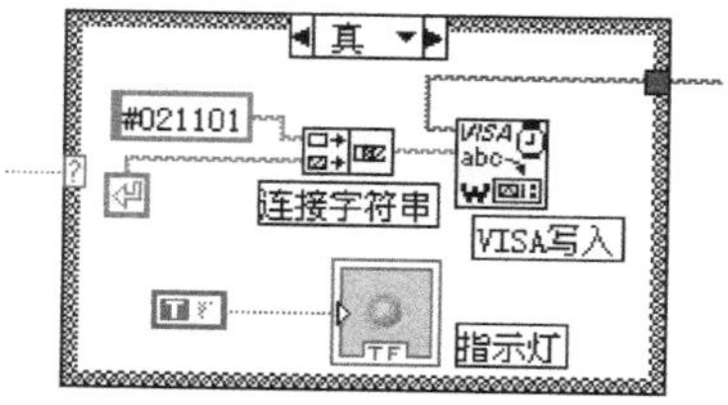

图 7-33　报警控制框图程序 1

6）报警控制框图程序 2

以下节点的添加与连线在条件结构的“假”选项中进行。

（1）为了发送指令，添加 1 个串口写入函数：函数→仪器 I/O→串口→VISA 写入。

（2）添加 1 个字符串常量：函数→字符串→字符串常量。将值设为“#021100”（将 ADAM-4050 模块的数字量输出 1 通道置为低电平）。

（3）添加 1 个回车键常量：函数→字符串→回车键常量。

（4）添加 1 个字符串连接函数：函数→字符串→连接字符串。用于将读指令和回车键常量连接后送给写串口函数。

（5）添加 1 个假常量：函数→布尔→假常量。

（6）添加 1 个局部变量：函数→结构→局部变量。右击局部变量图标，在弹出的快捷菜单“选择项”里，为局部变量选择对象“指示灯”。

（7）将字符串常量“#021100”与连接字符串函数的输入端口“字符串”相连。

（8）将回车键常量与连接字符串函数的第 2 个输入端口“字符串”相连。

（9）将连接字符串函数的输出端口“连接的字符串”与 VISA 写入函数的输入端口“写入缓冲区”相连。

（10）将假常量与“指示灯”控件的局部变量相连。

（11）将 VISA 资源名称控件的输出端口与 VISA 写入函数的输入端口“VISA 资源名称”相连。

连接好的框图程序如图 7-34 所示。

7）延时框图程序

在顺序结构框架 4 中添加 1 个时间延迟函数：函数→定时→时间延迟，延迟时间采用默认值。如图 7-35 所示。

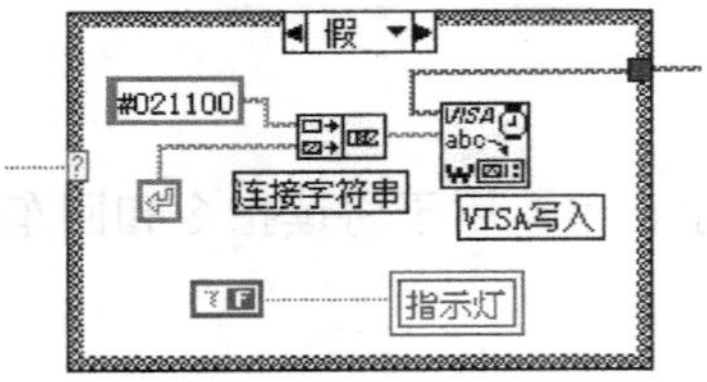

图 7-34　报警控制框图程序 2

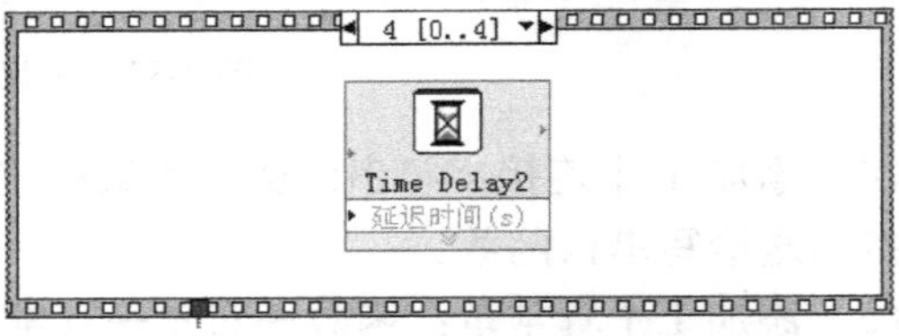

图 7-35　延时框图程序

3. 运行程序

切换到前面板窗口，通过 VISA 资源名称控件选择串口号，如 COM1。单击快捷工具栏“运行”按钮，运行程序。

给传感器升温或降温，PC 读取并显示 ADAM-4012 模块检测的温度值，绘制温度变化曲线。当测量温度大于等于设定的温度值 30℃时，程序画面指示灯改变颜色，同时线路中 ADAM-4050 模块数字量输出 1 通道置高电平，指示灯 L1 亮。

程序运行界面如图 7-36 所示。

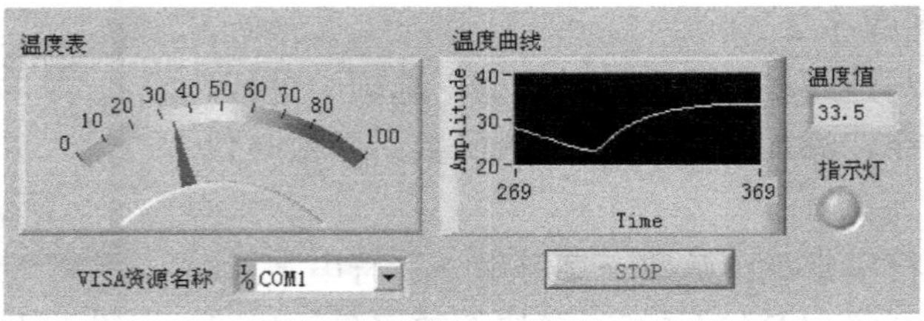

图 7-36　程序运行界面

实例 18　远程 I/O 模块电压输出

一、设计任务

采用 LabVIEW 语言编写程序实现 PC 与远程 I/O 模块的电压输出。任务要求如下：在 PC

程序界面中产生一个变化的数值（0～10），线路中远程 I/O 模块模拟量输出口输出同样变化的电压值（0～10V）。

二、线路连接

如图 7-37 所示，ADAM-4520（RS-232 与 RS-485 转换模块）与 PC 的串口 COM1 连接，转换为 RS-485 总线；将 ADAM-4021（模拟量输出模块）的信号输入端子 DATA+、DATA−分别与 ADAM-4520 的 DATA+、DATA−连接，电源端子+Vs、GND 分别与 DC 24V 电源的+、−连接。

图 7-37 中，将 ADAM-4021 的地址设为 03。模拟电压输出无须连线。使用万用表直接测量模拟量输出通道（OUT 和 GND）的输出电压（0～5V））。

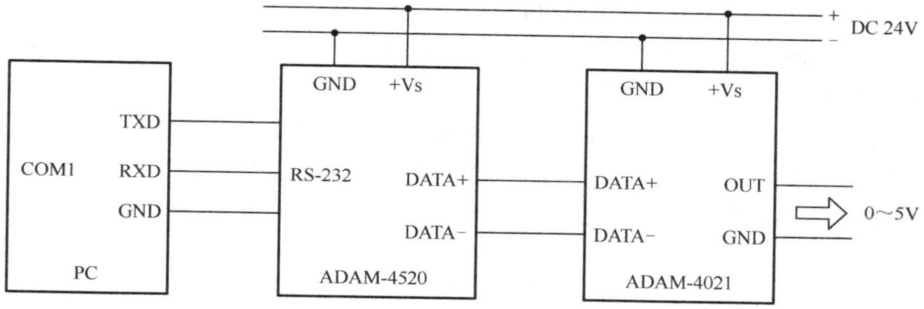

图 7-37　PC 与远程 I/O 模块组成的电压输出线路

三、任务实现

1. 程序前面板设计

（1）为了生成输出电压数值，添加 1 个滑动杆控件：控件→数值→垂直指针滑动杆。

（2）为了以数字形式显示输出电压值，添加 1 个数值显示控件：控件→数值→数值显示控件，将标签改为“输出电压值：”。

（3）为了以指针形式显示输出电压值，添加 1 个仪表显示控件：控件→数值→仪表，将标签改为“电压表”。

（4）为了显示输出电压变化曲线，添加 1 个实时图形显示控件：控件→图形→波形图形，将标签改为“电压曲线”。

（5）为了获得串行端口号，添加 1 个串口资源检测控件：控件→新式→I/O→VISA 资源名称。单击控件箭头，选择串口号，如“ASRL1：”或 COM1。

设计的程序前面板如图 7-38 所示。

2. 框图程序设计

主要解决如何发送带有设定电压的写指令“$037+0+回车键”。

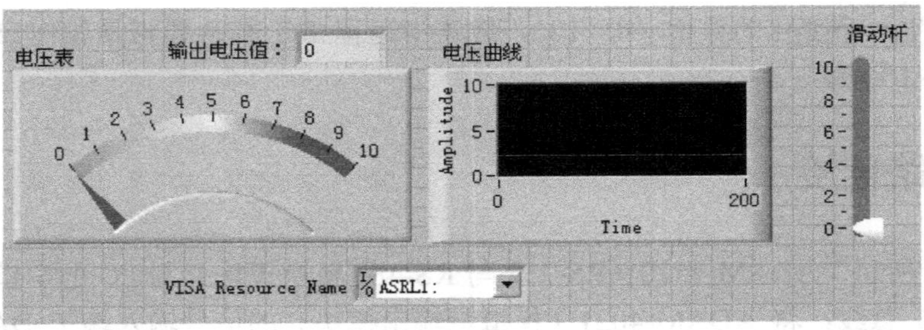

图 7-38　程序前面板

1）添加 1 个顺序结构：函数→编程→结构→层叠式顺序结构。

将顺序结构的帧设置为 3 个（序号 0～2）。设置方法：选中顺序结构边框，单击鼠标右键，执行“在后面添加帧”命令 2 次。

2）在顺序结构 Frame0 中添加函数与结构。

（1）为了设置通信参数，在顺序结构 Frame0 中添加 1 个串口配置函数：函数→仪器 I/O→串口→VISA 配置串口。

（2）为了设置通信参数值，在顺序结构 Frame0 中添加 4 个数值常量：函数→编程→数值→数值常量，值分别为 9600（波特率）、8（数据位）、0（校验位，无）、1（停止位）。

（3）将函数 VISA 资源名称的输出端口与串口配置函数的输入端口“VISA 资源名称”相连。

（4）将数值常量 9600、8、0、1 分别与 VISA 配置串口函数的输入端口波特率、数据比特、奇偶、停止位相连。

连接好的框图程序如图 7-39 所示。

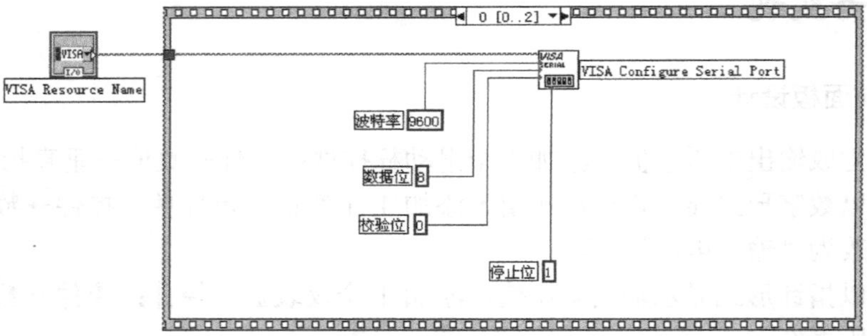

图 7-39　初始化串口框图程序

3）在顺序结构 Frame1 中添加函数与结构

（1）添加 1 个数值转字符串函数：函数→编程→字符串→字符串/数值转换→数值至小数字符串转换函数，用于将滑动杆产生的数值转成字符串。

（2）添加两个数值常量：函数→编程→数值→数值常量，值分别为 0 和 5。

（3）添加 1 个截取字符串函数：函数→编程→字符串→截取字符串。

（4）添加 1 个字符串常量：函数→编程→字符串→字符串常量，值设为“$037+0”，标签为“给 03 号模块输出电压指令”。

（5）添加 1 个回车键常量：函数→编程→字符串→回车键常量。

(6) 添加 1 个字符串连接函数：函数→编程→字符串→连接字符串，用于将读指令和回车符连接后送给写串口函数。

(7) 为了发送指令到串口，添加 1 个串口写入函数：函数→仪器 I/O→串口→VISA 写入。

(8) 将滑动杆的输出端口分别与仪表显示控件、实时图形显示控件、数值显示控件、数值转字符串函数的输入端口相连。

(9) 将数值转字符串函数的输出端口"F-格式字符串"与截取字符串函数的输入端口"字符串"相连。

(10) 将数值常量（值为 0）与截取字符串函数的输入端口偏移量相连；将数值常量（值为 5）与截取字符串函数的输入端口长度相连。

(11) 将字符串常量（值为"$037+0"）与连接字符串函数的输入端口字符串相连。

(12) 将截取字符串函数的输出端口"子字符串"与连接字符串函数的一个输入端口"字符串"相连。

(13) 将回车键常量与连接字符串函数的另一个输入端口字符串相连。

(14) 将连接字符串函数的输出端口连接的字符串与 VISA 写入函数的输入端口写入缓冲区相连。

(15) 将函数 VISA 资源名称的输出端口与 VISA 写入函数的输入端口"VISA 资源名称"相连。

连接好的框图程序如图 7-40 所示。

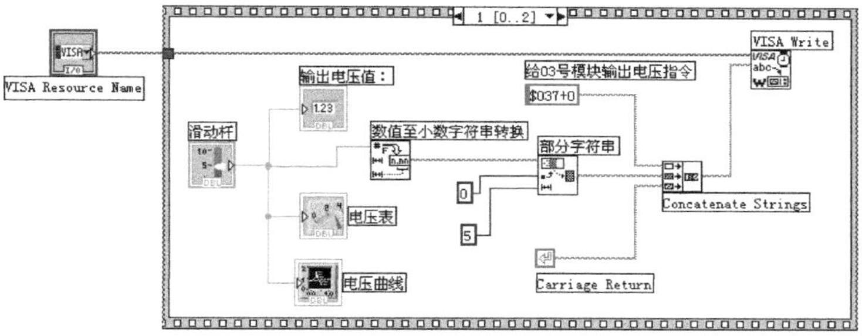

图 7-40　写指令框图程序

4) 在顺序结构 Frame2 中添加 1 个时间延迟函数：函数→编程→定时→时间延迟，延迟时间采用默认值，如图 7-41 所示。

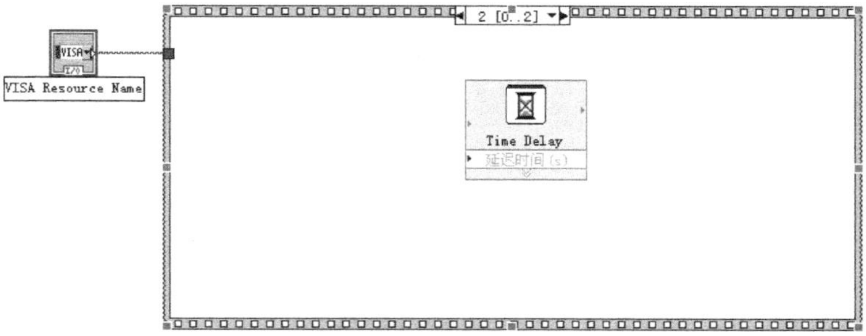

图 7-41　延时框图程序

3. 运行程序

单击快捷工具栏“连续运行”按钮，运行程序。

在程序界面中利用滑动杆产生一个变化的数值（0～10），线路中模拟量输出口输出同样大小的电压值（0～10V）。

可使用万用表直接测量模拟量输出通道（Exc+和 Exc-）的电压值。

程序运行界面如图 7-42 所示。

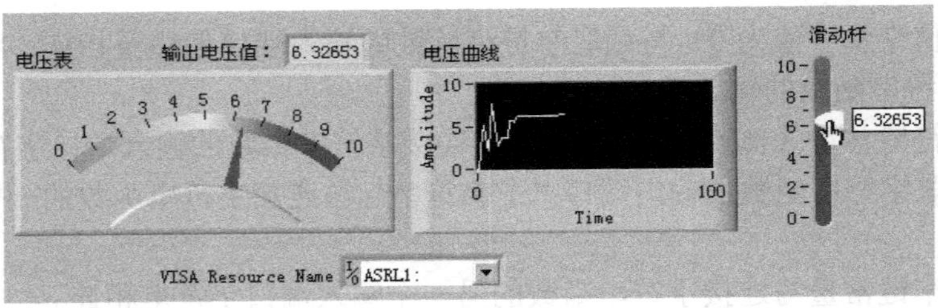

图 7-42　程序运行界面

第 8 章　三菱 PLC 串口通信控制实例

本章通过实例，详细介绍采用 LabVIEW 实现 PC 与三菱 PLC 开关量输入、开关量输出温度测控以及电压输出的程序设计方法。

实例基础　三菱 PLC 编程口通信协议

1．命令帧格式

图 8-1 所示为发送通信命令帧格式。

开始字符	命令码	起始地址	字节数	数据	结束字符	累加和
STX	CMD	ADDR	NUM	DATA1 DATA2 …	ETX	SUM

图 8-1　FX 协议发送通信命令格式

在此帧格式中：

STX 为开始字符，其 ASCⅡ码十六进制值为 02H；

CMD 为命令码，命令码有读或写等，占一个字节。读 ASCⅡ码为 30H，写 ASCⅡ码为 31H。读、写的对象可以是 FX 的数据区。

ADDR 为起始地址，十六进制表示，占 4 个字节，不足 4 个字节高位补 0。

NUM 为读或写的字节数，十六进制表示，占两个字符，不足两个字符高位补 0，最多可以读、写 64 个字节的数据。读可以为奇数字节，而写必须为偶数字节。

DATA 为写数据，在此填入要写的数据，每个字节两个字符。如字数据，则低字节在前，高字节在后。用十六进制表示，所填的数据个数应与 NUM 指定的数相符。

ETX 为结束字符，其 ASCⅡ码十六进制值为 03H；

SUM 为累加和，从命令码开始到结束字符（包含结束字符）的各个字符的 ASCⅡ码，进行十六进制累加。累加和超过两位数时，取它的低两位，不足两位时高位补 0，也是用十六进制表示。其计算公式为：

$$SUM = CMD+ADDR+NUM+DATA1+DATA2+\cdots+ETX$$

2．响应帧格式

响应帧格式与所发的命令相关。

对写命令：如写成功，则应答 ACK，一个字符，其 ASCⅡ码的值是 06H；如写失败，则应答 NAK，一个字符，其 ASCⅡ码的值为 15H。

对读命令：如读失败，也是应答 NAK。如成功，其响应帧格式如图 8-2 所示。

开始字符	数据	结束字符	累加和
STX	DATA1 DATA2…	ETX	SUM

图 8-2 FX 协议读命令响应格式

DATA1、DATA2...为读出的数据，字节个数由命令帧格式中的 NUM 决定。

读数据或写数据总是低字节在前，高字节在后。如按字处理此数据，必须作相应处理。最多可以读取 64 个字节的数据。

3．地址计算

协议中地址 ADDR 的计算比较复杂，各个数据区算法都不同，分别说明如下。

（1）对于 D 区：

如地址 ADDR 小于 8000，则：

ADDR=1000H+ADDR0 *2（ADDR0 为实际地址值，200～1023）

如 ADDR0 大于等于 8000，则：

ADDR0=0E00H+(ADDR0−8000)*2

如寄存器 D100 的地址算法：100*2 为 200，十进制数 200 转成十六进制数是 C8H，C8H+1000H 是 10C8H，10C8H 再转成 ASCⅡ码为 31 30 43 38，即 ADDR=31 30 43 38。

（2）对于 C 区（字或双字）：

如地址 ADDR 小于 200，则：

ADDR=0A00H+ADDR0*2

如 ADDR0 大于等于 200（为可双字逆计数器），则：

ADDR0=0C00H+(ADDR0−200)*4(ADDR0 从 200～255)

对于 C 区（位）：

如地址 ADDR 小于 200，则：

ADDR=01COH+ADDR0 *2

（3）对于 T 区（字）：

ADDR=0800H+ADDR *2（ADDR0 从 0～255）

对于 T 区（位）：

ADDR=00COH+ADDR*2（ADDR0 从 0～255）

（4）对于 M 区：

如地址 ADDR 小于 8000，则：

ADDR=0100H+ADDR0/8（ADDR0 从 0～3071）

如 ADDR0 大于等于 8000，则：

ADDR=01EOH+(ADDR0−8000)/8

（5）对于 Y 区：

要先把地址转换十进制数，再按下式计算：

ADDR=00AOH+ADDR0/8（ADDR0 从 0～最大输出点数）

（6）对于 X 区：

要先把地址转换十进制数，再按下式计算：

ADDR=0080H+ADDR0/8（ADDR0 从 0～最大输入点数）

（7）对于 S 区：

ADDR=ADDR0/8（ADDR0 从 0～899）

表 8-1 所示为三菱 FX 系列 PLC 用于读写时 X、Y、S、C 区的位地址表。

表 8-1　三菱 FX 系列 PLC 用于读写时 X、Y、S、C 区的位地址表

实际地址	位地址	实际地址	位地址	实际地址	位地址	实际地址	位地址
X00～X07	0080	Y00～Y07	00A0	S0～S7	0000	C0～C7	01C0
X10～X17	0081	Y10～Y17	00A1	S8～S15	0001	C8～C15	01C1
X20～X27	0082	Y20～Y27	00A2	S16～S23	0002	C16～C23	01C2
X30～X37	0083	Y30～Y37	00A3	S24～S31	0003	C24～C31	01C3
X40～X47	0084	Y40～Y47	00A4	S32～S39	0004	C32～C39	01C4
X50～X57	0085	Y50～Y57	00A5	S40～S47	0005	C40～C47	01C5
X60～X67	0086	Y60～Y67	00A6	S48～S55	0006	C48～C55	01C6
X70～X77	0087	Y70～Y77	00A7	S56～S63	0007	C56～C63	01C7
X100～X104	0088	Y100～Y104	00A8	S64～S71	0008	C64～C71	01C8
X110～X117	0089	Y110～Y117	00A9	S72～S79	0009	C72～C79	01C9
X120～X127	008A	Y120～Y127	00AA	S80～S87	000A	C80～C87	01CA
X130～X137	008B	Y130～Y137	00AB	S88～S95	000B	C88～C95	01CB
X140～X147	008C	Y140～Y147	00AC	S96～S103	000C	C96～C103	01CC
X150～X157	008D	Y150～Y157	00AD	S104～S111	000D	C104～C111	01CD
X160～X167	008E	Y160～Y167	00AE	S112～S119	000E	C112～C119	01CE
X170～X177	008F	Y170～Y177	00AF	S120～S127	000F	C120～C127	01CF

表 8-2 所示为三菱 FX 系列 PLC 用于读写时 T、M、D 区的位地址表。

表 8-2　三菱 FX 系列 PLC 用于读写时 T、M、D 区的位地址表

实际地址	位地址	实际地址	位地址	实际地址	位地址	实际地址	位地址
T0～T7	00C0	M0～M7	0100	D0	1000	D999	17CE
T8～T15	00C1	M8～M15	0101	D1	1002	D1000	17D0
T16～T23	00C2	M16～M23	0102	D2	1004	D2000	1FA0
T24～T31	00C3	M24～M31	0103	D3	1006	D7999	4E7E
T32～T39	00C4	M32～M39	0104	D4	1008	D8000	4E80
T40～T47	00C5	M40～M47	0105	D5	100A	D8254	507C
T48～T55	00C6	M48～M55	0106	D6	100C	D8255	507E
T56～T63	00C7	M56～M63	0107	D7	100E		
T64～T71	00C8	M64～M71	0108	D8	1010		
T72～T79	00C9	M72～M79	0109	D9	1012		
T80～T87	00CA	M80～M87	010A	D10	1014		
T88～T95	00CB	M88～M95	010B	D11	1016		
T96～T103	00CC	M96～M103	010C	D127	10FE		
T104～T111	00CD	M104～M111	010D	D128	1100		
T112～T119	00CE	M112～M119	010E	D255	11FE		
T120～T127	00CF	M120～M127	010F	D256	1200		

4．强制置位与复位

图 8-3 所示为强制置位与复位命令帧格式。

开始字符	命令码	地址	结束字符	累加和
STX	CMD	ADDR	ETX	SUM

图 8-3　FX 协议强制置位与复位命令帧格式

在此帧格式中：

STX 为开始字符，其 ASCⅡ码十六进制值为 02H。

CMD 为命令码，命令码有读或写，占一个字节。强制置位 ASCⅡ码为 37H，强制复位 ASCⅡ码为 38H。其对象为位数据区。

ADDR 为地址，十六进制表示，占 4 个字节，不足 4 个字节高位补 0。

ETX 为结束字符，其 ASCⅡ码十六进制值为 03H。

SUM 为累加和，从命令码开始到结束字符（包含结束字符）的各个字符的 ASCⅡ码，进行十六进制累加。累加和超过两位数时，取它的低两位，不足两位时高位补 0，也是用十六进制表示。

累加和计算公式为：SUM = CMD+ADDR+ETX。

表 8-3 所示为用于强制（即置位、复位）时的位地址。

表 8-3　强制（置位、复位）时的位地址

S 计算地址	S 实际地址	X 计算地址	X 实际地址	Y 计算地址	Y 实际地址
0000～000F	S0～S15	0400～040F	X0～X17	0500～050F	Y0～Y17
0010～001F	S16～S31	0410～041F	X20～X37	0510～051F	Y20～Y37
0020～002F	S32～S47	0420～042F	X40～X57	0520～052F	Y40～Y57
0030～余类推～03E7	S48～余类推～S999	0430～余类推～047F	X60～余类推～X177	0530～余类推～057F	Y60～余类推～Y177

表 8-4 用于三菱 FX_{2N}32MR PLC 强制置位、复位时的位地址。

表 8-4　三菱 FX_{2N}32MR PLC 强制（置位、复位）时的位地址

X 实际地址	X 计算地址	ASCⅡ码值	Y 实际地址	Y 计算地址	ASCⅡ码值
X0	0400	30 34 30 30	X10	0408	30 34 30 38
X1	0401	30 34 30 31	X11	0409	30 34 30 39
X2	0402	30 34 30 32	X12	040A	30 34 30 41
X3	0403	30 34 30 33	X13	040B	30 34 30 42
X4	0404	30 34 30 34	X14	040C	30 34 30 43
X5	0405	30 34 30 35	X15	040D	30 34 30 44
X6	0406	30 34 30 36	X16	040E	30 34 30 45
X7	0407	30 34 30 37	X17	040F	30 34 30 46

续表

X 实际地址	X 计算地址	ASCⅡ码值	Y 实际地址	Y 计算地址	ASCⅡ码值
Y0	0500	30 35 30 30	Y10	0508	30 35 30 38
Y1	0501	30 35 30 31	Y11	0509	30 35 30 39
Y2	0502	30 35 30 32	Y12	050A	30 35 30 41
Y3	0503	30 35 30 33	Y13	050B	30 35 30 42
Y4	0504	30 35 30 34	Y14	050C	30 35 30 43
Y5	0505	30 35 30 35	Y15	050D	30 35 30 44
Y6	0506	30 35 30 36	Y16	050E	30 35 30 45
Y7	0507	30 35 30 37	Y17	050F	30 35 30 46

地址具体表达时是后两位先送，其次为前两位。按照这个表与规则，如实际地址 Y000，其计算地址为 0500，ASCⅡ码值为 30 35 30 30；而表达此地址为 0005，发送指令的 ASCⅡ码值为 30 30 30 35。这种地址表达，与字读写是不同的。

5. 读写指令示例

例 1：读取 PLC 的 D10、D11 数据。D10 实际值为 ABCD，D11 实际值为 EF89。

发送读指令的获取过程如下：

开始字符 STX：02H。

命令码 CMD（读）：0，ASCⅡ码值为：30H。

起始地址：10*2 为 20，转成十六进制数为 14H，则：

ADDR=1000H+14H=1014H，其 ASCⅡ码值为：31H 30H 31H 34H。

字节数 NUM：4，ASCⅡ码值为：30H 34H。

结束字符 EXT：03H。

累加和 SUM：30H+31H+30H+31H+34H+30H+34H+03H=15DH。

累加和超过两位数时，取它的低两位，即 SUM 为 5DH，5DH 的 ASCⅡ码值为：35H 44H。

对应的读命令帧格式为：02 30 31 30 31 34 30 34 03 35 44。

PLC 接收到此命令，如未正确执行，则返回 NAK 码（15H）。如正确执行返回应答帧如下：

02 43 44 41 42 38 39 45 46 03 46 44

D10 实际值为 ABCD，用 ASCⅡ码值表示为 41 42 43 44，在返回的应答帧中低字节在前，高字节在后，即 43 44 41 42；D11 实际值为 EF89，用 ASCⅡ码值表示为 45 46 38 39，在返回的应答帧中低字节在前，高字节在后，即 38 39 45 46。（因为 NUM=04H，所以返回 2 个数据）

例 2：从 PLC 的 D123 开始读取 4 个字节数据。D123 中的数据为 3584。

发送读指令的获取过程如下：

开始字符 STX：02H。

命令码 CMD（读）：0，ASCⅡ码值为：30H。

起始地址：123*2 为 246，转成十六进制数为 F6H，则：

ADDR=1000H+F6H=10F6H，其 ASCⅡ码值为：31H 30H 46H 36H。

字节数 NUM：2，ASCⅡ码值为：30H、32H。02H 表示往 1 个寄存器发送数值，04H 表示往 2 个寄存器发送数值，依次类推。

结束字符 EXT：03H。

累加和 SUM：30H+31H+30H+46H+36H+30H+32H+03H=172H。

累加和超过两位数时，取它的低两位，即 SUM 为 72H，72H 的 ASCⅡ码值为：37H 32H。

对应的读命令帧格式为：02 30 31 30 46 36 30 32 03 37 32

PLC 接收到此命令，如未正确执行，则返回 NAK 码（15H）。如正确执行返回应答帧如下：

02 38 34 33 35 03 44 36

D123 中的数据为 3584，用 ASCⅡ码值表示为 33 35 38 34，在返回的应答帧中低字节在前，高字节在后，即 38 34 33 35。（因为 NUM=02H，所以返回 1 个数据）

例 3：向 PLC 的 D0、D1 写 4 个字节数。要求写给 D0 的数为 1234，写给 D1 的数为 5678。

发送写指令的获取过程如下：

开始字符 STX：02H。

命令码 CMD（写）：1，ASCⅡ码值为：31H。

起始地址 ADDR=1000H+0*2=1000H，其 ASCⅡ码值为：31H 30H 30H 30H。

字节数 NUM：4，ASCⅡ码值为：30H 34H。

数据 DATA（低字节在前，高字节在后）：写给 D0 的数为 3（33H）4（34H）1（31H）2（32H）；写给 D1 的数为 7（37H）8（38H）5（35H）6（36H）

结束字符 EXT：03H。

累加和 SUM：

31H+31H+30H+30H+30H+30H+34H+33H+34H+31H+32H+37H+38H+35H+36H+03H=2FDH

累加和超过两位数时，取它的低两位，即 SUM 为 FDH，FDH 的 ASCⅡ码值为：46H 44H。

对应的写命令帧格式为：

02 31 31 30 30 30 30 34 33 34 31 32 37 38 35 36 03 46 44

PLC 接收到此命令，如正确执行，则返回 ACK 码（06H），否则返回 NAK 码（15H）。

例 4：向 D123 开始的两个存储器中写入 1234 和 ABCD。

发送写指令的获取过程如下：

开始字符 STX：02H。

命令码 CMD（写）：1，ASCⅡ码值为：31H。

起始地址：123*2 为 246，转成十六进制数为 F6H，则：

ADDR=1000H+F6H=10F6H，其 ASCⅡ码值为：31H 30H 46H 36H。

字节数 NUM：4，ASCⅡ码值为：30H 34H。

数据 DATA（低字节在前，高字节在后）：写给 D123 的数为 3（33H）4（34H）1（31H）2（32H）C（43H）D（44H）A（41H）B（42H）

结束字符 EXT：03H。

累加和 SUM：

31H+31H+30H+46H+36H+30H+34H+33H+34H+31H+32H+43H+44H+41H+42H+03H=349H

累加和超过两位数时，取它的低两位，即 SUM 为 49H，49H 的 ASCⅡ码值为：34H 39H。

对应的写命令帧格式为：

02 31 31 30 46 36 30 34 33 34 31 32 43 44 41 42 03 34 39

PLC 接收到此命令，如正确执行，则返回 ACK 码（06H），否则返回 NAK 码（15H）。

例 5：从 PLC 的 X10～X17 读取 1 个字节数据，反映 X10～X17 的状态信息。

发送读指令的获取过程如下：

开始字符 STX：02H。

命令码 CMD（读）：0，ASCⅡ码值为：30H。

寄存器 X10～X17 的位地址为 0081H，其 ASCⅡ码值为：30H 30H 38H 31H。

字节数 NUM：1，ASCⅡ码值为：30H 31H。

结束字符 EXT：03H。

累加和 SUM：30H+30H+30H+38H+31H+30H+31H+03H=15DH。

累加和超过两位数时，取它的低两位，即 SUM 为 5DH，5DH 的 ASCⅡ码值为：35H 44H。

因此，对应的读命令帧格式为：

02 30 30 30 38 31 30 31 03 35 44

PLC 接收到命令，如正确执行返回应答帧，如“02 38 31 03 36 43”。返回的应答帧中黑体字“38 31”表示 X10～X17 的状态，其十六进制为 81，81 的二进制为 10000001，表明触点 X10 和 X17 闭合，X11～X16 触点断开。如未正确执行，则返回 NAK 码（15H）。

同理，可以读取寄存器 X0～X7 的数据，其位地址为 0080H，对应的读命令帧格式为：

02 30 30 30 38 30 30 31 03 35 43

PLC 接收到命令，如正确执行返回应答帧，如“02 30 34 03 36 37”。返回的应答帧中黑体字“30 34”表示 X0～X7 的状态，其十六进制为 04，04 的二进制为 00000100，表明触点 X2 闭合，其他触点断开。

实例 19 三菱 PLC 开关量输入

一、线路连接

将 PC 与三菱 FX_{2N}-32MR PLC 通过编程电缆连接起来，构成一套开关量输入系统。

PC 通过 FX_{2N}-32MR PLC 的编程口与 PLC 组成的开关量输入线路如图 8-4 所示。

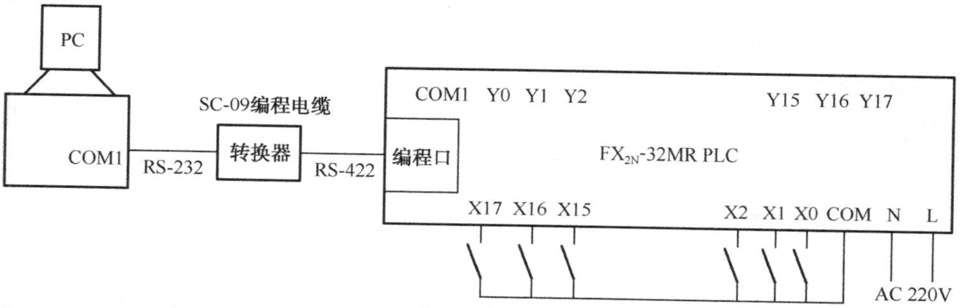

图 8-4 PC 通过 FX_{2N}-32MR PLC 的编程口与 PLC 组成的开关量输入线路

图 8-4 中，通过 SC-09 编程电缆将 PC 的串口 COM1 与三菱 FX_{2N}-32MR PLC 的编程口连

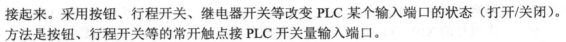

接起来。采用按钮、行程开关、继电器开关等改变 PLC 某个输入端口的状态（打开/关闭）。方法是按钮、行程开关等的常开触点接 PLC 开关量输入端口。

实际测试中，可用导线将 X0,X1,…,X17 与 COM 端口之间短接或断开，产生开关量输入信号。

二、设计任务

采用 LabVIEW 语言编写程序，实现 PC 与三菱 FX_{2N}-32MR PLC 数据通信，要求 PC 接收 PLC 发送的开关量输入信号状态值，并在程序界面中显示。

三、任务实现

1. PC 与 PLC 串口通信调试

PC 与三菱 PLC 串口通信采用编程口通信协议。

打开“串口调试助手”程序，首先设置串口号为 COM1、波特率为 9600、校验位为 EVEN（偶校验）、数据位为 7、停止位为 1 等参数（**注意**：设置的参数必须与 PLC 设置的一致），选择“十六进制显示”和“十六进制发送”，打开串口。

例如，从 PLC 的输入端口 X0～X7 读取 1 个字节数据，反映 X0～X7 的状态信息。

发送读指令的获取过程如下。

开始字符 STX：02H。

命令码 CMD（读）：0，ASCII 码值为 30H。

寄存器 X0～X7 的位地址：0080H，其 ASCII 码值为 30H 30H 38H 30H。

字节数 NUM：1，ASCII 码值为 30H 31H。

结束字符 EXT：03H。

累加和 SUM：30H+30H+30H+38H+30H+30H+31H+03H=15CH。累加和超过两位数时，取它的低两位，即 SUM 为 5CH，5CH 的 ASCII 码值为 35H 43H。

因此，对应的读命令帧格式为：

02 30 30 30 38 30 30 31 03 35 43

在串口调试助手发送区输入指令，单击“手动发送”按钮，PLC 接收到命令，如正确执行接收区显示返回应答帧，如 02 30 34 03 36 37，如图 8-5 所示。如果指令错误执行，接收区显示返回 NAK 码 15。

返回的应答帧中“30 34”表示 X0～X7 的状态，其十六进制形式为 04，04 的二进制形式为 00000100，表明触点 X2 闭合，其他触点断开。

2. PC 端 LabVIEW 程序

1）程序前面板设计

（1）为了显示开关信号输入状态，添加 1 个数值显示控件：控件→新式→数值→数值显示控件，将标签改为“返回信息：”。

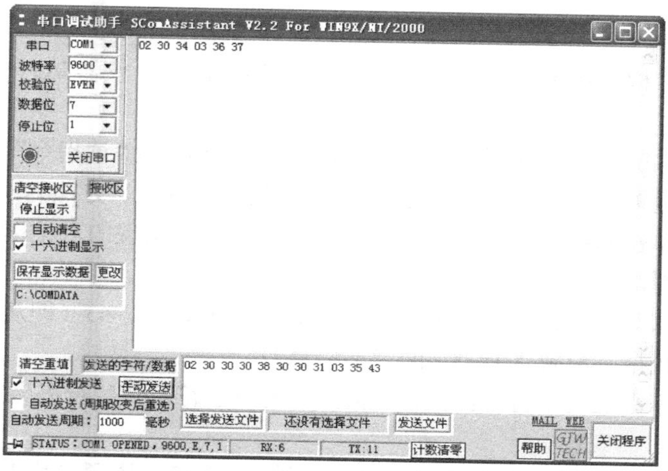

图 8-5　PC 与 PLC 串口通信调试

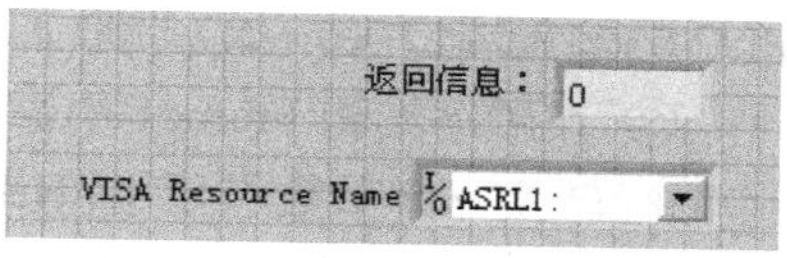

图 8-6　程序前面板

右键单击该控件，选择“格式与精度”选项，在出现的数值属性对话框中进入“数据范围”选项，表示法选择“无符号单字节”，然后进入“格式与精度”选项，选择“二进制”。

（2）为了获得串行端口号，添加 1 个串口资源检测控件：控件→新式→I/O→VISA 资源名称；单击控件箭头，选择串口号，如 COM1 或“ASRL1：”。

设计的程序前面板如图 8-6 所示。

2）框图程序设计

（1）串口初始化框图程序。

① 添加 1 个顺序结构：函数→编程→结构→层叠式顺序结构。

将其帧设置为 4 个（序号 0～3）。设置方法：选中层叠式顺序结构上边框，单击鼠标右键，执行“在后面添加帧”命令 3 次。

② 为了设置通信参数，在顺序结构 Frame0 中添加 1 个串口配置函数：函数→仪器 I/O→串口→VISA 配置串口。

③ 为了设置通信参数值，在顺序结构 Frame0 中添加 4 个数值常量：函数→编程→数值→数值常量，值分别为 9600（波特率）、7（数据位）、2（校验位，偶校验）、10（停止位 1，注意这里的设定值为 10）。

④ 将 VISA 资源名称函数的输出端口与串口配置函数的输入端口“VISA 资源名称”相连。

⑤ 将数值常量 9600、7、2、10 分别与 VISA 配置串口函数的输入端口波特率、数据比特、奇偶、停止位相连。

连接好的框图程序如图 8-7 所示。

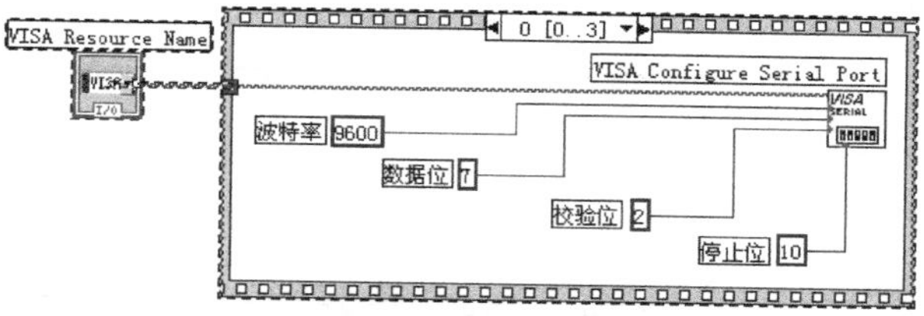

图 8-7　串口初始化框图程序

（2）发送指令框图程序。

① 为了发送指令到串口，在顺序结构 Frame1 中添加 1 个串口写入函数：函数→仪器 I/O→串口→VISA 写入。

② 在顺序结构 Frame1 中添加数组常量：函数→编程→数组→数组常量，标签为"读指令"。

再往数组常量中添加数值常量，设置为 11 个，将其数据格式设置为十六进制，方法为：选中数组常量（函数中的数值常量，单击右键，执行"格式与精度"命令，在出现的对话框中，从格式与精度选项中选择十六进制，单击"OK"按钮确定。

将 11 个数值常量的值分别改为 02、30、30、30、38、30、30、31、03、35、43（即从 PLC 的输入端口 X0～X7 读取 1 字节数据，反映 X0～X7 的状态信息）。

③ 在顺序结构 Frame1 中添加字节数组转字符串函数：函数→编程→字符串→字符串/数组/路径转换→字节数组至字符串转换。

④ 将 VISA 资源名称函数的输出端口与 VISA 写入函数的输入端口"VISA 资源名称"相连。

⑤ 将数组常量（标签为"读指令"）的输出端口与字节数组至字符串转换函数的输入端口无符号字节数组相连。

⑥ 将字节数组至字符串转换函数的输出端口"字符串"与 VISA 写入函数的输入端口"写入缓冲区"相连。

连接好的框图程序如图 8-8 所示。

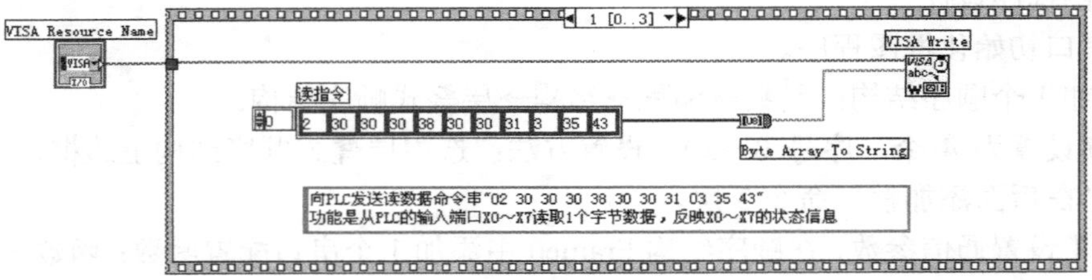

图 8-8　发送指令框图程序

（3）延时框图程序。

① 为了以一定的周期读取 PLC 的返回数据，在顺序结构 Frame2 中添加 1 个时钟函数：函数→编程→定时→等待下一个整数倍毫秒。

② 在顺序结构 Frame2 中添加 1 个数值常量：函数→编程→数值→数值常量，将数值改为 500（时钟频率值）。

③ 将数值常量（值为 500）与等待下一个整数倍毫秒函数的输入端口"毫秒倍数"相连。

连接好的框图程序如图 8-9 所示。

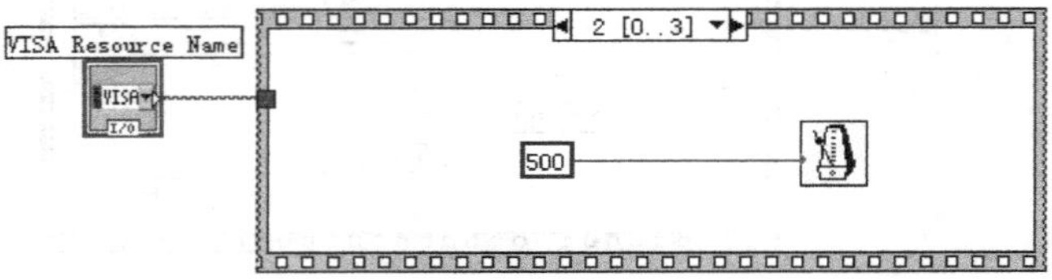

图 8-9　延时框图程序

（4）接收数据框图程序。

① 为了获得串口缓冲区数据个数，在顺序结构 Frame3 中添加 1 个串口字节数函数：函数→仪器 I/O→串口→VISA 串口字节数，标签为“Property Node”。

② 为了从串口缓冲区获取返回数据，在顺序结构 Frame3 中添加 1 个串口读取函数：函数→仪器 I/O→串口→VISA 读取。

③ 在顺序结构 Frame3 中添加字符串转字节数组函数：函数→编程→字符串→字符串/数组/路径转换→字符串至字节数组转换。

④ 在顺序结构 Frame3 中添加两个索引数组函数：函数→编程→数组→索引数组。

⑤ 添加两个数值常量：函数→编程→数值→数值常量，值分别为 1、2。

⑥ 将 VISA 资源名称函数的输出端口分别与串口字节数函数的输入端口“引用”、VISA 读取函数的输入端口“VISA 资源名称”相连。

⑦ 将串口字节数函数的输出端口 Number of bytes at Serial port 与 VISA 读取函数的输入端口“字节总数”相连。

⑧ 将 VISA 读取函数的输出端口“读取缓冲区”与字符串至字节数组转换函数的输入端口“字符串”相连。

⑨ 将字符串至字节数组转换函数的输出端口“无符号字节数组”分别与两个索引数组函数的输入端口数组相连。

⑩ 将数值常量（值为 1、2）分别与索引数组函数的输入端口“索引”相连。

⑪ 添加 1 个数值常量：函数→编程→数值→数值常量，选中该常量，单击鼠标右键，选择“属性”项，出现数值常量属性对话框，选择“格式与精度”选项，选择十六进制，确定后输入 30。减 30 的作用是将读取的 ASCII 值转换为十六进制。

⑫ 添加如下功能函数并连线：将十六进制数值转换为十进制数，再转换为二进制数，就得到 PLC 开关量输入信号状态值，送入返回信息框显示。

连接好的框图程序如图 8-10 所示。

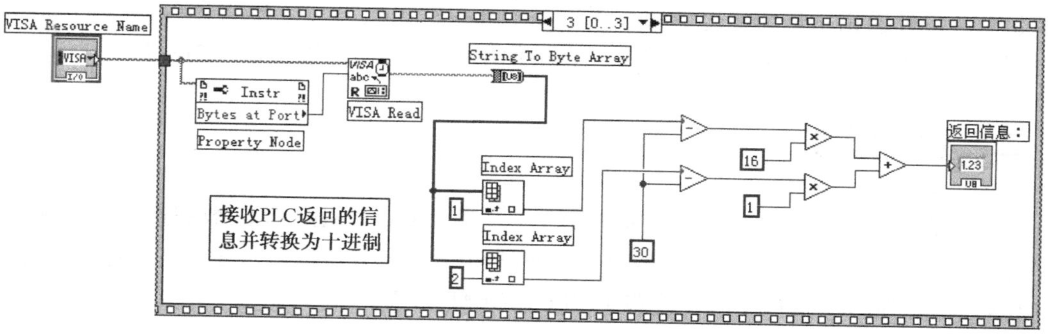

图 8-10　接收数据框图程序

3）运行程序

程序设计、调试完毕，单击快捷工具栏“连续运行”按钮，运行程序。

首先设置端口号。PC 读取并显示三菱 PLC 开关量输入信号值，如“100000”，因为有 8 位数据，实际是“00100000”，表示端口 Y5 闭合，其他端口断开。

程序运行界面如图 8-11 所示。

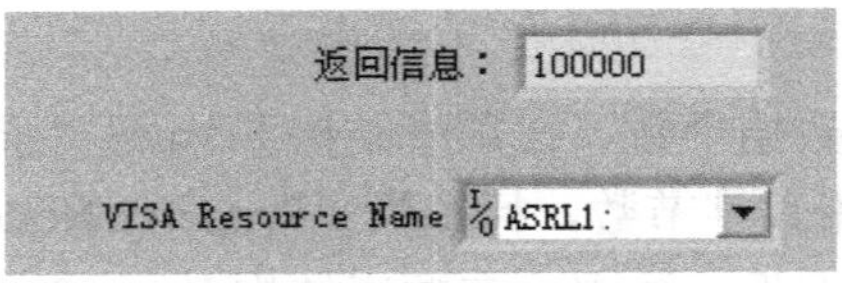

图 8-11　程序运行界面

实例 20　三菱 PLC 开关量输出

一、线路连接

将 PC 与三菱 FX_{2N}-32MR PLC 通过编程电缆连接起来，构成一套开关量输出系统。

PC 通过 FX_{2N}-32MR PLC 的编程口与 PLC 组成的开关量输出线路如图 8-12 所示。

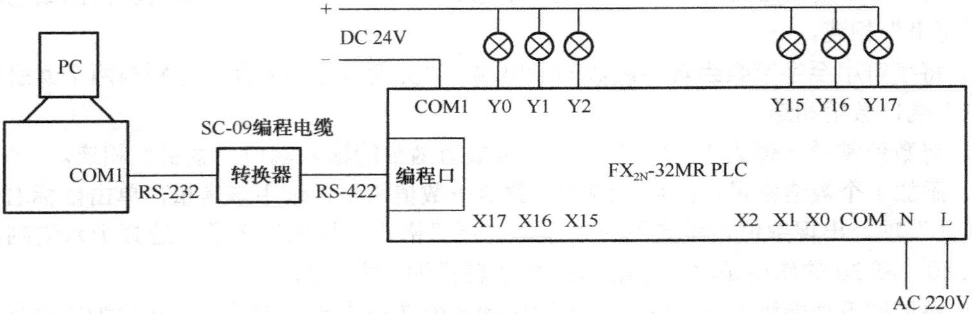

图 8-12　PC 通过 FX_{2N}-32MR PLC 的编程口与 PLC 组成的开关量输出线路

图 8-12 中，通过 SC-09 编程电缆将 PC 的串口 COM1 与三菱 FX_{2N}-32MR PLC 的编程口连接起来。可外接指示灯或继电器等装置来显示开关输出状态（打开/关闭）。

实际测试中，不需要外接指示装置，直接使用 PLC 提供的输出信号指示灯。

二、设计任务

采用 LabVIEW 语言编写程序，实现 PC 与三菱 FX_{2N}-32MR PLC 数据通信，要求在 PC 程序界面中指定元件地址，单击置位/复位（或打开/关闭）命令按钮，置指定地址的元件端口（继电器）状态为 ON 或 OFF，使线路中 PLC 指示灯亮/灭。

三、任务实现

1. PC 与 PLC 串口通信调试

PC 与三菱 PLC 串口通信采用编程口通信协议。

打开“串口调试助手”程序，首先设置串口号为 COM1、波特率为 9600、校验位为 EVEN

（偶校验）、数据位为 7、停止位为 1 等参数（**注意**：设置的参数必须与 PLC 一致），选择“十六进制显示”和“十六进制发送”，打开串口。

例如，将 Y0 强制置位成 1，再强制复位成 0。发送写指令的获取过程如下。

开始字符 STX：02H。

命令码 CMD：强制置位为 7，ASCII 码为 37H；强制复位为 8，ASCII 码为 38H。

地址：实际地址为 Y0，计算地址为 0500，因后两位先送，前两位后送，则表达地址为 0005，其 ASCII 码值为 30H 30H 30H 35H。

结束字符 EXT：03H。

强制置位的累加和 SUM：37H+30H+30H+30H+35H+03H=FFH，FFH 的 ASCII 码值为：46H 46H。

强制复位的累加和 SUM：38H+30H+30H+30H+35H+03H=100H，累加和超过两位数时，取它的低两位，即 SUM 为 00H，00H 的 ASCII 码值为：30H、30H。

对应的强制置位写命令帧格式为：

02 37 30 30 30 35 03 46 46

对应的强制复位写命令帧格式为：

02 38 30 30 30 35 03 30 30

在串口调试助手发送区输入指令，单击“手动发送”按钮，PLC 接收到命令，如果指令正确执行，接收区显示返回 ACK 码 06，如图 8-13 所示；如果指令错误执行，接收区显示返回 NAK 码 15。

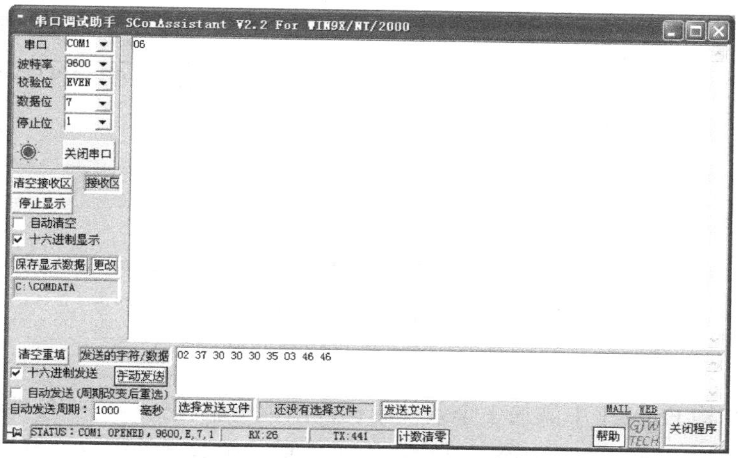

图 8-13　PC 与 PLC 串口通信调试

如果执行强制置位命令，PLC 输出端口 Y0 指示灯亮；如果执行强制复位命令，PLC 输出端口 Y0 指示灯灭。

2. PC 端 LabVIEW 程序

1）程序前面板设计

（1）为了输出开关信号，添加 1 个开关控件：控件→新式→布尔→垂直滑动杆开关控件，将标签改为“Y0”。

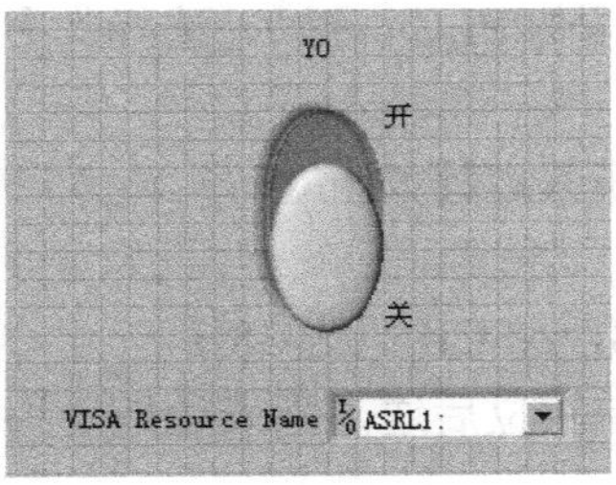

图 8-14 程序前面板

（2）为了获得串行端口号，添加 1 个串口资源检测控件：控件→新式→I/O→VISA 资源名称；单击控件箭头，选择串口号，如 COM1 或“ASRL1:”。

设计的程序前面板如图 8-14 所示。

2）框图程序设计

（1）串口初始化框图程序。

① 添加 1 个顺序结构：函数→编程→结构→层叠式顺序结构。将其帧设置为 3 个（序号 0～2）。设置方法：选中层叠式顺序结构上边框，单击鼠标右键，执行“在后面添加帧”命令 2 次。

② 为了设置通信参数，在顺序结构 Frame0 中添加 1 个串口配置函数：函数→仪器 I/O→串口→VISA 配置串口。

③ 为了设置通信参数值，在顺序结构 Frame0 中添加 4 个数值常量：函数→编程→数值→数值常量，值分别为 9600（波特率）、7（数据位）、2（校验位，偶校验）、10（停止位 1，注意这里的设定值为 10）。

④ 将 VISA 资源名称函数的输出端口与串口配置函数的输入端口“VISA 资源名称”相连。

⑤ 将数值常量 9600、7、2、10 分别与 VISA 配置串口函数的输入端口波特率、数据比特、奇偶、停止位相连。

连接好的框图程序如图 8-15 所示。

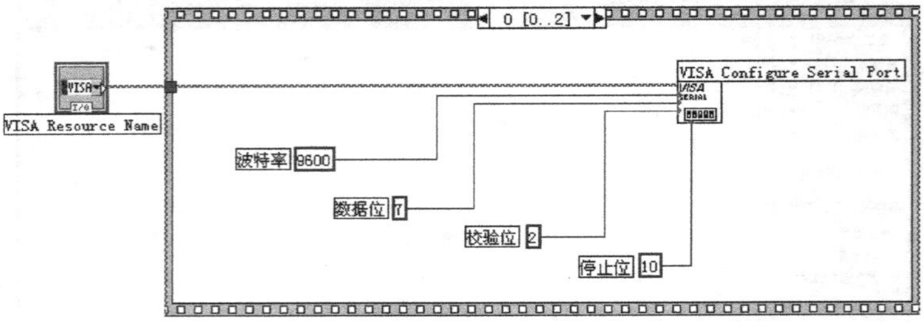

图 8-15 串口初始化框图程序

（2）发送指令框图程序。

① 在顺序结构 Frame1 中添加 1 个条件结构：函数→编程→结构→条件结构。

② 在条件结构“真”选项中添加 9 个字符串常量：函数→编程→字符串→字符串常量。将 9 个字符串常量的值分别改为 02、37、30、30、30、35、03、46、46（即向 PLC 发送指令，将 Y0 强制置位成 1）。

③ 在条件结构“假”选项中添加 9 个字符串常量：函数→编程→字符串→字符串常量。将 9 个字符串常量的值分别改为 02、38、30、30、30、35、03、30、30（即向 PLC 发送指令，将 Y0 强制复位成 0）。

④ 在顺序结构 Frame1 中添加 9 个十六进制数字符串至数值转换函数：函数→编程→字符串/数值转换→十六进制数字符串至数值转换。

⑤ 分别将条件结构真、假选项中的 9 个字符串常量分别与 9 个十六进制数字符串至数值

转换函数的输入端口“字符串”相连。

⑥ 在顺序结构 Frame1 中添加 1 个创建数组函数：函数→编程→数组→创建数组。并设置为 9 个元素。

⑦ 将 9 个十六进制数字符串至数值转换函数的输出端口分别与创建数组函数的对应输入端口元素相连。

⑧ 在顺序结构 Frame1 中添加字节数组转字符串函数：函数→编程→字符串→字符串/数组/路径转换→字节数组至字符串转换。

⑨ 将创建数组函数的输出端口添加的数组与字节数组至字符串转换函数的输入端口“无符号字节数组”相连。

⑩ 为了发送指令到串口，在顺序结构 Frame1 中添加 1 个串口写入函数：函数→仪器 I/O→串口→VISA 写入。

⑪ 将字节数组至字符串转换函数的输出端口“字符串”与 VISA 写入函数的输入端口“写入缓冲区”相连。

⑫ 将 VISA 资源名称函数的输出端口与 VISA 写入函数的输入端口“VISA 资源名称”相连。

⑬ 将垂直滑动杆开关控件图标移到顺序结构 Frame1 中；并将其输出端口与条件结构的选择端口?相连。。

连接好的框图程序如图 8-16 所示。

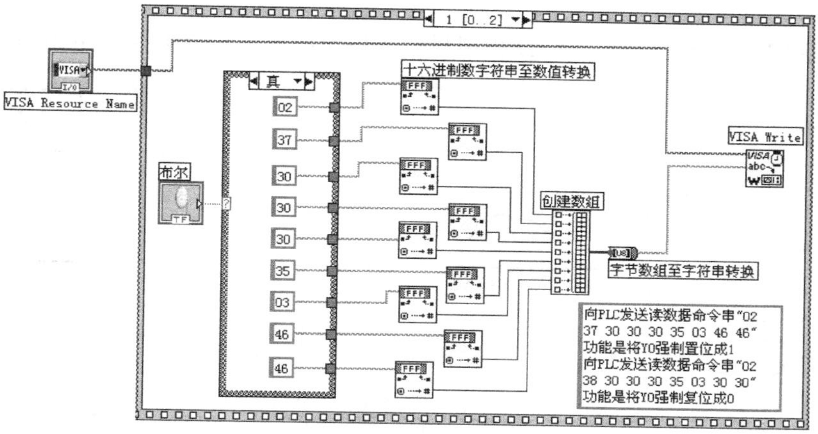

图 8-16　发送指令框图程序

（3）延时框图程序。

① 在顺序结构 Frame2 中添加 1 个时钟函数：函数→编程→定时→等待下一个整数倍毫秒。

② 在顺序结构 Frame2 中添加 1 个数值常量：函数→编程→数值→数值常量，将值改为 200（时钟频率值）。

③ 将数值常量（值为 200）与等待下一个整数倍毫秒函数的输入端口“毫秒倍数”相连。

连接好的框图程序如图 8-17 所示。

3）运行程序

程序设计、调试完毕，单击快捷工具栏“连续运行”按钮，运行程序。

设置串行端口，单击滑动开关，将 Y0 置位成 1，再复位成 0，相应指示灯亮或灭。

程序运行界面如图 8-18 所示。

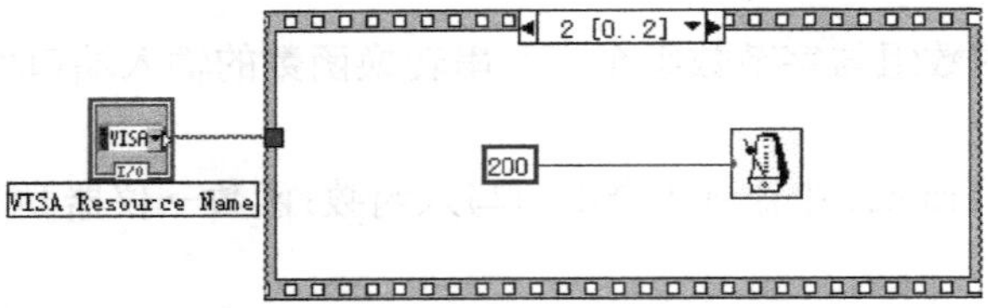

图 8-17　延时框图程序

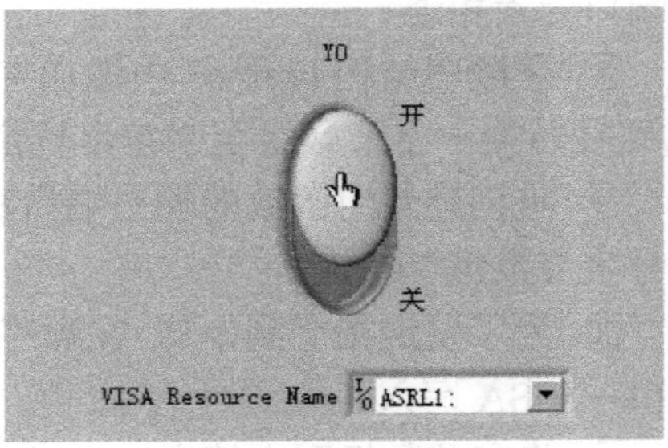

图 8-18　程序运行界面

实例 21　三菱 PLC 温度测控

一、线路连接

PC、三菱 FX_{2N} PLC 及 FX_{2N}-4AD 模拟量输入模块构成的温度测控线路如图 8-19 所示。

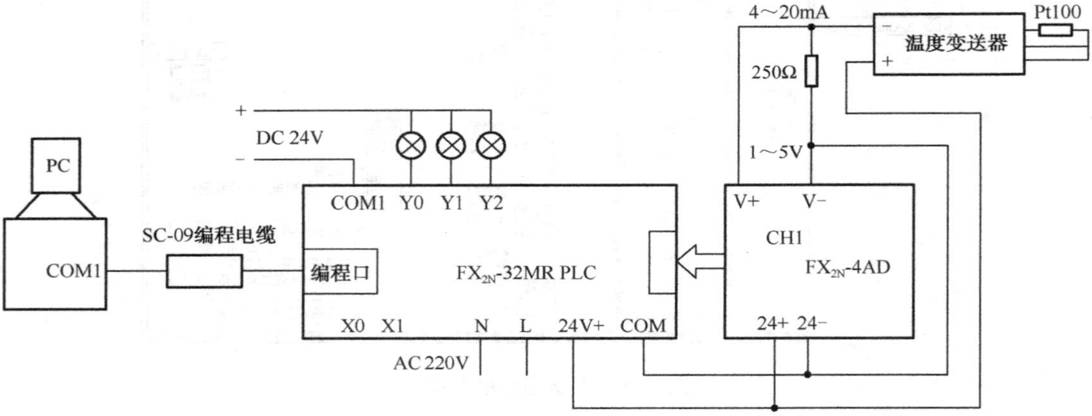

图 8-19　PC、三菱 FX_{2N}-32MR PLC 及 FN_{2N}-4AD 模拟量输入模块构成的温度测控线路

图 8-19 中，将 PC 与三菱 FX_{2N}-32MR PLC 通过 SC-09 编程电缆连接起来，输出端口 Y0、Y1、Y2 接指示灯，温度传感器 Pt100 接到温度变送器输入端，温度变送器输入范围是 0～200℃，输出 4～200mA，经过 250Ω电阻将电流信号转换为 1～5V 电压信号输入到 FX_{2N}-4AD 的输入端口 V+和 V−。

FX_{2N}-4AD 空闲的输入端口一定要用导线短接以免干扰信号窜入。

PLC 的模拟量输入模块（FX_{2N}-4AD）负责 A/D 转换，即将模拟量信号转换为 PLC 可以识别的数字量信号。

二、设计任务

PLC 与 PC 通信，在程序设计上涉及两部分的内容：一是 PLC 端数据采集、控制和通信程序；二是 PC 端通信和功能程序。

（1）PLC 端（下位机）程序设计：检测温度值。当测量温度小于 30℃时，Y0 端口置位，当测量温度大于等于 30℃且小于等于 50℃时，Y0 和 Y1 端口复位，当测量温度大于 50℃时，Y1 端口置位。

（2）PC 端（上位机）程序设计：采用 LabVIEW 语言编写应用程序，读取并显示三菱 PLC 检测的温度值，绘制温度变化曲线。当测量温度小于 30℃时，下限指示灯为红色，当测量温度大于等于 30℃且小于等于 50℃时，上、下限指示灯均为绿色，当测量温度大于 50℃时，上限指示灯为红色。

三、任务实现

1. 三菱 PLC 端温度测控程序

1）PLC 梯形图

三菱 FX_{2N}-32MR 型 PLC 使用 FX_{2N}-4AD 模拟量输入模块实现模拟电压采集。采用 SWOPC-FXGP/WIN-C 编程软件编写的 PLC 程序梯形图如图 8-20 所示。

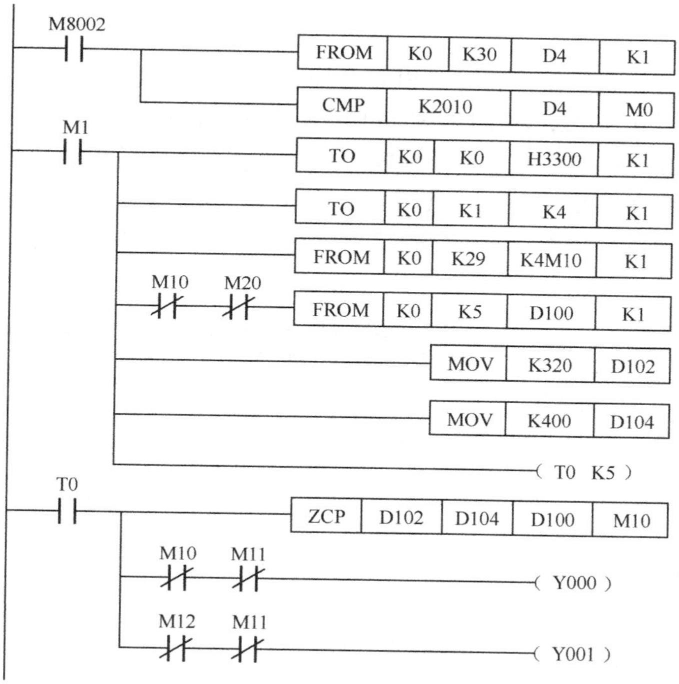

图 8-20　PLC 程序梯形图

程序的主要功能是实现三菱 FX_{2N}-32MR PLC 温度采集，当测量温度小于 30℃时，Y0 端口置位，当测量温度大于等于 30℃而小于等于 50℃时，Y0 和 Y1 端口复位，当测量温度大于 50℃时，Y1 端口置位。

程序说明：

第 1 逻辑行，首次扫描时从 0 号特殊功能模块的 BFM# 30 中读出标识码，即模块 ID 号，并放到基本单元的 D4 中。

第 2 逻辑行，检查模块 ID 号，如果是 FX_{2N}-4AD，结果送到 M0。

第 3 逻辑行，设定通道 1 的量程类型。

第 4 逻辑行，设定通道 1 平均滤波的周期数为 4。

第 5 逻辑行，将模块运行状态从 BFM#29 读入 M10～M25。

第 6 逻辑行，如果模块运行正常，且模块数字量输出值正常，通道 1 的平均采样值（温度的数字量值）存入寄存器 D100 中。

第 7 逻辑行，将下限温度数字量值 320（对应温度 30℃）放入寄存器 D102 中。

第 8 逻辑行，将上限温度数字量值 400（对应温度 50℃）放入寄存器 D104 中。

第 9 逻辑行，延时 0.5 秒。

第 10 逻辑行，将寄存器 D102 和 D104 中的值（上、下限）与寄存器 D100 中的值（温度采样值）进行比较。

第 11 逻辑行，当寄存器 D100 中的值小于寄存器 D102 中的值，Y000 端口置位。

第 12 逻辑行，当寄存器 D100 中的值大于寄存器 D104 中的值，Y001 端口置位。

上位机程序读取寄存器 D100 中的数字量值，然后根据温度与数字量值的对应关系计算出温度测量值。

2）程序的写入

PLC 端程序编写完成后需将其写入 PLC 才能正常运行。步骤如下：

（1）接通 PLC 主机电源，将 RUN/STOP 转换开关置于 STOP 位置。

（2）运行 SWOPC-FXGP/WIN-C 编程软件，打开温度测控程序。

（3）执行菜单命令“PLC”→“传送”→“写出”，如图 8-21 所示，打开“PC 程序写入”对话框，如图 8-22 所示，选中“范围设置”项，终止步设为 100，单击“确认”按钮，即开始写入程序。

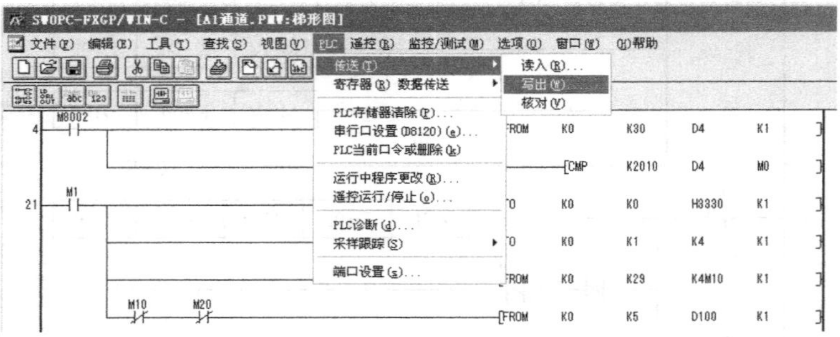

图 8-21 执行菜单命令“PLC”→“传送”→“写出”

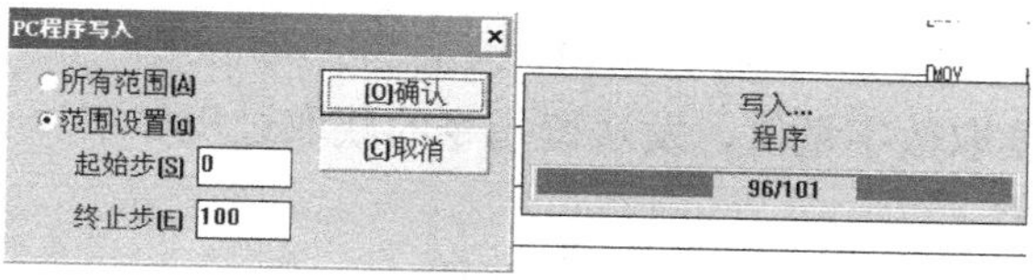

图 8-22　PC 程序写入

（4）程序写入完毕，将 RUN/STOP 转换开关置于 RUN 位置，即可进行温度测控。

3）PLC 程序的监控

PLC 端程序写入后，可以进行实时监控。步骤如下：

（1）接通 PLC 主机电源，将 RUN/STOP 转换开关置于 RUN 位置。

（2）运行 SWOPC-FXGP/WIN-C 编程软件，打开温度测控程序，并写入。

（3）执行菜单命令“监控/测试”→“开始监控”，即可开始监控程序的运行，如图 8-23 所示。

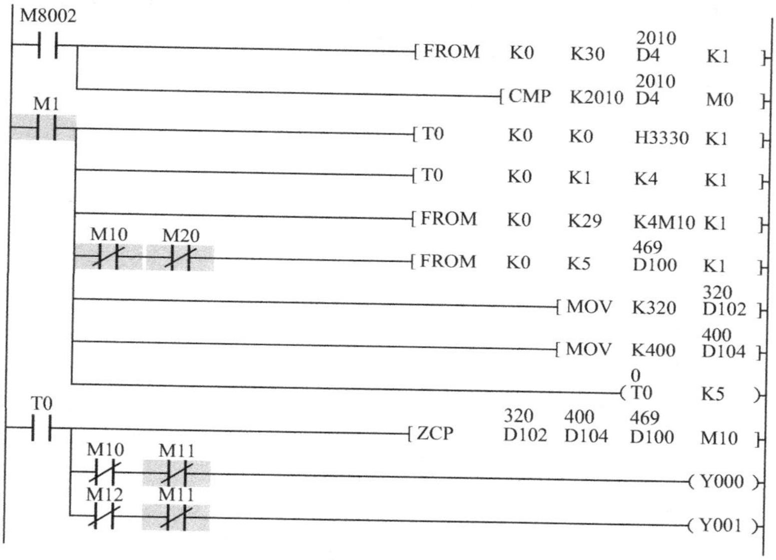

图 8-23　PLC 程序监控

寄存器 D100 上的蓝色数字（如 469）就是模拟量输入 1 通道的电压实时采集值（换算后的电压值为 2.345V，与万用表测量值相同，换算为温度值为 67.25℃），改变温度值，输入电压改变，该数值随着改变。

当寄存器 D100 中的值小于寄存器 D102 中的值，Y000 端口置位；当寄存器 D100 中的值大于寄存器 D104 中的值，Y001 端口置位。

（4）监控完毕，执行菜单命令“监控/测试”→“停止监控”，即可停止监控程序的运行。

注意：必须停止监控，否则影响上位机程序的运行。

4）PC 与 PLC 串口通信调试

PC 与三菱 PLC 串口通信采用编程口通信协议。

打开“串口调试助手”程序，首先设置串口号为 COM1、波特率为 9600、校验位为 EVEN（偶校验）、数据位为 7、停止位为 1 等参数（**注意**：设置的参数必须与 PLC 一致），选择“十六进制显示”和“十六进制发送”，打开串口。

从寄存器 D100 中读取数字量值，发送读指令的获取过程如下。

开始字符 STX：02H。

命令码 CMD（读）：0，其 ASCII 码值为 30H。

寄存器 D100 起始地址计算：100*2 为 200，转成十六进制数为 C8H，则 ADDR=1000H+C8H=10C8H（其 ASCII 码值为：31H 30H 43H 38H）。

字节数 NUM：04H（ASCII 码值为：30H 34H），返回两个通道的数据。

结束字符 EXT：03H。

累加和 SUM：30H+31H+30H+43H+38H+30H+34H+03H=173H。

累加和超过两位数时，取它的低两位，即 SUM 为 73H，73H 的 ASCII 码值为：37H 33H。

因此，对应的读命令帧格式为：

02 30 31 30 43 38 30 34 03 37 33

在串口调试助手发送区输入指令，单击“手动发送”按钮，PLC 接收到命令，如果指令正确执行，接收区显示返回应答帧，如 02 44 35 30 31 30 30 30 30 03 39 44，如图 8-24 所示。PLC 接收到命令，如未正确执行，则返回 NAK 码（15H）。

图 8-24　PC 与 PLC 串口通信调试

在返回的应答帧中，“44 35 30 31”反映第一通道检测的温度大小，为 ASCII 码形式，低字节在前，高字节在后，实际为“30 31 44 35”，转换成十六进制值为“01 D5”，再转换成十进制值为“469”（与 SWOPC-FXGP/WIN-C 编程软件中的寄存器 D100 中的监控值相同），此值除以 200 即为采集的电压值 2.345V，换算为温度值为 67.25℃。

温度与数字量值的换算关系：0～200℃对应电压值 1～5V，0～10V 对应数字量值 0～2000，那么 1～5V 对应数字量值 200～1000，因此 0～200℃对应数字量值 200～1000。

2．PC 端 LabVIEW 程序

1）程序前面板设计

（1）为了以数字形式显示测量温度值，添加 1 个数值显示控件：控件→新式→数值→数值显示控件，将标签改为“温度值”。

（2）为了显示测量温度实时变化曲线，添加 1 个实时图形显示控件：控件→新式→图形→波形图，将 Y 轴标尺范围改为 0～100。

（3）为了温度显示超限报警状态，添加两个指示灯控件：控件→新式→布尔→圆形指示灯，将标签分别改为“上限指示灯”“下限指示灯”。

（4）为了获得串行端口号，添加 1 个串口资源检测控件：控件→新式→I/O→VISA 资源名称。单击控件箭头，选择串口号，如 COM1 或“ASRL1：”。

设计的程序前面板如图 8-25 所示。

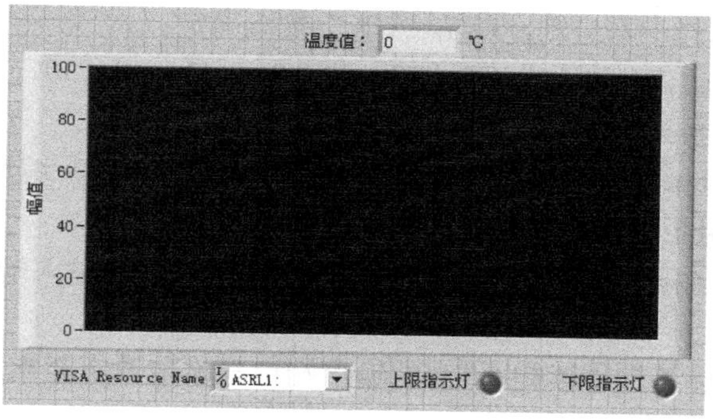

图 8-25　程序前面板

2）框图程序设计

（1）串口初始化框图程序。

① 添加 1 个顺序结构：函数→编程→结构→层叠式顺序结构。

将其帧设置为 4 个（序号 0～3）。设置方法：选中层叠式顺序结构上边框，单击右键，执行“在后面添加帧”命令 3 次。

② 为了设置通信参数，在顺序结构 Frame0 中添加 1 个串口配置函数：函数→仪器 I/O→串口→VISA 配置串口。

③ 为了设置通信参数值，在顺序结构 Frame0 中添加 4 个数值常量：函数→编程→数值→数值常量，值分别为 9600（波特率）、7（数据位）、2（校验位，偶校验）、10（停止位 1，注意这里的设定值为 10）。

④ 将 VISA 资源名称函数的输出端口与串口配置函数的输入端口“VISA 资源名称”相连。

⑤ 将数值常量 9600、7、2、10 分别与 VISA 配置串口函数的输入端口波特率、数据比特、奇偶、停止位相连。

连接好的框图程序如图 8-26 所示。

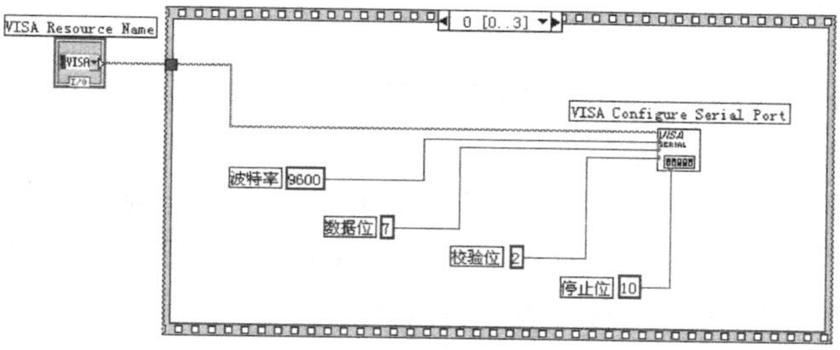

图 8-26　串口初始化框图程序

（2）发送指令框图程序。

① 为了发送指令到串口，在顺序结构 Frame1 中添加 1 个串口写入函数：函数→仪器 I/O→串口→VISA 写入。

② 在顺序结构 Frame1 中添加数组常量：函数→编程→数组→数组常量，标签为“读指令”。

在数组常量中添加数值常量，设置为 11 个，将其数据格式设置为十六进制，方法为：选中数组常量（函数中的数值常量，单击右键，执行“格式与精度”命令，在出现的对话框中，从格式与精度选项中选择十六进制，单击“OK”按钮确定。

将 11 个数值常量的值分别改为 02、30、31、30、43、38、30、32、03、37、31（即读 PLC 寄存器 D100 中的数据指令）。

③ 在顺序结构 Frame1 中添加字节数组转字符串函数：函数→编程→字符串→字符串/数组/路径转换→字节数组至字符串转换。

④ 将 VISA 资源名称函数的输出端口与 VISA 写入函数的输入端口“VISA 资源名称”相连。

⑤ 将数组常量（标签为“读指令”）的输出端口与字节数组至字符串转换函数的输入端口“无符号字节数组”相连。

⑥ 将字节数组至字符串转换函数的输出端口“字符串”与 VISA 写入函数的输入端口“写入缓冲区”相连。

连接好的框图程序如图 8-27 所示。

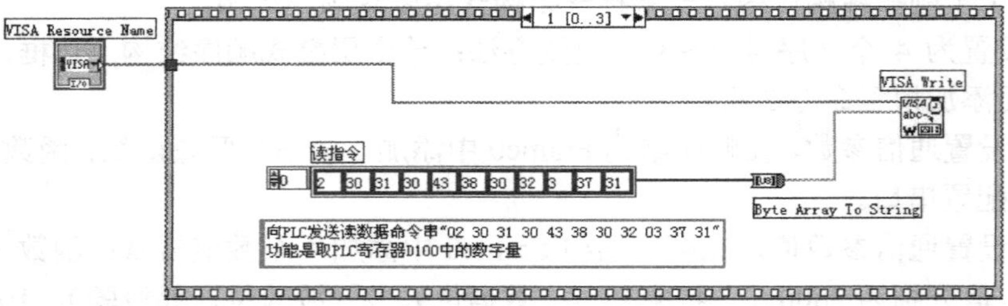

图 8-27　发送指令框图程序

（3）接收数据框图程序。

① 为了获得串口缓冲区数据个数，在顺序结构 Frame2 中添加 1 个串口字节数函数：函数→仪器 I/O→串口→VISA 串口字节数，标签为“Property Node”。

② 为了从串口缓冲区获取返回数据，在顺序结构 Frame2 中添加 1 个串口读取函数：函数→仪器 I/O→串口→VISA 读取。

③ 在顺序结构 Frame2 中添加字符串转字节数组函数：函数→编程→字符串→字符串/数组/路径转换→字符串至字节数组转换。

④ 在顺序结构 Frame2 中添加 4 个索引数组函数：函数→编程→数组→索引数组。

⑤ 添加 4 个数值常量：函数→编程→数值→数值常量，值分别为 1、2、3、4。

⑥ 将 VISA 资源名称函数的输出端口与 VISA 读取函数的输入端口“VISA 资源名称”相连；将 VISA 资源名称函数的输出端口与串口字节数函数的输入端口“引用”相连。

⑦ 将串口字节数函数的输出端口“Number of bytes at Serial port”与 VISA 读取函数的输入端口“字节总数”相连。

⑧ 将 VISA 读取函数的输出端口“读取缓冲区”与字符串至字节数组转换函数的输入端口“字符串”相连。

⑨ 将字符串至字节数组转换函数的输出端口“无符号字节数组”分别与 4 个索引数组函数的输入端口数组相连。

⑩ 将数值常量（值为 1、2、3、4）分别与索引数组函数的输入端口“索引”相连。

⑪ 添加 1 个数值常量：函数→编程→数值→数值常量，选中该常量，单击右键，选择“属性”项，出现数值常量属性对话框，选择格式与精度，选择十六进制，确定后输入 30。减 30 的作用是将读取的 ASCII 值转换为十六进制。

⑫ 再添加如下功能函数并连线：将十六进制电压值转换为十进制数（PLC 寄存器中的数字量值），然后除以 200 就是 1 通道的十进制电压值，然后根据电压 u 与温度 t 的数学关系，即 $t=(u-1)\times50$，就得到温度值。

连接好的框图程序如图 8-28 所示。

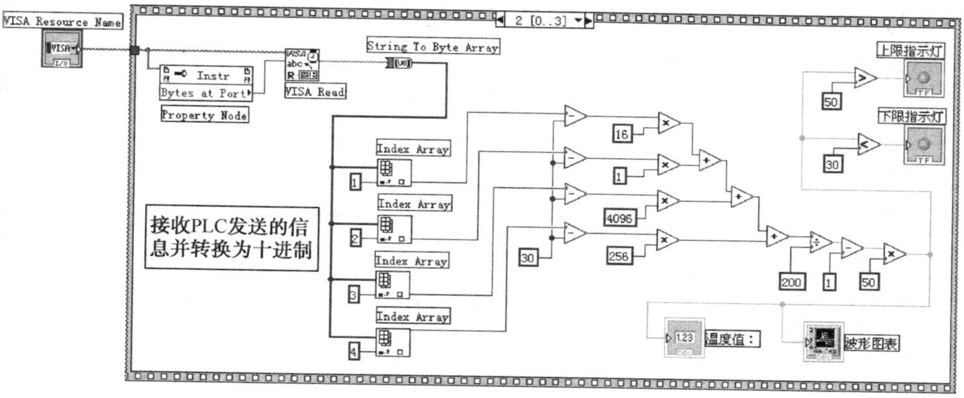

图 8-28　接收数据框图程序

（4）延时框图程序。

① 为了以一定的周期读取 PLC 的返回数据，在顺序结构 Frame3 中添加 1 个时钟函数：函数→编程→定时→等待下一个整数倍毫秒。

② 在顺序结构 Frame3 中添加 1 个数值常量：函数→编程→数值→数值常量，将值改为 500（时钟频率值）。

③ 将数值常量（值为 500）与等待下一个整数倍毫秒函数的输入端口“毫秒倍数”相连。

连接好的框图程序如图 8-29 所示。

3）运行程序

程序设计、调试完毕，单击快捷工具栏“连续运行”按钮，运行程序。

PC 读取并显示三菱 PLC 检测的温度值，绘制温度变化曲线。当测量温度小于 30℃时，程序界面下限指示灯为红色，PLC 的 Y0 端口置位；当测量温度大于 50℃时，程序界面上限指示灯为红色，Y1 端口置位。

程序运行界面如图 8-30 所示。

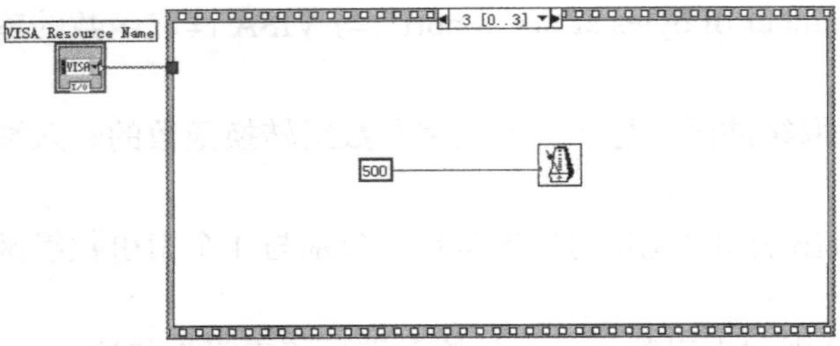

图 8-29 延时框图程序

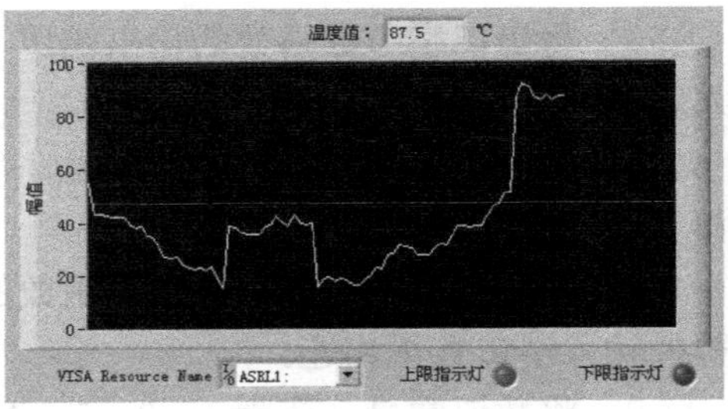

图 8-30 程序运行界面

实例 22 三菱 PLC 电压输出

一、线路连接

将 PC 与三菱 FX_{2N}-32MR PLC 通过编程电缆连接起来，将模拟量输出扩展模块 FX_{2N}-4DA 与 PLC 连接起来，构成一套模拟量输出系统。

PC 通过 FX_{2N}-32MR PLC 的编程口与 PLC 组成的模拟电压输出线路如图 8-31 所示。

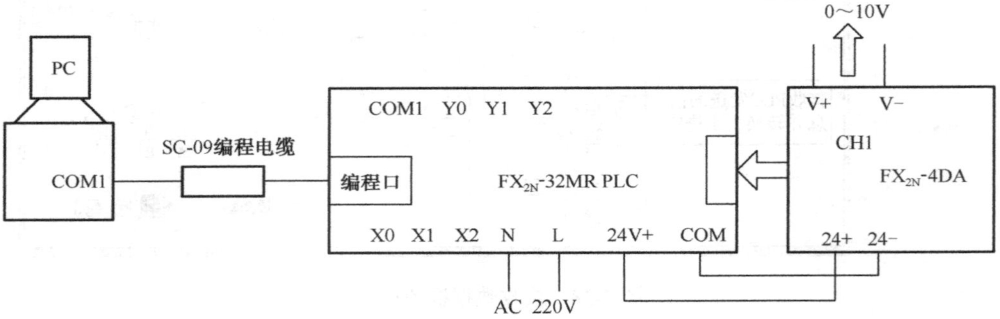

图 8-31 PC 通过 FX_{2N}-32MR PLC 的编程口与 PLC 组成的模拟电压输出线路

图 8-31 中，通过 SC-09 编程电缆将 PC 的串口 COM1 与三菱 FX_{2N}-32MR PLC 的编程口连接起来；将模拟量输出扩展模块 FX_{2N}-4DA 与 PLC 主机相连。FX_{2N}-4DA 模块的 ID 号为 0，其 DC 24V 电源由主机提供（也可使用外接电源）。

PC 发送到 PLC 的数值（范围 0～10，反映电压大小）由 FX_{2N}-4DA 的模拟量输出 1 通道（CH1）V+与 V−间接输出。

PLC 的模拟量输出模块（FX_{2N}-4DA）负责 D/A 转换，即将数字量信号转换为模拟量信号输出。

二、设计任务

PLC 与 PC 通信，在程序设计上涉及两部分的内容：一是 PLC 端数据采集、控制和通信程序；二是 PC 端通信和功能程序。

（1）采用 SWOPC-FXGP/WIN-C 编程软件编写 PLC 程序，将上位 PC 输出的电压值（数字量形式，在寄存器 D123 中）放入寄存器 D100 中，并在 FX_{2N}-4AD 模拟量输出 1 通道输出同样大小的电压值（0～10V）。

（2）采用 LabVIEW 语言编写程序，实现 PC 与三菱 FX_{2N}-32MR PLC 数据通信，要求在 PC 程序界面中输入一个数值（范围：0～10），转换成数字量形式，并发送到 PLC 的寄存器 D123 中。

三、任务实现

1．PLC 端电压输出程序

1）PLC 梯形图

三菱 FX_{2N}-32MR 型 PLC 使用 FX_{2N}-4AD 模拟量输出模块实现模拟电压输出，采用 SWOPC-FXGP/WIN-C 编程软件编写的 PLC 程序梯形图，如图 8-32 所示。

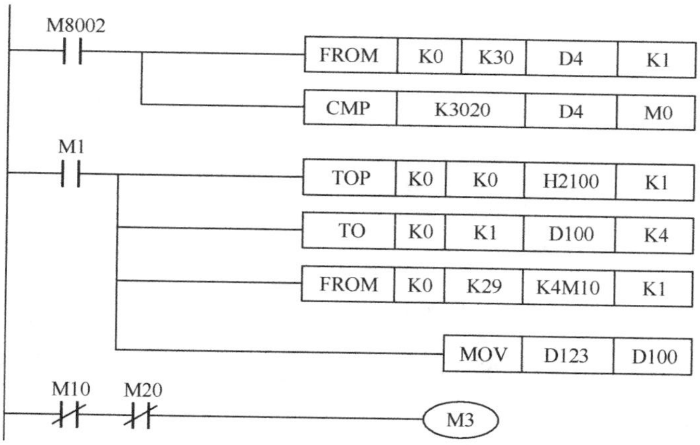

图 8-32　PLC 程序梯形图

程序的主要功能是：PC 程序中设置的数值写入到 PLC 的寄存器 D123 中，并将数据传送到寄存器 D100 中，在扩展模块 FX_{2N}-4AD 模拟量输出 1 通道输出同样大小的电压值。

程序说明：

第 1 逻辑行，首次扫描时从 0 号特殊功能模块的 BFM# 30 中读出标识码，即模块 ID 号，并放到基本单元的 D4 中。

第 2 逻辑行，检查模块 ID 号，如果是 FX_{2N}-4AD，结果送到 M0。

第 3 逻辑行，传送控制字，设置模拟量输出类型。

第 4 逻辑行，将从 D100 开始的 4 字节数据写到 0 号特殊功能模块的编号从 1 开始的 4 个缓冲寄存器中。

第 5 逻辑行，独处通道工作状态，将模块运行状态从 BFM#29 读入 M10～M17。

第 6 逻辑行，将上位 PC 传送到 D123 的数据传送给寄存器 D100。

第 7 逻辑行，如果模块运行没有错，且模块数字量输出值正常，将内部寄存器 M3 置“1”。

2）程序的写入

PLC 端程序编写完成后需将其写入 PLC 才能正常运行。步骤如下：

（1）接通 PLC 主机电源，将 RUN/STOP 转换开关置于 STOP 位置。

（2）运行 SWOPC-FXGP/WIN-C 编程软件，打开模拟量输出程序，执行“转换”命令。

（3）执行菜单命令“PLC”→“传送”→“写出”命令，如图 8-33 所示，打开“PC 程序写入”对话框，选中“范围设置”项，终止步设为 100，单击“确认”按钮，即开始写入程序，如图 8-34 所示。

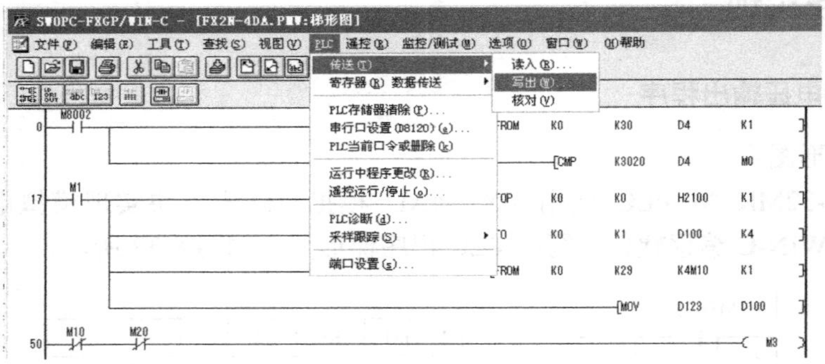

图 8-33　执行菜单命令“PLC”→“传送”→“写出”

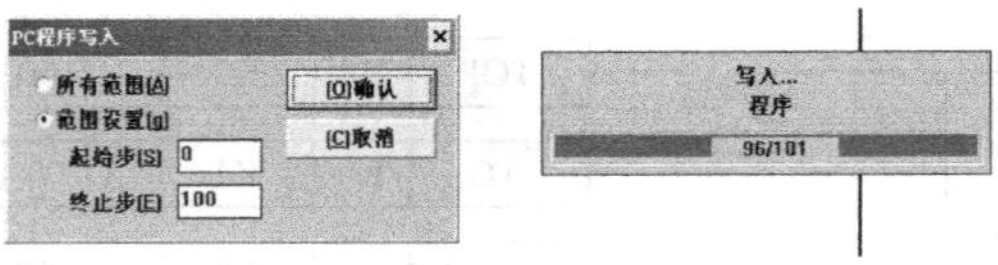

图 8-34　PC 程序写入

（4）程序写入完毕后，将 RUN/STOP 转换开关置于 RUN 位置，即可进行模拟电压的输出。

3）PLC 程序的监控

PLC 端程序写入后，可以进行实时监控。步骤如下：

（1）接通 PLC 主机电源，将 RUN/STOP 转换开关置于 RUN 位置。

（2）运行 SWOPC-FXGP/WIN-C 编程软件，打开模拟量输出程序，并写入。

（3）执行菜单命令“监控/测试”→“开始监控”，即可开始监控程序的运行，如图 8-35 所示。

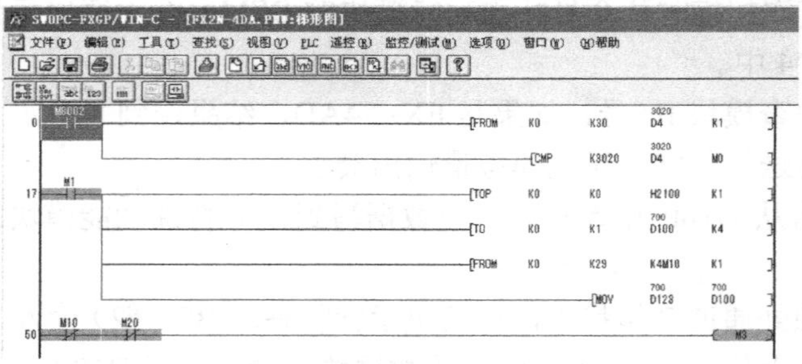

图 8-35　PLC 程序监控

寄存器 D123 和 D100 上的蓝色数字（如 700）就是要输出到模拟量输出 1 通道的电压值

（换算后的电压值为 3.5V，与万用表测量值相同）。

注意：模拟量输出程序监控前，要保证往寄存器 D123 中发送数字量 700。实际测试时先运行上位机程序，输入数值 3.5（反映电压大小），转换成数字量 700 再发送给 PLC。

（4）监控完毕，执行菜单命令“监控/测试”→“停止监控”，即可停止监控程序的运行。

注意：① 必须停止监控，否则影响上位机程序的运行。

② 数字量-2000～2000 对应电压值-10～10V。

4）PC 与 PLC 串口通信调试

PC 与三菱 PLC 串口通信采用编程口通信协议。

打开“串口调试助手”程序，首先设置串口号为 COM1、波特率为 9600、校验位为 EVEN（偶校验）、数据位为 7、停止位为 1 等参数（注意：设置的参数必须与 PLC 一致），选择“十六进制显示”和“十六进制发送”，打开串口。

例如，往寄存器 D123 中写入数值 500（即 2.5V）。发送写指令的获取过程如下：

开始字符 STX：02H。

命令码 CMD（写）：1（其 ASCII 码值为：31H）。

起始地址：123*2 为 246，转成十六进制数为 F6H，则 ADDR=1000H+F6H=10F6H（其 ASCII 码值为：31H 30H 46H 36H）。

字节数 NUM：02H（其 ASCII 码值为：30H 32H）。02H 表示往 1 个寄存器发送数值，04H 表示往 2 个寄存器发送数值，依次类推。

数据 DATA：写给 D123 的数为 500，转成十六进制为 01F4，其 ASCII 码值为：30 31 46 34，低字节在前，高字节在后，在指令中应为 46 34 30 31。

结束字符 EXT：03H。

累加和 SUM：31H+31H+30H+46H+36H+30H+32H+46H+34H+30H+31H+03H＝24EH。累加和超过两位数时，取它的低两位，即 SUM 为 4EH，4EH 的 ASCII 码值为 34H 45H。

对应的写命令帧格式为：

02 31 31 30 46 36 30 32 46 34 30 31 03 34 45

在串口调试助手发送区输入指令，单击“手动发送”按钮，PLC 接收到此命令，如正确执行，则返回 ACK 码（06H），如图 8-36 所示，否则返回 NAK 码（15H）。

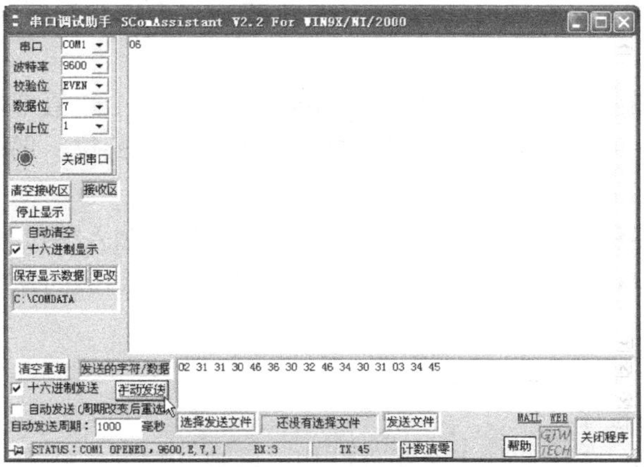

图 8-36　三菱 PLC 模拟量输出串口调试

发送成功后，使用万用表测量 FX_{2N}-4DA 扩展模块模拟量输出 1 通道，输出电压值应该是 2.5V。

同样可知往寄存器 D123 中写入数值 700（即 3.5V），对应的写命令帧格式为：

02 31 31 30 46 36 30 32 42 43 30 32 03 35 41

2. PC 端 LabVIEW 程序

1）程序前面板设计

（1）为了输出电压值，添加 1 个开关控件：控件→新式→布尔→垂直滑动杆开关控件，将标签改为“输出 2.5V”。

（2）为了输入指令，添加 1 个字符串输入控件：控件→新式→字符串与路径→字符串输入控件，将标签改为“指令：02 31 31 30 46 36 30 32 46 34 30 31 03 34 45”。

（3）为了获得串行端口号，添加 1 个串口资源检测控件：控件→新式→I/O→VISA 资源名称；单击控件箭头，选择串口号，如 COM1 或“ASRL1:”。

设计的程序前面板如图 8-37 所示。

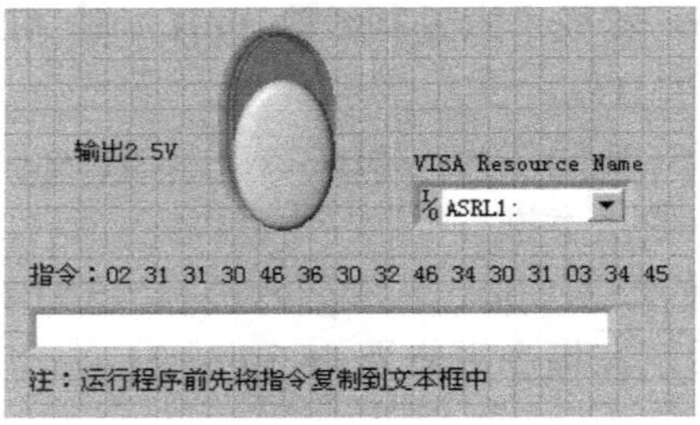

图 8-37　程序前面板

2）框图程序设计

（1）串口初始化框图程序。

① 添加 1 个顺序结构：函数→编程→结构→层叠式顺序结构。

将其帧设置为 4 个（序号 0～3）。设置方法：选中层叠式顺序结构上边框，单击鼠标右键，执行“在后面添加帧”命令 3 次。

② 为了设置通信参数，在顺序结构 Frame0 中添加 1 个串口配置函数：函数→仪器 I/O→串口→VISA 配置串口。

③ 为了设置通信参数值，在顺序结构 Frame0 中添加 4 个数值常量：函数→编程→数值→数值常量，值分别为 9600（波特率）、7（数据位）、2（校验位，偶校验）、10（停止位 1，注意这里的设定值为 10）。

④ 将 VISA 资源名称函数的输出端口与串口配置函数的输入端口“VISA 资源名称”相连。

⑤ 将数值常量 9600、7、2、10 分别与 VISA 配置串口函数的输入端口波特率、数据比特、奇偶、停止位相连。

连接好的框图程序如图 8-38 所示。

（2）发送指令框图程序。

① 在顺序结构 Frame1 中添加 1 个条件结构：函数→编程→结构→条件结构。

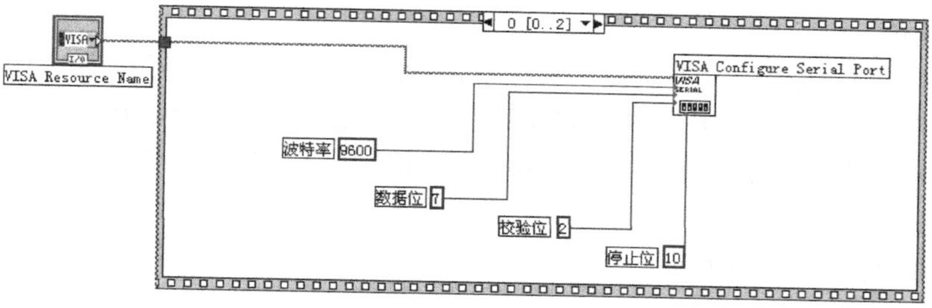

图 8-38　串口初始化框图程序

② 为了发送指令到串口，在条件结构“真”选项中添加 1 个串口写入函数：函数→仪器 I/O→串口→VISA 写入。

③ 将垂直滑动杆开关控件图标移到顺序结构 Frame1 中；将字符串输入控件图标移到条件结构“真”选项中。

④ 将 VISA 资源名称函数的输出端口与 VISA 写入函数的输入端口“VISA 资源名称”相连。

⑤ 将垂直滑动杆开关控件的输出端口与条件结构的选择端口?相连。

⑥ 将字符串输入控件的输出端口与 VISA 写入函数的输入端口“写入缓冲区”相连。

连接好的框图程序如图 8-39 所示。

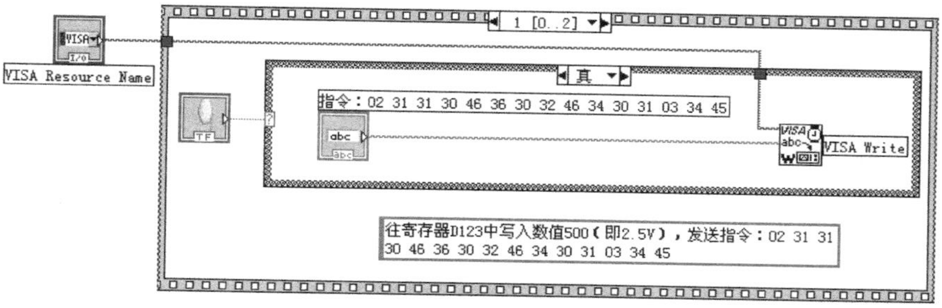

图 8-39　发送指令框图程序

（3）延时框图程序。

① 在顺序结构 Frame2 中添加 1 个时钟函数：函数→编程→定时→等待下一个整数倍毫秒。

② 在顺序结构 Frame2 中添加 1 个数值常量：函数→编程→数值→数值常量，将值改为 200（时钟频率值）。

③ 将数值常量（值为 200）与等待下一个整数倍毫秒函数的输入端口“毫秒倍数”相连。

连接好的框图程序如图 8-40 所示。

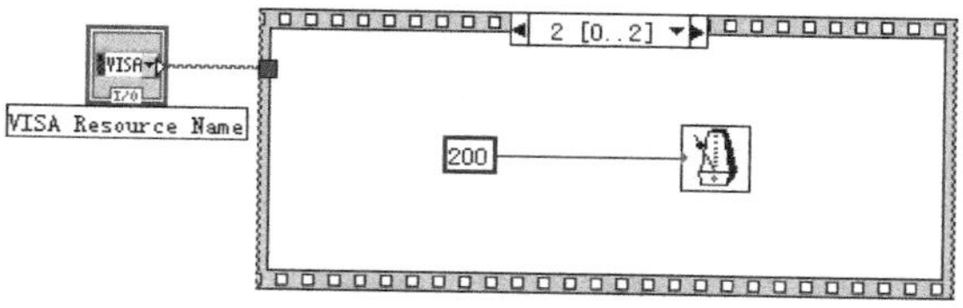

图 8-40　延时框图程序

3）运行程序

程序设计、调试完毕，单击快捷工具栏“连续运行”按钮，运行程序。

将指令“02 31 31 30 46 36 30 32 46 34 30 31 03 34 45”复制到字符串输入控件中，文本框中输入的指令将自动变成界面所示格式。单击滑动开关，三菱 PLC 模拟量输出模块 1 通道输出 2.5V 电压。

程序运行界面如图 8-41 所示。

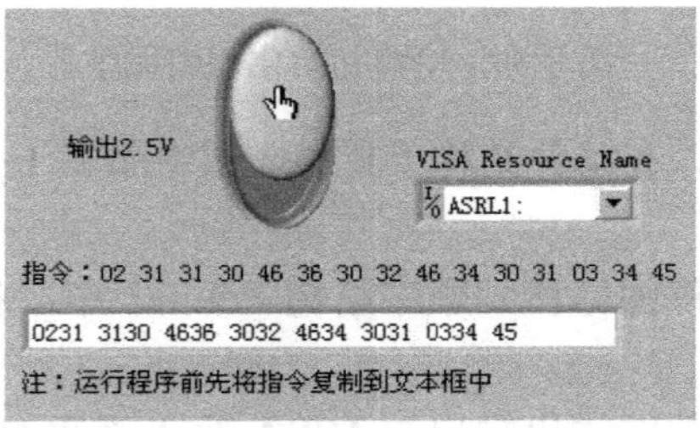

图 8-41　程序运行界面

第9章 西门子PLC串口通信控制实例

本章通过实例，详细介绍采用LabVIEW实现PC与西门子PLC开关量输入、开关量输出、温度测控以及电压输出的程序设计方法。

实例基础 西门子PLC PPI通信协议

PPI是西门子专门为S7-200系统开发的通信协议。PPI是一种主从协议，主站设备发送数据读/写请求到从站设备，从站设备响应。从站不主动发信息，只是等待主站的要求，并且根据地址信息对要求做出响应。

1. 通信过程

西门子的PPI通信协议采用主从式的通信方式，一次读写操作的步骤包括：首先上位机发出读写命令，PLC做出接收正确的响应，上位机接到此响应则发出确认申请命令，PLC则完成正确的读写响应，回应给上位机数据。这样收发两次数据，完成一次数据的读写（从这里可以看出PPI协议的通信效率并不好，一次读写需收发两次数据）。

在PPI网上，计算机与PLC通信，是采用主从方式，通信总是由计算机发起，PLC予以响应。具体过程是：

（1）计算机按通信任务，用一定格式（格式见后面讲解），向PLC发送通信命令。

（2）PLC收到命令后，进行命令校验，如校验后正确无误，则向计算机返回数据E5H或F9H，做出初步应答。

（3）计算机收到初步应答后，再向PLC发送SD DA SA FC FCS ED确认命令。

这里，SD为起始字符，为10H；DA为目的地址，即PLC地址02H；SA为数据源地址，即计算机地址OOH；PC为功能码，取5CH；FCS为SA、DA、FC和的256余数，为5EH；末字节ED为结束符，也是16H。

如按以上设定的计算机及PLC地址，则发送10、02、00、5C、5E及16，6个字节的十六进制数据，以确认所发命令。

（4）PLC收到此确认后，执行计算机所发送的通信命令，并向计算机返回相应数据。

它的通信过程要往复两次，比较麻烦，但较严谨，不易出错。

提示：如为读命令，情况将如上所述。但如为写或控制命令，PLC收到后，经校验，若无误，一方面向计算机发送数据E5H，做出初步应答；另一方面不需计算机确认，也将执行所发命令。但当收到计算机确认信息命令后，会返回有关执行情况的信息代码。

2．命令格式

计算机向 PLC 发送命令的一般格式如下。

SD	LE	LEr	SD	DA	SA	FC	DSAP	SSAP	DU	FCS	ED

其中：

SD（Start Delimiter），开始定界字符，占 1 个字节，为 68H；

LE（Length），数据长度，占 1 个字节，标明报文以字节计，从 DA 到 DU 的数据长度；

LEr（Repeated Length），重复数据长度，同 LE；

SD（Start Delimiter），开始定界字符，占 1 个字节，为 68H；

DA（Destination Address），目标地址，占 1 个字节，指 PLC 在 PPI 上地址，一台 PLC 时，一般为 02，多台 PLC 时，则各有各的地址；

SA（Source Address），源地址，占 1 个字节，指计算机在 PPI 上地址，一般为 00；

FC（Function Code），功能码，占 1 个字节，6CH 一般为读数据，7CH 一般为写数据；

DSAP（Destination Service Access Point），目的服务存取点，占多个字节；

SSAP（Source Service Access Point），源服务存取点，占多个字节；

DU（Data Unit），数据单元，占多个字节；

FCS（Frame Check Sequence），校验码，占 1 个字节，从 DA 到 DU 之间的校验和的 256 余数；

ED（End Delimiter），结束分界符，占 1 个字节，为 16H。

3．命令类型

1）读命令

读命令长度都是 33 个字节。字节 0～21，都是相同的，为“68 1B 1B 68 02 00 6C 32 01 00 00 00 00 00 0E 00 00 04 01 12 0A 10”。而从字节 22 开始，将根据读取数据的软器件类型及地址的不同而不同。

字节 22，表示读取数据的单位。为 01 时，1 位；为 02 时，1 字节；为 04 时，1 字；为 06 时，双字。建议用 02，即读字节。这样，一个字节或多个字节都可用。

字节 23，恒 0。

字节 24，表示数据个数。01，表示一次读一个数据。如为读字节，最多可读 208 个字节，即可设为 DEH。

字节 25，恒 0。

字节 26，表示软器件类型。为 01 时，V 存储器；为 00 时，其他。

字节 27，也表示软器件类型。为 04 时，S；为 05 时，SM；为 06 时，AI；为 07 时，AQ；为 1E 时，C；为 81 时，I；为 82 时，Q；为 83 时，M；为 84 时，V；为 1F 时，T。

字节 28、29 及 30，软器件偏移量指针（存储器地址乘 8），如：VB100，存储器地址为 100 偏移量指针为 800，转换成十六进制就是 320H，则字节 28 到 29 这三个字节就是 00、03 及 20。

字节 31、32 为 FCS 和 ED。

返回数据：与发送命令格数基本相同，但包含一条数据。具体是：

SD	LE	LEr	SD	DA	SA	FC	DSAP	SSAP	DU	FCS	ED

这里的 SD、LE、Ler、SD、SA 及 FC 与命令含义相同。但 SD 为 PLC 地址，DA 为计算机地址。此外：

字节 16：数据块占用的字节数，即从字节 21 到校验和前的字节数。一条数据时：字，为 06；双字，为 08；其他为 05。

字节 22：数据类型，读字节为 04。

字节 23、24：读字节时，为数据个数，单位以位计，1 个字节为 08；2 个字节为 10（十六进制），以此类推。

字节 25 至校验和之前，为返回所读值。

如读 VB100 开始 3 个字节，其命令码为：68 1B 1B 68 02 00 6C 32 01 00 00 00 00 00 0E 00 00 04 01 12 0A 10 **02** 00 **03** 00 01 84 00 03 20 8D 16。

命令码中，黑体字 **02** 表示以字节为单位，黑体字 **03** 表示读 3 个字节。

如果通信正常，PLC 返回数据“E5”，再发确认指令“10 02 00 5C 5E 16”，返回码为：68 18 18 68 00 02 08 32 03 00 00 00 00 00 02 00 07 00 00 04 01 FF 04 00 18 **99 34 56** 8B 16。返回码中，黑体字 **99 34 56** 分别为 VB100、VB101、VB103 的值。

如读取 IB0 的数据值，其命令码为：68 1B 1B 68 02 00 6C 32 01 00 00 00 00 00 0E 00 00 04 01 12 0A 10 **02** 00 **01** 00 00 81 00 0 00 64 16。

2）写命令

写一个字节，命令长为 38 个字节，字节 0～21 为：68 **20 20** 68 02 00 6C 32 01 00 00 00 00 00 0E 00 00 04 01 12 0A 10。

写一个字，命令长为 39 个字节，字节 0～21 为：68 **21 21** 68 02 00 6C 32 01 00 00 00 00 00 0E 00 00 04 01 12 0A 10。

写一个双字数据，命令长为 41 个字节，字节 0～21 为：68 **23 23** 68 02 00 6C 32 01 00 00 00 00 00 0E 00 00 04 01 12 0A 10。

字节 22～30 为写入数据的长度、存储器类型、存储器偏移量。这些与读数据的命令相同。字节 32 如果写入的是位数据，这一字节为 03，其他则为 04。

字节 34 为写入数据的位数，01：1 位；08：1 字节；10H：1 个字；20H：1 个双字。

字节 35～40 为校验码、结束符。

如果写入的是位、字节数据，字节 35 就是写入的值，字节 36 为 00，字节 37 为校验码，字节 38 为 16H、结束码。

如果写入的是字数据（双字节），字节 35、字节 36 就是写入的值，字节 37 为校验码，字节 38 为 16H、结束码。

如果写入的是双字数据（4 字节），字节 35～38 就是写入的值，字节 39 为校验码，字节 40 为 16H、结束码。

如写 QB0=FF，其命令为：68 20 20 68 02 00 7C 32 01 00 00 00 00 00 0E 00 **05** 05 01 12 0A 10 **02** 00 01 00 00 **82 00 00 00** 00 04 00 **08 FF** 86 16。

如写 VB100=12，其命令为：68 20 20 68 02 00 7C 32 01 00 00 00 00 00 0E 00 **05** 05 01 12 0A 10 **02** 00 01 00 01 **84 00 03 20** 00 04 00 **08 12** BF 16。

如写入 VW100=1234，其命令为：68 21 21 68 02 00 7C 32 01 00 00 00 00 00 0E 00 **06** 05 01 12 0A 10 **04** 00 01 00 01 **84 00 03 20** 00 04 00 **10 12 34** FE 16。

如写 VD100=12345678，其命令为：68 23 23 68 02 00 7C 32 01 00 00 00 00 00 0E 00 **08** 05 01 12 0A 10 06 00 01 00 01 84 00 03 20 00 04 00 **20 12 34 56 78** E0 16。

PLC 返回数据“E5”后，再发确认指令“10 02 00 5C 5E 16”，PLC 再返回数据“E5”后，写入成功。

3）STOP 命令

STOP 命令使得 S7-200CPU 从 RUN 状态转换到 STOP 状态（此时 CPU 模块上的模式开关应处于 RUN 或 TERM 位置）。

计算机发出如下命令：68 1D 1D 68 02 00 6C 32 01 00 00 00 00 00 10 00 00 29 00 00 00 00 00 09 50 5F 50 52 4F 47 52 41 4D AA 16。

PLC 返回：E5，同时 PLC 即转为 STOP 状态。

但计算机再发确认报文“10 02 5C 5E 16”，PLC 将返回：68 10 10 68 00 02 08 32 03 00 00 00 00 00 01 00 00 00 00 29 69 16。

到此，才算完成这个通信过程。

4）RUN 命令

RUN 命令使 S7-200CPU 从 STOP 状态转换到 RUN 状态（此时 CPU 模块上的模式开关应处于 RUN 或 TERM 位置）。

PC 发出如下命令：68 21 21 68 02 00 6C 32 01 00 00 00 00 00 14 00 00 28 00 00 00 00 00 00 FD 00 00 09 50 5F 50 52 4F 47 52 41 4D AA 16。

PLC 返回：E5，同时 PLC 即转为 RUN 状态。

但计算机再发确认报文“10 02 5C 5E 16”，PLC 将返回：68 10 10 68 00 02 08 32 03 00 00 00 00 00 01 00 00 00 00 29 69 16。

到此，才算完成这个通信过程。

如 PLC CPU 模块上的模式开关处于 STOP 位置，则不能执行此命令。PLC 返回 E9，计算机再发确认报文“10 02 5C 5E 16”后，将返回如下数据：68 11 11 68 00 02 08 32 03 00 00 00 00 00 02 00 00 80 01 28 02 EC 16。

有了 PPI 协议，使用 VB、VC 等编程平台，去编写计算机与 S7-200 的通信程序时，可利用 MSComm 控件完成串口数据通信，并遵循 PPI 通信协议，读写 PLC 数据，实现人机操作任务。与一般的自由通信协议相比，省略了 PLC 的通信程序编写，只需编写上位机的通信程序。

在控制系统中，PLC 与上位计算机的通信，采用了 PPI 通信协议，上位机每 0.5 秒循环读写一次 PLC。PLC 编程时，将要读取的检测值、输出值等数据，存放在 PLC 的一个连续的变量区中，当上位机读取 PLC 的数据时，就可以一次读出这组连续的数据，减少数据的分次频繁读取。当修改设定值等数据时，进行写数据的通信操作。

实例 23　西门子 PLC 开关量输入

一、线路连接

将 PC 与西门子 S7-200 PLC 通过 PC/PPI 编程电缆连接起来，构成开关量输入线路，如图 9-1 所示。采用按钮、行程开关、继电器开关等改变 PLC 某个输入端口的状态（打开/关闭）。

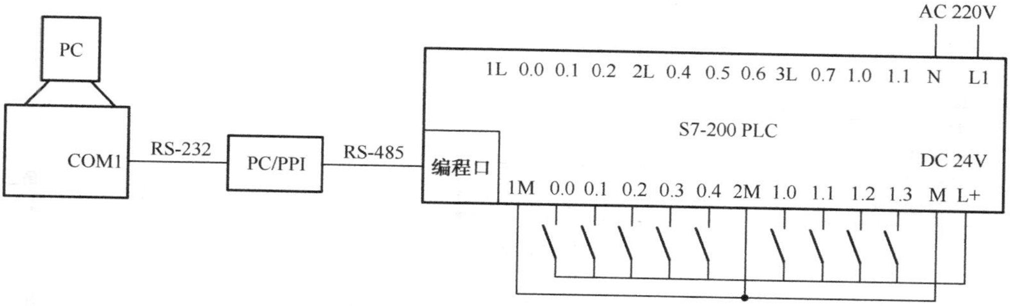

图 9-1　PC 与 S7-200 PLC 构成的开关量输入线路

图 9-1 中，通过 PC/PPI 编程电缆将 PC 的串口 COM1 与西门子 S7-200 PLC 的编程口连接起来。用导线将 M、1M 和 2M 端口短接，按钮、行程开关等的常开触点接 PLC 开关量输入端口（实际测试中，可用导线将输入端口 0.0、0.1、0.2…与 L+端口之间短接或断开产生开关量输入信号）。

二、设计任务

采用 LabVIEW 语言编写程序，实现 PC 与西门子 S7-200PLC 数据通信，要求 PC 接收 PLC 发送的开关量输入信号状态值，并在程序界面中显示。

三、任务实现

1. PC 与西门子 S7-200 PLC 串口通信调试

PC 与西门子 PLC 串口通信采用 PPI 通信协议。

打开“串口调试助手”程序，首先设置串口号为 COM1、波特率为 9600、校验位为 EVEN（偶校验）、数据位为 8、停止位为 1 等参数（**注意**：设置的参数必须与 PLC 一致），选择“十六进制显示”和“十六进制发送”，打开串口。

例如，向 S7-200PLC 发送读指令，取寄存器 I0 的值，发指令“68 1B 1B 68 02 00 6C 32 01 00 00 00 00 00 0E 00 00 04 01 12 0A 10 02 00 01 00 00 81 00 00 00 64 16”，单击“手动发送”按钮，如果 PC 与 PLC 串口通信正常，接收区显示则返回的数据串“E5”，如图 9-2 所示。

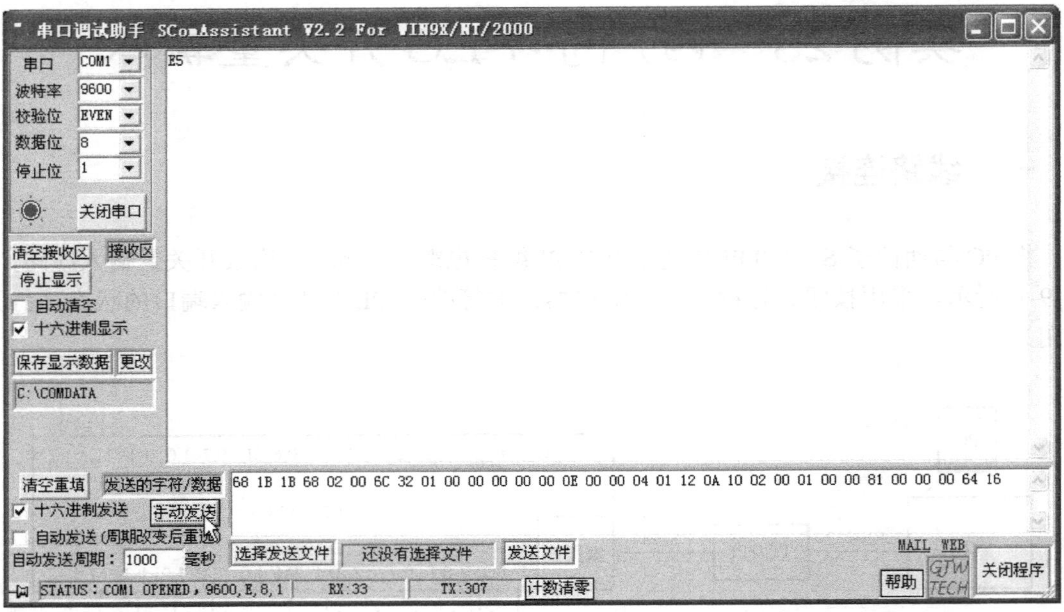

图 9-2　西门子 PLC 数字量输入串口调试 1

再发确认指令“10 02 00 5C 5E 16”，PLC 返回数据如“E5 68 16 16 68 00 02 08 32 03 00 00 00 00 00 02 00 05 00 00 04 01 FF 04 00 08 84 DA 16”，如图 9-3 所示，第 27 字节“84”表示 PLC 数字量输入端口 I0.0-I0.7 的状态，将“84”转成二进制“10000100”，表示 7 号、2 号端子是高电平。

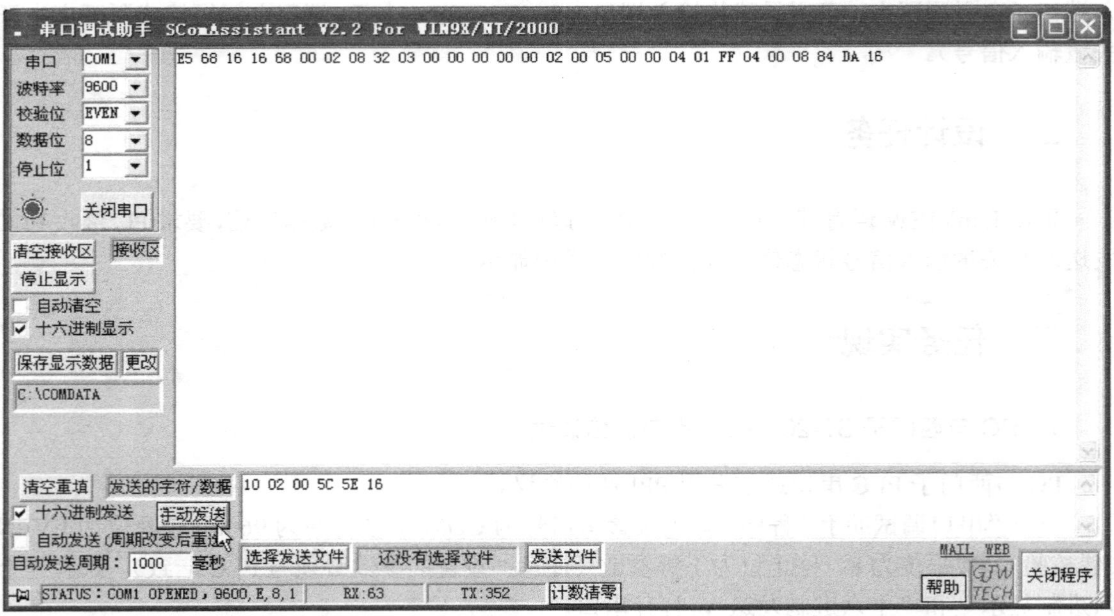

图 9-3　西门子 PLC 数字量输入串口调试 2

注意：发送二次指令时，串口调试助手程序始终要保持在所有程序界面的前面。

2. PC 端 LabVIEW 程序

1）程序前面板设计

（1）为了显示开关信号输入状态，添加 1 个数值显示控件：控件→新式→数值→数值显示控件，将标签改为“状态信息”。

右键单击该控件，选择“格式与精度”选项，在出现的数值属性对话框中进入“数据范围”选项，表示法选择“无符号单字节”，然后进入“格式与精度”选项，选择“二进制”。

（2）为了获得串行端口号，添加 1 个串口资源检测控件：控件→新式→I/O→VISA 资源名称；单击控件箭头，选择串口号，如“ASRL1:”或 COM1。

设计的程序前面板如图 9-4 所示。

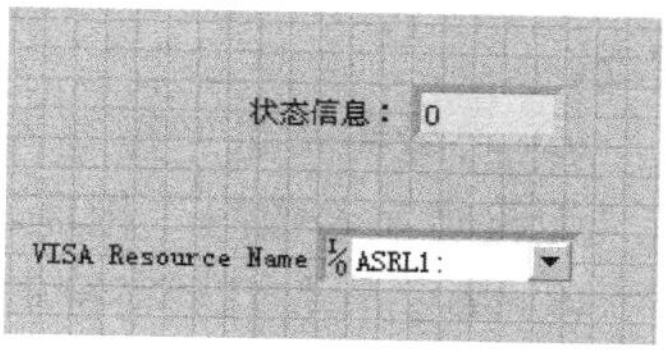

图 9-4　程序前面板

2）框图程序设计

（1）串口初始化框图程序。

① 为了设置通信参数，添加 1 个串口配置函数：函数→仪器 I/O→串口→VISA 配置串口。

② 添加 1 个顺序结构：函数→编程→结构→层叠式顺序结构。

将其帧设置为 6 个（序号 0～5）。设置方法：选中层叠式顺序结构上边框，单击鼠标右键，执行“在后面添加帧”命令 5 次。

③ 为了设置通信参数值，在顺序结构 Frame0 中添加 4 个数值常量：函数→编程→数值→数值常量，值分别为 9600（波特率）、8（数据位）、2（校验位，偶校验）、10（停止位 1，注意这里的设定值为 10）。

④ 将 VISA 资源名称函数的输出端口与串口配置函数的输入端口“VISA 资源名称”相连。

⑤ 将数值常量 9600、8、2、10 分别与 VISA 配置串口函数的输入端口波特率、数据比特、奇偶、停止位相连。

连接好的框图程序如图 9-5 所示。

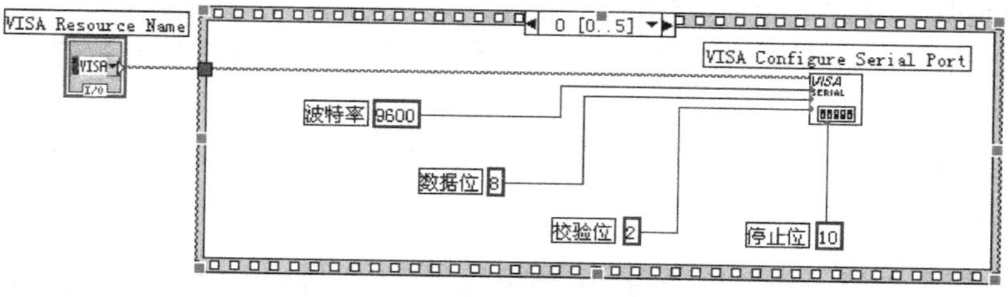

图 9-5　串口初始化框图程序

（2）发送指令框图程序。

① 为了发送指令到串口，在顺序结构 Frame1 中添加 1 个串口写入函数：函数→仪器 I/O→串口→VISA 写入。

② 在顺序结构 Frame1 中添加数组常量：函数→编程→数组→数组常量，标签为“读指令”。

再往数组常量中添加数值常量，设置为 33 个，将其数据格式设置为十六进制，方法为：

选中数组常量（函数中的数值常量，单击鼠标右键，执行“格式与精度”命令，在出现的对话框中，从格式与精度选项中选择十六进制，单击“OK”按钮确定。

将 33 个数值常量的值分别改为 68、1B、1B、68、02、00、6C、32、01、00、00、00、00、00、0E、00、00、04、01、12、0A、10、02、00、01、00、00、81、00、00、00 64、16（取寄存器 I0 的值，反映 I0.0～I0.7 的状态信息）。

③ 在顺序结构 Frame1 中添加字节数组转字符串函数：函数→编程→字符串→字符串/数组/路径转换→字节数组至字符串转换。

④ 将 VISA 资源名称函数的输出端口与 VISA 写入函数的输入端口“VISA 资源名称”相连。

⑤ 将数组常量（标签为“读指令”）的输出端口与字节数组至字符串转换函数的输入端口“无符号字节数组”相连。

⑥ 将字节数组至字符串转换函数的输出端口字符串与 VISA 写入函数的输入端口“写入缓冲区”相连。

连接好的框图程序如图 9-6 所示。

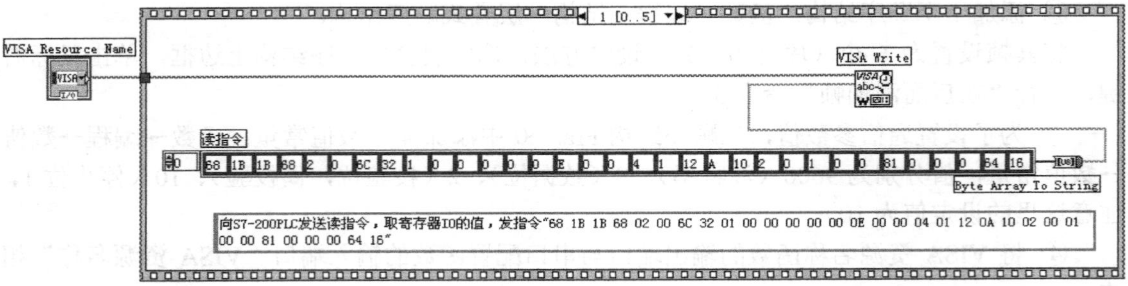

图 9-6　发送指令框图程序

（3）延时框图程序 1。

① 为了以一定的周期读取 PLC 的返回数据，在顺序结构 Frame2 中添加 1 个时钟函数：函数→编程→定时→等待下一个整数倍毫秒。

② 在顺序结构 Frame2 中添加 1 个数值常量：函数→编程→数值→数值常量，将值改为 500（时钟频率值）。

③ 将数值常量（值为 500）与等待下一个整数倍毫秒函数的输入端口“毫秒倍数”相连。

连接好的框图程序如图 9-7 所示。

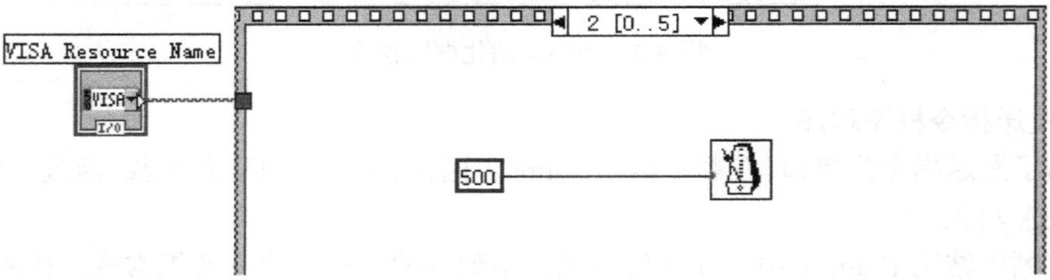

图 9-7　延时框图程序

（4）发送确认指令框图程序。

① 为了获得串口缓冲区数据个数，在顺序结构 Frame3 中添加 1 个串口字节数函数：函数→仪器 I/O→串口→VISA 串口字节数，标签为“Property Node”。

② 为了从串口缓冲区获取返回数据，在顺序结构 Frame3 中添加 1 个串口读取函数：函数→仪器 I/O→串口→VISA 读取。

③ 在顺序结构 Frame3 中添加 1 个扫描值函数：函数→编程→字符串→字符串/数值转换→扫描值。

④ 在顺序结构 Frame3 中添加 1 个字符串常量：函数→编程→字符串→字符串常量，值为“%b”，表示输入的是二进制数据。

⑤ 在顺序结构 Frame3 中添加 1 个数值常量：函数→编程→数值→数值常量，值为 0。

⑥ 在顺序结构 Frame3 中添加 1 个强制类型转换函数：函数→编程→数值→数据操作→强制类型转换。

⑦ 将 VISA 资源名称函数的输出端口分别与串口字节数函数的输入端口“引用”、VISA 读取函数的输入端口“VISA 资源名称”相连。

⑧ 将串口字节数函数的输出端口“Number of bytes at Serial port”与 VISA 读取函数的输入端口“字节总数”相连。

⑨ 将 VISA 读取函数的输出端口“读取缓冲区”与扫描值函数的输入端口“字符串”相连。

⑩ 将字符串常量（值为%b）与扫描值函数的输入端口“格式字符串”相连。

⑪ 将扫描值函数的输出端口“输出字符串”与强制类型转换函数的输入端口“x”相连。

⑫ 添加 1 个字符串常量：函数→编程→字符串→字符串常量，值为“E5”，表示返回值。

⑬ 添加 1 个比较函数：函数→编程→比较→“等于?”。

⑭ 添加 1 个条件结构：函数→编程→结构→条件结构。

⑮ 将强制类型转换函数的输出端口与比较函数“=”的输入端口“x”相连。

⑯ 将字符串常量“E5”与比较函数“=”的输入端口“y”相连。

⑰ 将比较函数“=”的输出端口“x=y?”与条件结构的选择端口?相连。

⑱ 在条件结构中添加数组常量：函数→编程→数组→数组常量。

往数组常量中添加数值常量，设置为 6 个，将其数据格式设置为十六进制，方法为：选中数组常量中的数值常量，单击鼠标右键，执行“格式与精度”命令，在出现的对话框中，从格式与精度选项中选择十六进制，单击“OK”按钮确定。将 6 个数值常量的值分别改为 10、02、00 、5C、5E、16。

⑲ 在条件结构中添加 1 字节数组转字符串函数：函数→编程→字符串→字符串/数组/路径转换→字节数组至字符串转换。

⑳ 为了发送指令到串口，在条件结构中添加 1 个串口写入函数：函数→仪器 I/O→串口→VISA 写入。

㉑ 将 VISA 资源名称函数的输出端口与 VISA 写入函数的输入端口“VISA 资源名称”相连。

㉒ 将数组常量的输出端口与字节数组至字符串转换函数的输入端口“无符号字节数组”相连。

㉓ 将字节数组至字符串转换函数的输出端口“字符串”与 VISA 写入函数的输入端口“写入缓冲区”相连。

连接好的框图程序如图 9-8 所示。

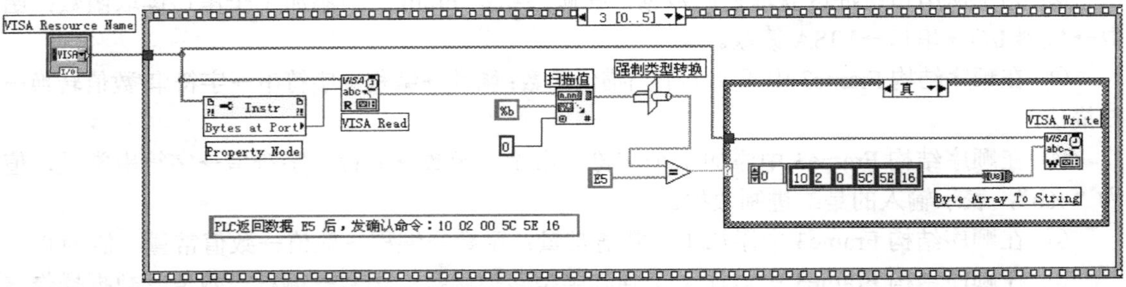

图 9-8　发送确认指令框图程序

（5）延时框图程序 2。

在顺序结构 Frame4 中添加 1 个时钟函数和 1 个数值常量（值为 500），并将两者连接起来。

（6）接收数据框图程序。

① 为了获得串口缓冲区数据个数，在顺序结构 Frame5 中添加 1 个串口字节数函数：函数→仪器 I/O→串口→VISA 串口字节数，标签为“Property Node”。

② 为了从串口缓冲区获取返回数据，在顺序结构 Frame5 中添加 1 个串口读取函数：函数→仪器 I/O→串口→VISA 读取。

③ 在顺序结构 Frame5 中添加字符串转字节数组函数：函数→编程→字符串→字符串/数组/路径转换→字符串至字节数组转换。

④ 在顺序结构 Frame5 中添加 1 个索引数组函数：函数→编程→数组→索引数组。

⑤ 添加 1 个数值常量：函数→编程→数值→数值常量，值为 25。

⑥ 将 VISA 资源名称函数的输出端口分别与串口字节数函数的输入端口“引用”、VISA 读取函数的输入端口“VISA 资源名称”相连。

⑦ 将串口字节数函数的输出端口“Number of bytes at Serial port”与 VISA 读取函数的输入端口“字节总数”相连。

⑧ 将 VISA 读取函数的输出端口“读取缓冲区”与字符串至字节数组转换函数的输入端口“字符串”相连。

⑨ 将字符串至字节数组转换函数的输出端口“无符号字节数组”分别与两个索引数组函数的输入端口数组相连。

⑩ 将数值常量（值为 25）与索引数组函数的输入端口“索引”相连。

⑪ 将状态信息显示控件图标移到顺序结构 Frame5 中，将索引数组函数的输出端口元素与状态信息显示控件的输入端口相连。

连接好的框图程序如图 9-9 所示。

3）运行程序

程序设计、调试完毕，单击快捷工具栏“连续运行”按钮，运行程序。

首先设置端口号。PC 读取并显示西门子 PLC 开关量输入信号值，如“10000000”，表示端口 I0.7 闭合，其他端口断开（因为检测速度，有时需要等待几秒才会有数据显示）。

程序运行界面如图 9-10 所示。

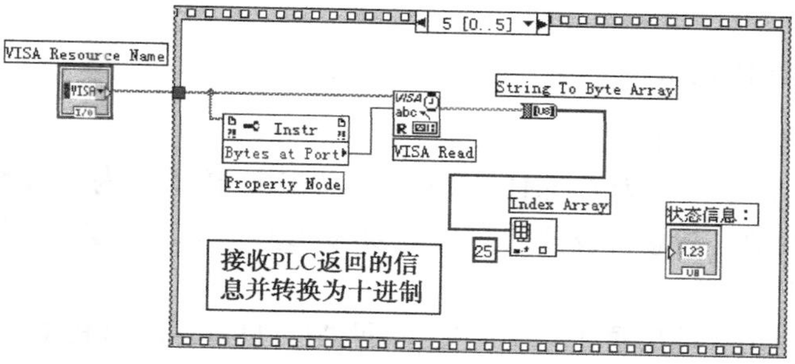

图 9-9　接收数据框图程序

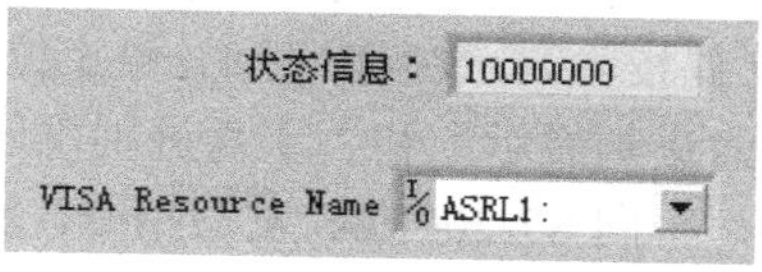

图 9-10　程序运行界面

实例 24　西门子 PLC 开关量输出

一、线路连接

将 PC 与西门子 S7-200 PLC 通过 PC/PPI 编程电缆连接起来，构成开关量输出线路，如图 9-11 所示。

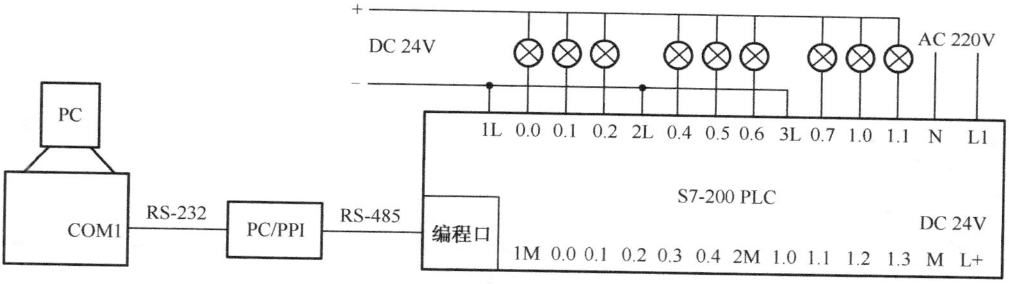

图 9-11　PC 与 S7-200PLC 构成的开关量输出线路

图 9-11 中，通过 PC/PPI 编程电缆将 PC 的串口 COM1 与西门子 S7-200 PLC 的编程口连接起来。可外接指示灯或继电器等装置来显示 PLC 开关输出状态。

实际测试中，不需要外接指示装置，直接使用 PLC 提供的输出信号指示灯。

二、设计任务

采用 LabVIEW 语言编写程序，实现 PC 与西门子 S7-200PLC 数据通信，任务要求如下：在 PC 程序界面中指定元件地址，单击置位/复位（或打开/关闭）命令按钮，置指定地址的元件端口（继电器）状态为 ON 或 OFF，使线路中 PLC 指示灯亮/灭。

三、任务实现

1. PC 与西门子 S7-200 PLC 串口通信调试

PC 与西门子 PLC 串口通信采用 PPI 通信协议。

打开“串口调试助手”程序，首先设置串口号为 COM1、波特率为 9600、校验位为 EVEN（偶校验）、数据位为 8、停止位为 1 等参数（注意：设置的参数必须与 PLC 一致），选择“十六进制显示”和“十六进制发送”，打开串口。

向 S7-200PLC 发写指令，将 Q0.0～Q0.7 端口置 1，发“FF”，即“11111111”，向 PLC 发指令“68 20 20 68 02 00 7C 32 01 00 00 00 00 00 0E 00 05 05 01 12 0A 10 02 00 01 00 00 82 00 00 00 00 04 00 08 FF 86 16”。PLC 返回数据“E5”后，再发送确认指令“10 02 00 5C 5E 16”，PLC 再返回数据“E5”后，写入成功，如图 9-12 所示。

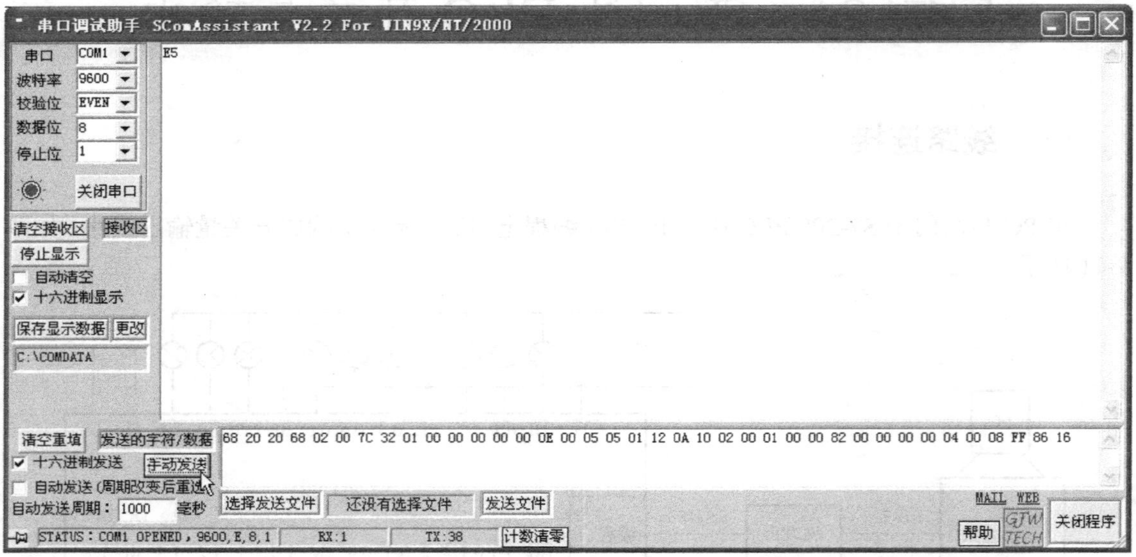

图 9-12　西门子 PLC 数字量输出串口调试

向 S7-200PLC 发写指令，将 Q0.0～Q0.7 端口置 0，发送“00”，即“00000000”，向 PLC 发送指令“68 20 20 68 02 00 7C 32 01 00 00 00 00 00 0E 00 05 05 01 12 0A 10 02 00 01 00 00 82 00 00 00 00 04 00 08 00 87 16”，PLC 返回数据“E5”后，再发送确认指令“10 02 00 5C 5E 16”，PLC 再返回数据“E5”后，写入成功。

注意：发送二次指令时，串口调试助手程序始终要保持在所有程序界面的前面。

2. PC 端 LabVIEW 程序

1）程序前面板设计

（1）为了输出开关信号，添加 1 个开关控件：控件→新式→布尔→垂直滑动杆开关控件。

（2）为了获得串行端口号，添加 1 个串口资源检测控件：控件→新式→I/O→VISA 资源名称；单击控件箭头，选择串口号，如“ASRL1：”或 COM1。

设计的程序前面板如图 9-13 所示。

2）框图程序设计

（1）串口初始化框图程序。

① 为了设置通信参数，添加 1 个串口配置函数：函数→仪器 I/O→串口→VISA 配置串口。

② 添加 1 个顺序结构：函数→编程→结构→层叠式顺序结构。

将其帧设置为 4 个（序号 0～3）。设置方法：选中层叠式顺序结构上边框，单击鼠标右键，执行“在后面添加帧”命令 3 次。

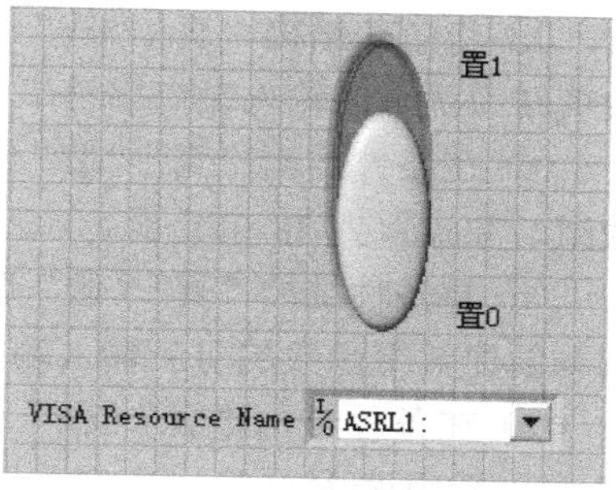

图 9-13　程序前面板

③ 为了设置通信参数值，在顺序结构 Frame0 中添加 4 个数值常量：函数→编程→数值→数值常量，值分别为 9600（波特率）、8（数据位）、2（校验位，偶校验）、10（停止位 1，注意这里的设定值为 10）。

④ 将 VISA 资源名称函数的输出端口与串口配置函数的输入端口“VISA 资源名称”相连。

⑤ 将数值常量 9600、8、2、10 分别与 VISA 配置串口函数的输入端口波特率、数据比特、奇偶、停止位相连。

连接好的框图程序如图 9-14 所示。

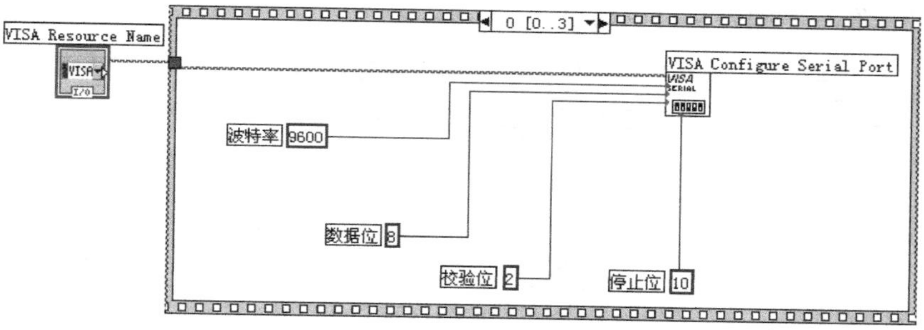

图 9-14　串口初始化框图程序

（2）发送指令框图程序。

① 在顺序结构 Frame1 中添加 1 个条件结构：函数→编程→结构→条件结构。

② 在条件结构“真”选项中添加 38 个字符串常量：函数→编程→字符串→字符串常量。将 38 个字符串常量的值分别改为 68、20、20、68、02、00、7C、32、01、00、00、00、00、00、0E、00、05、05、01、12、0A、10、02、00、01、00、00、82、00、00、00、00、04、00、08、FF、86、16（即向 PLC 发送指令，将 Q0.0～Q0.7 端口置 1）。

③ 在条件结构“假”选项中添加 38 个字符串常量：函数→编程→字符串→字符串常量。将 38 个字符串常量的值分别改为 68、20、20、68、02、00、7C、32、01、00、00、00、00、00、0E、00、05、05、01、12、0A、10、02、00、01、00、00、82、00、00、00、00、04、00、08、00、87、16（即向 PLC 发送指令，将 Q0.0～Q0.7 端口置 0）。

④ 在条件结构“真”“假”选项中各添加 38 个十六进制数字符串至数值转换函数：函数→编程→字符串/数值转换→十六进制数字符串至数值转换。

⑤ 将条件结构“真”“假”选项中的 38 个字符串常量分别与 38 个十六进制数字符串至数值转换函数的输入端口字符串相连。

⑥ 在条件结构“真”“假”选项中各添加 1 个创建数组函数：函数→编程→数组→创建数组。并设置为 38 个元素。

⑦ 将条件结构“真”“假”选项中 38 个十六进制数字符串至数值转换函数的输出端口分别与创建数组函数的对应输入端口“元素”相连。

⑧ 在条件结构“真”“假”选项中添加字节数组转字符串函数：函数→编程→字符串→字符串/数组/路径转换→字节数组至字符串转换。

⑨ 在条件结构“真”“假”选项中将创建数组函数的输出端口添加的数组与字节数组至字符串转换函数的输入端口“无符号字节数组”相连。

⑩ 为了发送指令到串口，在条件结构“真”“假”选项中各添加 1 个串口写入函数：函数→仪器 I/O→串口→VISA 写入。

⑪ 在条件结构“真”“假”选项中将字节数组至字符串转换函数的输出端口字符串与 VISA 写入函数的输入端口“写入缓冲区”相连。

⑫ 将 VISA 资源名称函数的输出端口与条件结构“真”“假”选项中 VISA 写入函数的输入端口“VISA 资源名称”相连。

⑬ 将垂直滑动杆开关控件图标移到顺序结构 Frame1 中；并将其输出端口与条件结构的选择端口?相连。

连接好的框图程序如图 9-15 所示。

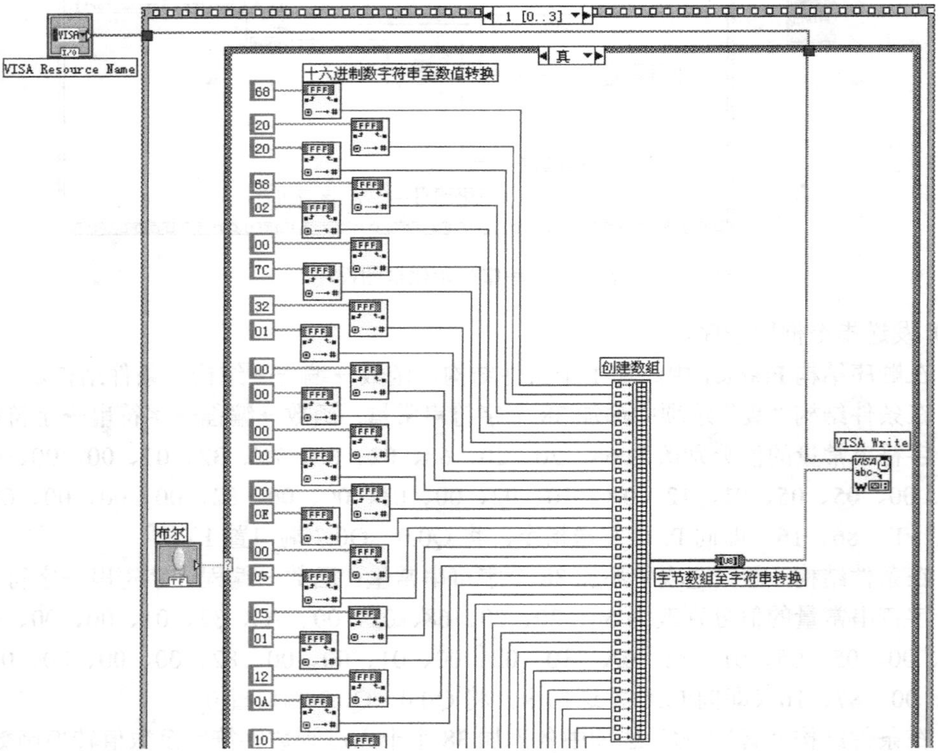

图 9-15 发送指令框图程序

（3）延时框图程序。

① 在顺序结构 Frame2 中添加 1 个时钟函数：函数→编程→定时→等待下一个整数倍毫秒。

② 在顺序结构 Frame2 中添加 1 个数值常量：函数→编程→数值→数值常量，将值改为 500（时钟频率值）。

③ 将数值常量（值为 500）与等待下一个整数倍毫秒函数的输入端口“毫秒倍数”相连。

连接好的框图程序如图 9-16 所示。

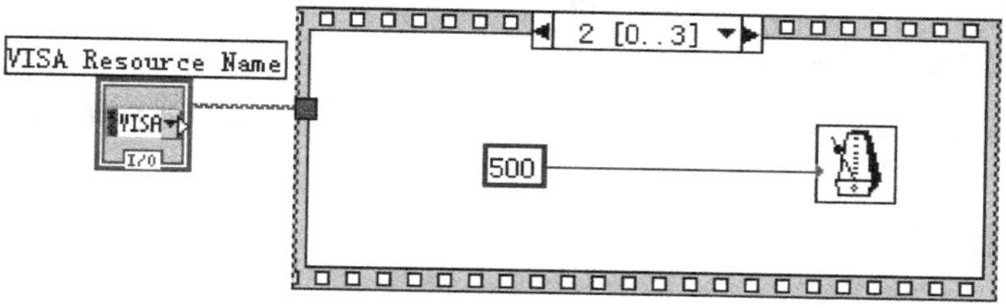

图 9-16 延时框图程序

（4）发送确认指令框图程序。

① 为了获得串口缓冲区数据个数，在顺序结构 Frame3 中添加 1 个串口字节数函数：函数→仪器 I/O→串口→VISA 串口字节数，标签为“Property Node”。

② 为了从串口缓冲区获取返回数据，在顺序结构 Frame3 中添加 1 个串口读取函数：函数→仪器 I/O→串口→VISA 读取。

③ 在顺序结构 Frame3 中添加 1 个扫描值函数：函数→编程→字符串→字符串/数值转换→扫描值。

④ 在顺序结构 Frame3 中添加 1 个字符串常量：函数→编程→字符串→字符串常量，值为“%b”，表示输入的是二进制数据。

⑤ 在顺序结构 Frame3 中添加 1 个数值常量：函数→编程→数值→数值常量，值为 0。

⑥ 在顺序结构 Frame3 中添加 1 个强制类型转换函数：函数→编程→数值→数据操作→强制类型转换。

⑦ 将 VISA 资源名称函数的输出端口分别与串口字节数函数的输入端口“引用”、VISA 读取函数的输入端口“VISA 资源名称”相连。

⑧ 将串口字节数函数的输出端口“Number of bytes at Serial port”与 VISA 读取函数的输入端口“字节总数”相连。

⑨ 将 VISA 读取函数的输出端口“读取缓冲区”与扫描值函数的输入端口“字符串”相连。

⑩ 将字符串常量（值为%b）与扫描值函数的输入端口“格式字符串”相连。

⑪ 将扫描值函数的输出端口“输出字符串”与强制类型转换函数的输入端口“x”相连。

⑫ 添加 1 个字符串常量：函数→编程→字符串→字符串常量，值为“E5”，表示返回值。

⑬ 添加 1 个比较函数：函数→编程→比较→“等于?”。

⑭ 添加 1 个条件结构：函数→编程→结构→条件结构。

⑮ 将强制类型转换函数的输出端口与比较函数“=”的输入端口“x”相连。

⑯ 将字符串常量“E5”与比较函数“=”的输入端口“y”相连。

⑰ 将比较函数“=”的输出端口“x=y?”与条件结构的选择端口?相连。

⑱ 在条件结构中添加数组常量：函数→编程→数组→数组常量。

往数组常量中添加数值常量，设置为 6 个，将其数据格式设置为十六进制，方法为：选中数组常量中的数值常量，单击鼠标右键，执行“格式与精度”命令，在出现的对话框中，从格式与精度选项中选择十六进制，单击“OK”按钮确定。将 6 个数值常量的值分别改为 10、02、00、5C、5E、16。

⑲ 在条件结构中添加 1 个字节数组转字符串函数：函数→编程→字符串→字符串/数组/路径转换→字节数组至字符串转换。

⑳ 为了发送指令到串口，在条件结构中添加 1 个串口写入函数：函数→仪器 I/O→串口→VISA 写入。

㉑ 将 VISA 资源名称函数的输出端口与 VISA 写入函数的输入端口“VISA 资源名称”相连。

㉒ 将数组常量的输出端口与字节数组至字符串转换函数的输入端口“无符号字节数组”相连。

㉓ 将字节数组至字符串转换函数的输出端口“字符串”与 VISA 写入函数的输入端口“写入缓冲区”相连。

连接好的框图程序如图 9-17 所示。

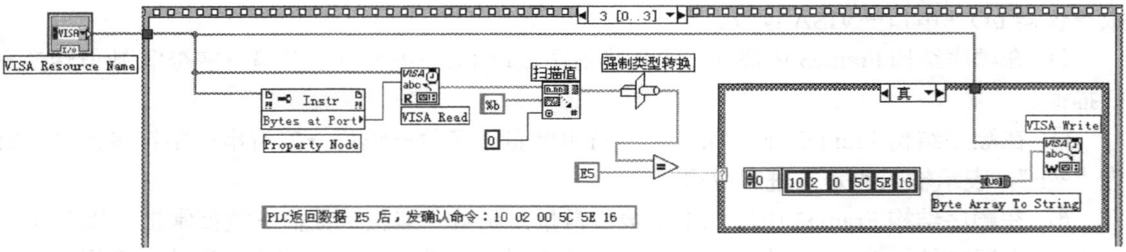

图 9-17　发送确认指令框图程序

3）运行程序

程序设计、调试完毕，单击快捷工具栏“连续运行”按钮，运行程序。

设置串行端口，单击滑动开关，将 Q0.0～Q0.7 端口置 1 或置 0，相应指示灯亮或灭。

程序运行界面如图 9-18 所示。

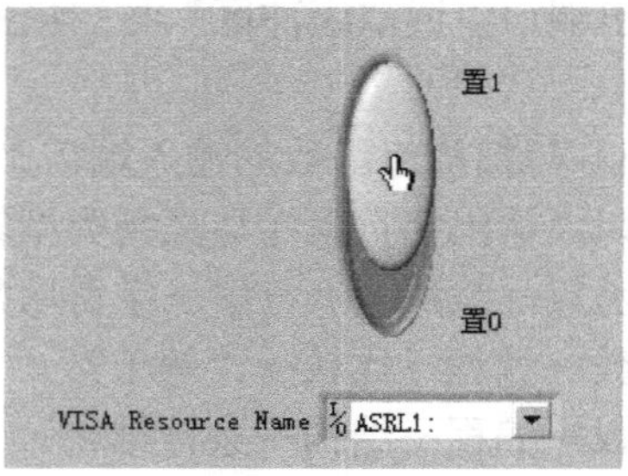

图 9-18　程序运行界面

实例 25　西门子 PLC 温度测控

一、线路连接

PC、S7-200PLC 及 EM235 模块构成的温度测控线路如图 9-19 所示。

图 9-19 中，将 PC 与 PLC 通过 PC/PPI 电缆连接起来，输出端口 Q0.0、Q0.1、Q0.2 接指示灯，温度传感器 Pt100 接到温度变送器输入端，温度变送器输入范围是 0～200℃，输出 4～200mA，经过 250Ω 电阻将电流信号转换为 1～5V 电压信号输入到 EM235 的输入端口 A+和 A−。

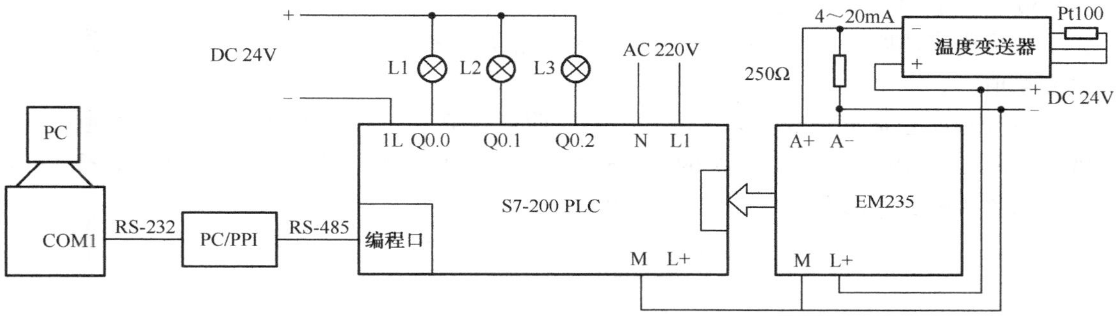

图 9-19　PC、S7-200 PLC 及 EM235 模块构成的温度测控线路

EM235 空闲的输入端口一定要用导线短接以免干扰信号窜入，即将 RB、B+、B−短接，RC、C+、C−短接，RD、D+、D−短接。

EM235 扩展模块的电源是 DC 24V，这个电源一定要外接而不可就近接 PLC 本身输出的 DC 24V 电源，但两者一定要共地。

二、设计任务

PLC 与 PC 通信，在程序设计上涉及两部分的内容：一是 PLC 端数据采集、控制和通信程序；二是 PC 端通信和功能程序。

（1）PLC 端（下位机）程序设计：检测温度值。当测量温度小于 30℃时，Q0.0 端口置位，当测量温度大于等于 30℃且小于等于 50℃时，Q0.0 和 Q0.1 端口复位，当测量温度大于 50℃时，Q0.1 端口置位。

（2）PC 端（上位机）程序设计：采用 LabVIEW 语言编写应用程序，读取并显示西门子 PLC 检测的温度值，绘制温度变化曲线。当测量温度小于 30℃时，下限指示灯为红色，当测量温度大于等于 30℃且小于等于 50℃时，上、下限指示灯均为绿色，当测量温度大于 50℃时，上限指示灯为红色。

三、任务实现

1．西门子 PLC 端温度测控程序

1）PLC 梯形图

为了保证 S7-200PLC 能够正常与 PC 进行模拟量输入通信，需要在 PLC 中运行一段程序。可采用以下三种设计思路。

思路 1：将采集到的电压数字量值（在寄存器 AIW0 中）发送到寄存器 VW100。当 VW100 中的值小于 10240（代表 30℃）时，Q0.0 端口置位；当 VW100 中的值大于等于 10240（代表 30℃）且小于等于 12800（代表 50℃）时，Q0.0 和 Q0.1 端口复位；当 VW100 中的值大于 12800（代表 50℃）时，Q0.1 端口置位。

上位机程序读取寄存器 VW100 的数字量值，然后根据温度与数字量值的对应关系计算出温度测量值。

温度与数字量值的换算关系：0～200℃对应电压值 1～5V，0～5V 对应数字量值 0～32000，那么 1～5V 对应数字量值 6400～32000，因此 0～200℃对应数字量值 6400～32000。

采用该思路设计的 PLC 程序如图 9-20 所示。

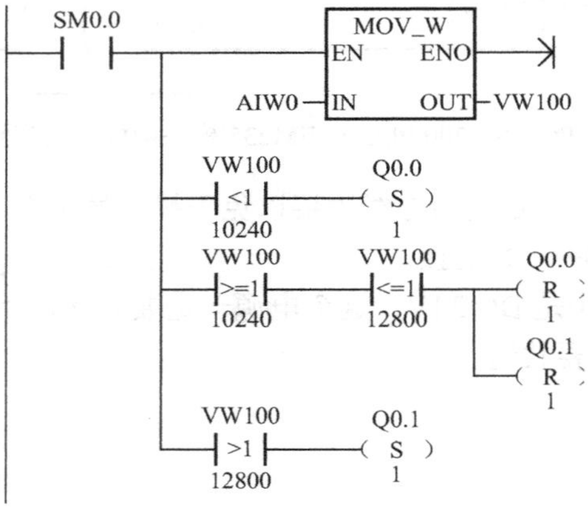

图 9-20　PLC 温度测控程序 1

思路 2：将采集到的电压数字量值（在寄存器 AIW0 中）发送到寄存器 VD0，该数字量值除以 6400 就是采集的电压值（0～5V 对应 0～32000），再发送到寄存器 VD100。

当 VD100 中的值小于 1.6（1.6V 代表 30℃）时，Q0.0 端口置位；当 VD100 中的值大于等于 1.6（代表 30℃）且小于等于 2（2.0V 代表 50℃）时，Q0.0 和 Q0.1 端口复位；当 VD100 中的值大于 2（代表 50℃）时，Q0.1 端口置位。

采用该思路设计的 PLC 程序如图 9-21 所示。

上位机程序读取寄存器 VD100 的值，然后根据温度与电压值的对应关系计算出温度测量值（0～200℃对应电压值 1～5V）。

思路 3：将采集到的电压数字量值（在寄存器 AIW0 中）发送到寄存器 VD0，该数字量值除以 6400 就是采集的电压值（0～5V 对应 0～32000），发送到寄存器 VD4。该电压值减 1

后乘以 50 就是采集的温度值（0～200℃对应电压值 1～5V），发送到寄存器 VD100。

当 VD100 中的值小于 30（代表 30℃）时，Q0.0 端口置位；当 VD100 中的值大于等于 30（代表 30℃）且小于等于 50（代表 50℃）时，Q0.0 和 Q0.1 端口复位；当 VD100 中的值大于 50（代表 50℃）时，Q0.1 端口置位。

采用该思路设计的 PLC 程序如图 9-22 所示。

上位机程序读取寄存器 VW100 的值，就是温度测量值。

本章采用思路 1，也就是由上位机程序将反映温度的数字量值转换为温度实际值。

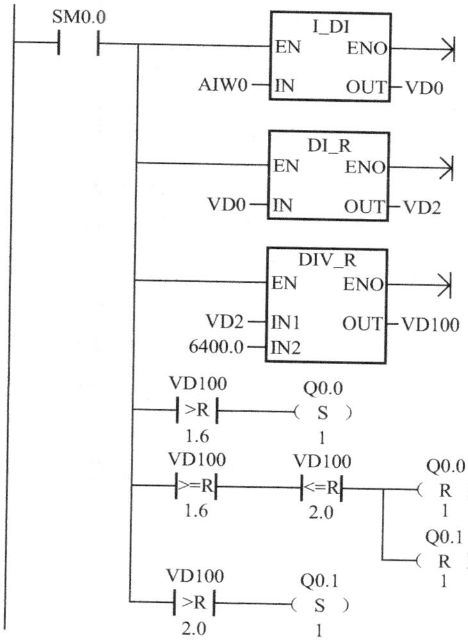

图 9-21　PLC 温度测控程序 2

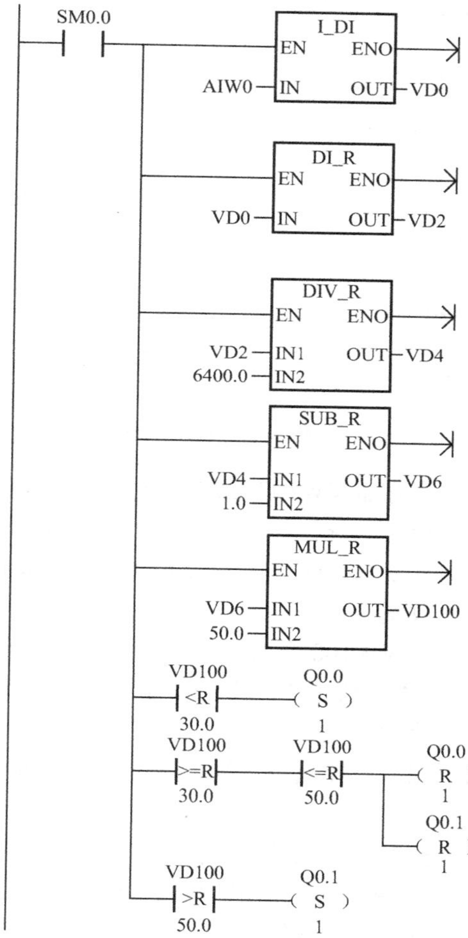

图 9-22　PLC 温度测控程序 3

2）程序的下载

PLC 端程序编写完成后需将其下载到 PLC 才能正常运行。步骤如下：

（1）接通 PLC 主机电源，将 RUN/STOP 转换开关置于 STOP 位置。

（2）运行 STEP 9-Micro/WIN 编程软件，打开温度测控程序。

（3）执行菜单命令“File”→“Download...”，打开“Download”对话框，单击“Download”按钮，即开始下载程序，如图 9-23 所示。

（4）程序下载完毕后将 RUN/STOP 转换开关置于 RUN 位置，即可进行温度的采集。

3）PLC 程序的监控

PLC 端程序写入后，可以进行实时监控。步骤如下：

（1）接通 PLC 主机电源，将 RUN/STOP 转换开关置于 RUN 位置。

（2）运行 STEP 9-Micro/WIN 编程软件，打开温度测控程序，并下载。

（3）执行菜单命令“Debug”→“Start Program Status”，即可开始监控程序的运行，如图 9-24 所示。

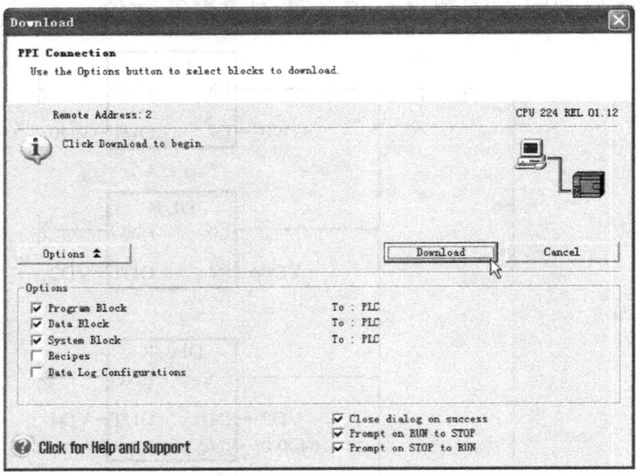

图 9-23　程序下载对话框

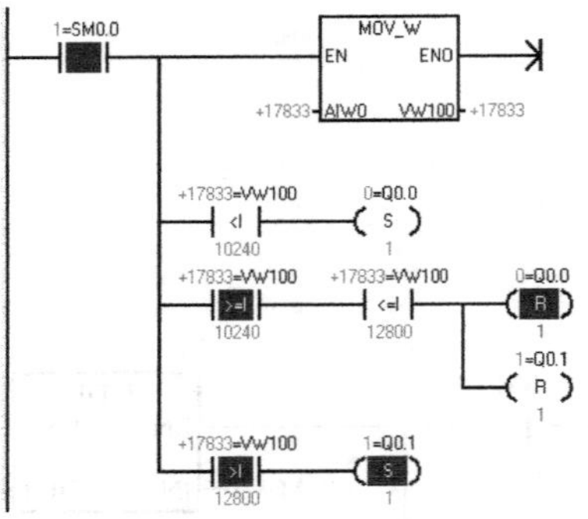

图 9-24　PLC 程序监控

寄存器 VW100 右边的黄色数字（如 17833）就是模拟量输入 1 通道的电压实时采集值（数字量形式，根据 0～5V 对应 0～32000，换算后的电压实际值为 2.786V，与万用表测量值相同），再根据 0～200℃对应电压值 1～5V，换算后的温度测量值为 89.32℃，改变测量温度，该数值随着改变。

当 VW100 中的值小于 10240（代表 30℃）时，Q0.0 端口置位；当 VW100 中的值大于等于 10240（代表 30℃）且小于等于 12800（代表 50℃）时，Q0.0 和 Q0.1 端口复位；当 VW100 中的值大于 12800（代表 50℃）时，Q0.1 端口置位。

（4）监控完毕，执行菜单命令“Debug”→“Stop Program Status”，即可停止监控程序的运行。

注意：必须停止监控，否则影响上位机程序的运行。

4）PC 与 PLC 串口通信调试

PC 与西门子 PLC 串口通信采用 PPI 通信协议。

打开“串口调试助手”程序，首先设置串口号为 COM1、波特率为 9600、校验位为 EVEN（偶校验）、数据位为 8、停止位为 1 等参数（**注意**：设置的参数必须与 PLC 一致），选择“十六进制显示”和“十六进制发送”，打开串口。

例如，向 S7-200PLC 发送指令“68 1B 1B 68 02 00 6C 32 01 00 00 00 00 00 0E 00 00 04 01 12 0A 10 04 00 01 00 01 84 00 03 20 8D 16”，单击“手动发送”按钮，读取寄存器 VW100 中的数据。如果 PC 与 PLC 串口通信正常，接收区显示返回的数据串“E5”，如图 9-25 所示。

再发确认指令“10 02 00 5C 5E 16”，PLC 返回数据“68 17 17 68 00 02 08 32 03 00 00 00 00 00 02 00 06 00 00 04 01 FF 04 00 10 45 A1 45 16”，如图 9-26 所示，其中第 25 字节“45”和第

26 字节“A1”就反映输入电压值。将“45 A1”转换为十进制 17825（与 STEP 9-Micro/WIN 编程软件寄存器 VW100 中的监控值相同），该值除以 6400 就是采集的电压值 2.785V（与万用表测量值相同）；再根据 0～200℃对应电压值 1～5V，换算后的温度测量值为 89.26℃。

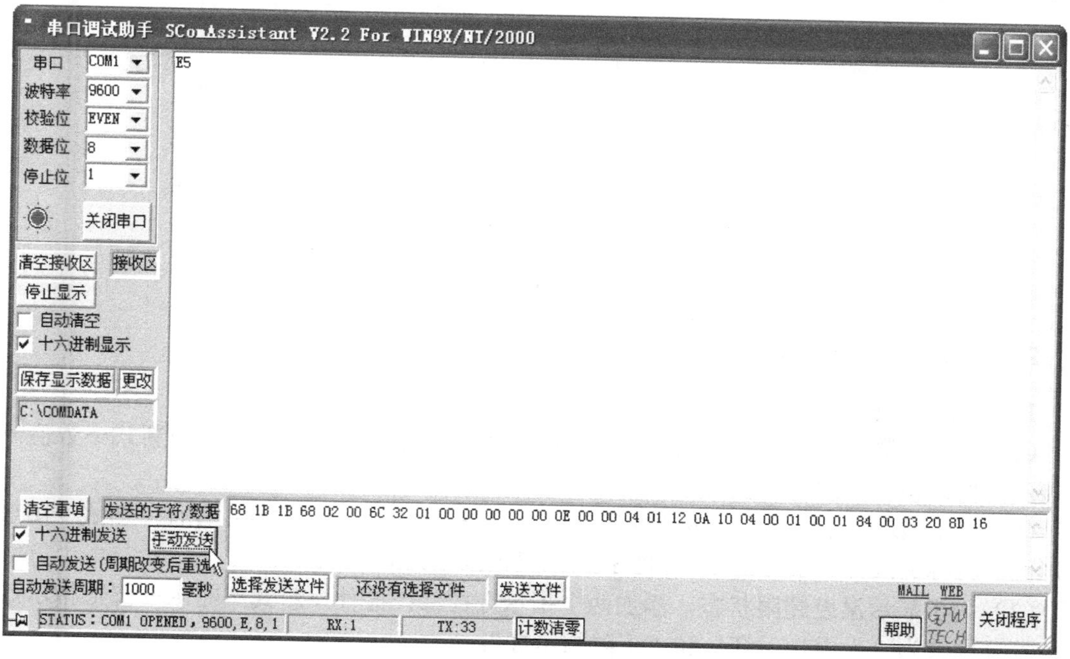

图 9-25　西门子 PLC 模拟输入串口调试 1

注意：发送二次指令时，串口调试助手程序始终要保持在所有程序界面的前面。

十六进制计算、十六进制、十进制、二进制的相互转换可以使用 Windows 操作系统提供的“计算器”程序（使用“科学型”），如图 9-27 所示。

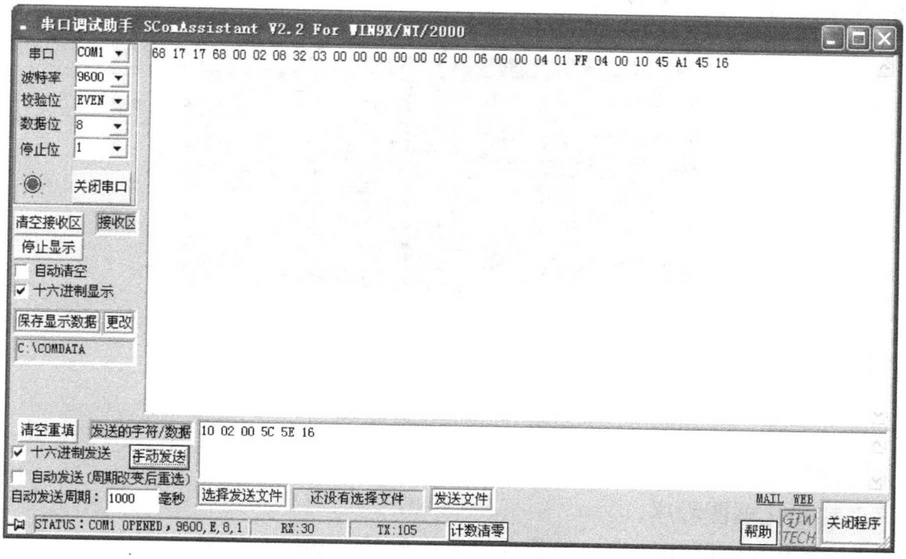

图 9-26　西门子 PLC 模拟输入串口调试 2

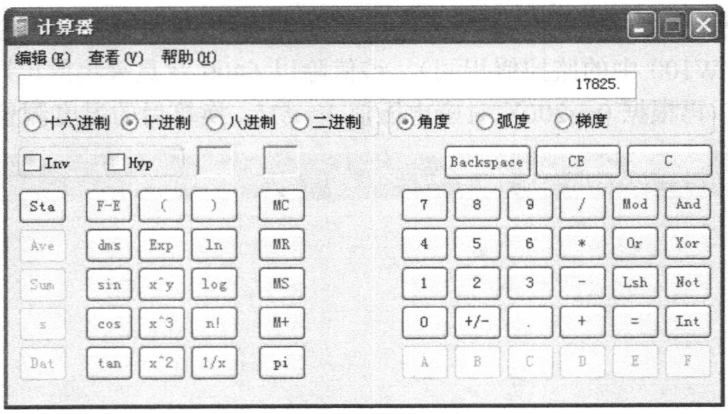

图 9-27 “计算器”程序

2．PC 端 LabVIEW 程序

1）程序前面板设计

（1）为了以数字形式显示测量温度值，添加 1 个数值显示控件：控件→新式→数值→数值显示控件，将标签改为“温度值:”。

（2）为了显示测量温度实时变化曲线，添加 1 个实时图形显示控件：控件→新式→图形→波形图，将标签改为“实时曲线”，将 Y 轴标尺范围改为 0～100。

（3）为了显示温度超限状态，添加两个指示灯控件：控件→新式→布尔→圆形指示灯，将标签分别改为“上限指示灯”和“下限指示灯”。

（4）为了获得串行端口号，添加 1 个串口资源检测控件：控件→新式→I/O→VISA 资源名称；单击控件箭头，选择串口号，如 COM1 或“ASRL1:”。

（5）为了执行关闭程序命令，添加 1 个停止按钮控件：控件→新式→布尔→停止按钮，标签为“停止”。

设计的程序前面板如图 9-28 所示。

图 9-28 程序前面板

2）框图程序设计

（1）串口初始化框图程序。

① 添加 1 个 While 循环结构：函数→编程→结构→While 循环。

② 在 While 循环结构中添加 1 个顺序结构：函数→编程→结构→层叠式顺序结构。

将其帧设置为 6 个（序号 0～5）。设置方法：选中层叠式顺序结构上边框，单击鼠标右键，执行“在后面添加帧”命令 5 次。

③ 为了设置通信参数，在顺序结构 Frame0 中添加 1 个串口配置函数：函数→仪器 I/O→串口→VISA 配置串口。

④ 为了设置通信参数值，在顺序结构 Frame0 中添加 4 个数值常量：函数→编程→数值→数值常量，值分别为 9600（波特率）、8（数据位）、2（校验位，偶校验）、10（停止位 1，注意这里的设定值为 10）。

⑤ 将 VISA 资源名称函数的输出端口与串口配置函数的输入端口“VISA 资源名称”相连。

⑥ 将数值常量 9600、8、2、10 分别与 VISA 配置串口函数的输入端口波特率、数据比特、奇偶、停止位相连。

连接好的框图程序如图 9-29 所示。

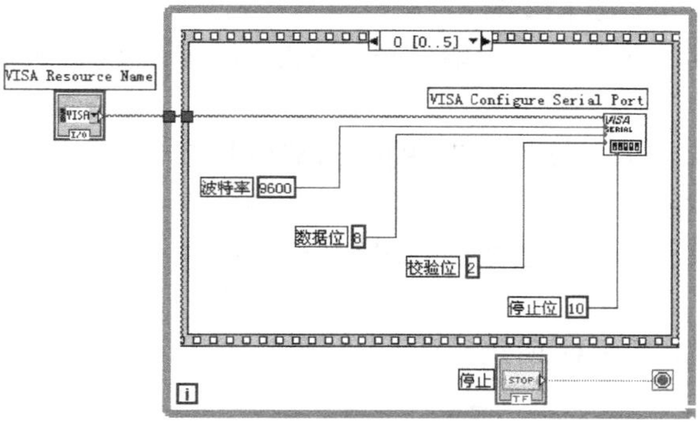

图 9-29　串口初始化框图程序

（2）延时框图程序 1。

① 为了以一定的周期读取 PLC 的温度测量数据，在顺序结构 Frame1 中添加 1 个时钟函数：函数→编程→定时→等待下一个整数倍毫秒。

② 在顺序结构 Frame1 中添加 1 个数值常量：函数→编程→数值→数值常量，将值改为 1000（时钟频率值）。

③ 将数值常量（值为 1000）与等待下一个整数倍毫秒函数的输入端口“毫秒倍数”相连。

连接好的框图程序如图 9-30 所示。

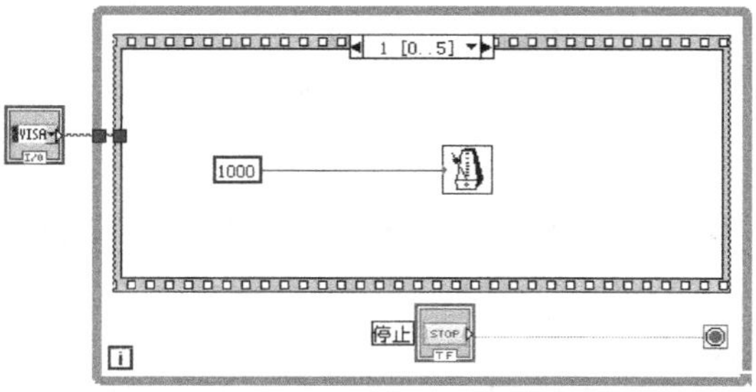

图 9-30　延时框图程序

（3）发送读指令框图程序。

① 为了发送指令到串口，在顺序结构 Frame2 中添加 1 个串口写入函数：函数→仪器 I/O→串口→VISA 写入。

② 在顺序结构 Frame2 中添加数组常量：函数→编程→数组→数组常量，标签为“读指令”。

再往数组常量中添加数值常量，设置为 33 个，将其数据格式设置为十六进制，方法为：选中数组常量中的数值常量，单击鼠标右键，执行“格式与精度”命令，在出现的对话框中，从格式与精度选项中选择十六进制，单击“OK”按钮确定。

将 33 个数值常量的值分别改为 68、1B、1B、68、02、00、6C、32、01、00、00、00、00、00、0E、00、00、04、01、12、0A、10、04、00、01、00、01、84、00、03、20、8D、16（即读 PLC 寄存器 VW100 中的数据指令）。

③ 在顺序结构 Frame2 中添加字节数组转字符串函数：函数→编程→字符串→字符串/数组/路径转换→字节数组至字符串转换。

④ 将 VISA 资源名称函数的输出端口与 VISA 写入函数的输入端口“VISA 资源名称”相连。

⑤ 将数组常量（标签为“读指令”）的输出端口与字节数组至字符串转换函数的输入端口“无符号字节数组”相连。

⑥ 将字节数组至字符串转换函数的输出端口“字符串”与 VISA 写入函数的输入端口“写入缓冲区”相连。

连接好的框图程序如图 9-31 所示。

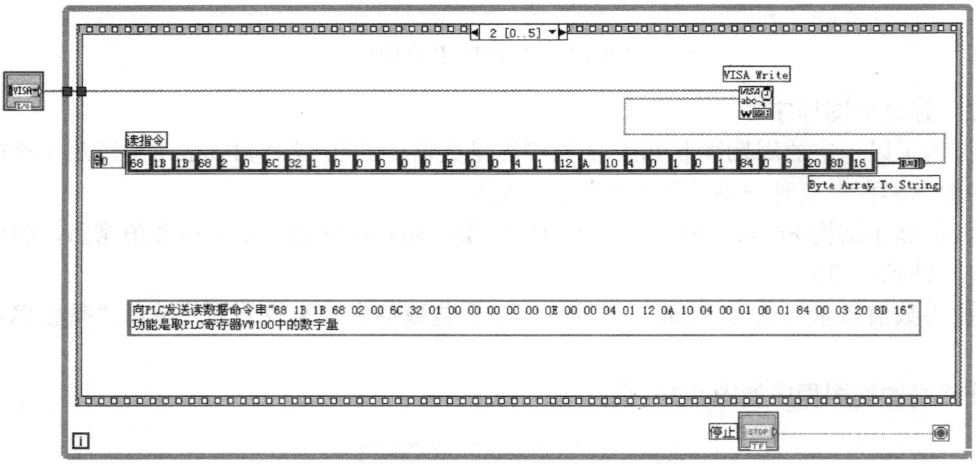

图 9-31　发送读指令框图程序

（4）延时框图程序 2。

在顺序结构 Frame3 中添加 1 个时钟函数和 1 个数值常量（值为 1000），并将二者连接起来。

（5）发送确认指令框图程序。

① 为了发送指令到串口，在顺序结构 Frame4 中添加 1 个串口写入函数：函数→仪器 I/O→

串口→VISA 写入。

② 在顺序结构 Frame4 中添加数组常量：函数→编程→数组→数组常量，标签为“读指令”。

往数组常量中添加数值常量，设置为 6 个，将其数据格式设置为十六进制，方法为：选中数组常量中的数值常量，单击鼠标右键，执行“格式与精度”命令，在出现的对话框中，从格式与精度选项中选择十六进制，单击“OK”按钮确定。将 6 个数值常量的值分别改为 10、02、00、5C、5E、16。

③ 在顺序结构 Frame4 中添加字节数组转字符串函数：函数→编程→字符串→字符串/数组/路径转换→字节数组至字符串转换。

④ 将 VISA 资源名称函数的输出端口与 VISA 写入函数的输入端口“VISA 资源名称”相连。

⑤ 将数组常量的输出端口与字节数组至字符串转换函数的输入端口“无符号字节数组”相连。

⑥ 将字节数组至字符串转换函数的输出端口“字符串”与 VISA 写入函数的输入端口“写入缓冲区”相连。

连接好的框图程序如图 9-32 所示。

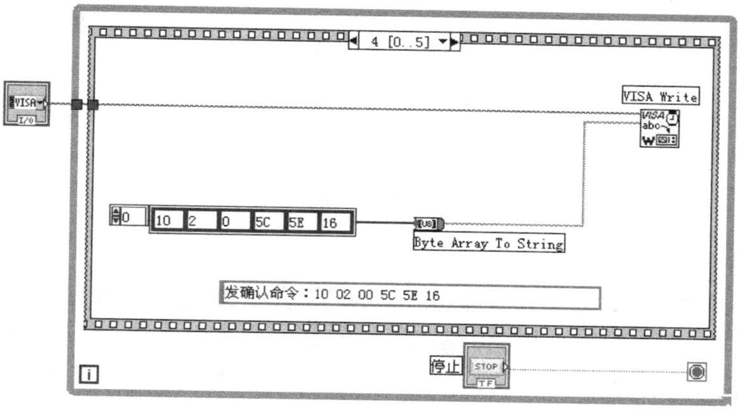

图 9-32 发送确认指令框图程序

（6）接收数据框图程序。

① 为了获得串口缓冲区数据个数，在顺序结构 Frame5 中添加 1 个串口字节数函数：函数→仪器 I/O→串口→VISA 串口字节数，标签为“Property Node”。

② 在顺序结构 Frame5 中添加 1 个串口读取函数：函数→仪器 I/O→串口→VISA 读取。

③ 在顺序结构 Frame5 中添加字符串转字节数组函数：函数→编程→字符串→字符串/数组/路径转换→字符串至字节数组转换。

④ 在顺序结构 Frame5 中添加两个索引数组函数：函数→编程→数组→索引数组。

⑤ 在顺序结构 Frame5 中添加两个数值常量：函数→编程→数值→数值常量，值分别为 25 和 26。

⑥ 将 VISA 资源名称函数的输出端口与 VISA 读取函数的输入端口“VISA 资源名称”相连；将 VISA 资源名称函数的输出端口与串口字节数函数的输入端口“引用”相连。

⑦ 将串口字节数函数的输出端口“Number of bytes at Serial port”与 VISA 读取函数的输入端口“字节总数”相连。

⑧ 将 VISA 读取函数的输出端口“读取缓冲区”与字符串至字节数组转换函数的输入端口“字符串”相连。

⑨ 将字符串至字节数组转换函数的输出端口“无符号字节数组”分别与两个索引数组函数的输入端口数组相连。

⑩ 将数值常量（值为 25、26）分别与索引数组函数的输入端口“索引”相连。

⑪ 添加其他功能函数并连线：将读取的十六进制数据值转换为十进制数（PLC 寄存器中的数字量值），然后除以 6400 就是 1 通道的十进制电压值，然后根据电压 u 与温度 t 的数学关系（$t=(u-1)\times50$）就得到温度值。

连接好的框图程序如图 9-33 所示。

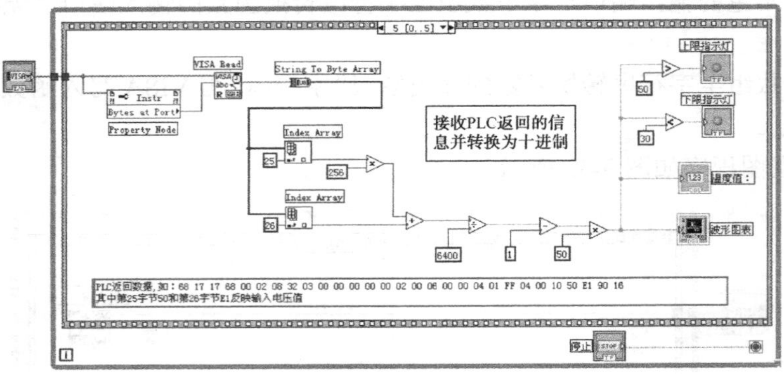

图 9-33　接收数据框图程序

3）运行程序

程序设计、调试完毕，单击快捷工具栏“连续运行”按钮，运行程序。

PC 读取并显示西门子 PLC 检测的温度值，绘制温度变化曲线。当测量温度小于 30℃时，程序画面下限指示灯为红色，PLC 的 Q0.0 端口置位；当测量温度大于 50℃时，程序画面上限指示灯为红色，PLC 的 Q0.1 端口置位。

注意：初始化显示数值时需要一定时间。

程序运行界面如图 9-34 所示。

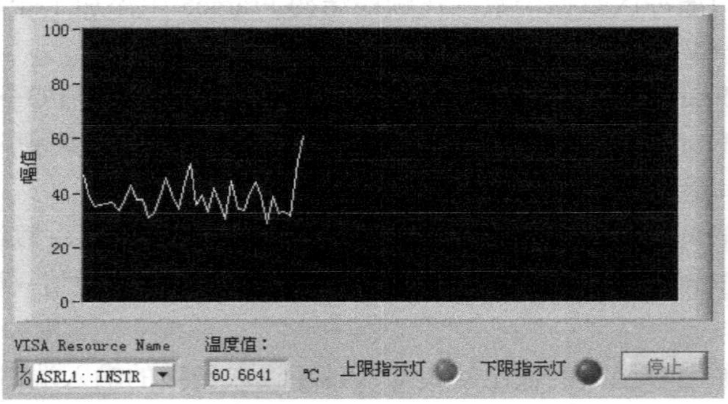

图 9-34　程序运行界面

实例 26　西门子 PLC 电压输出

一、线路连接

将 PC 与西门子 S7-200 PLC 通过 PC/PPI 编程电缆连接起来，将模拟量扩展模块 EM235 与 PLC 连接起来，构成模拟电压输出线路，如图 9-35 所示。

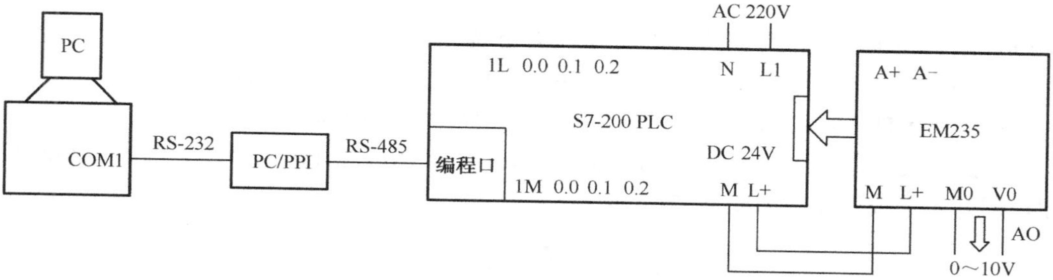

图 9-35　PC 与 S7-200 PLC 构成的模拟电压输出线路

将模拟量扩展模块 EM235 与 PLC 主机相连。模拟电压从 M0（−）和 V0（+）输出（0～10V）。不需要连线，直接用万用表测量输出电压。

二、设计任务

PLC 与 PC 通信，在程序设计上涉及两部分的内容：一是 PLC 端数据采集、控制和通信程序；二是 PC 端通信和功能程序。

（1）采用 STEP 9-Micro/WIN 编程软件编写 PLC 程序，将上位 PC 输出的电压值（数字量形式，在寄存器 VW100 中）存入寄存器 AQW0 中，并在 EM235 模拟量输出通道输出同样大小的电压值（0～10V）。

（2）采用 LabVIEW 语言编写程序，实现 PC 与西门子 S7-200 PLC 数据通信，要求在 PC 程序界面中输入一个数值(0～10)，转换成数字量形式，并发送到 PLC 的寄存器 VW100 中。

三、任务实现

1. PLC 端电压输出程序

1）PLC 梯形图

为了保证 S7-200PLC 能够正常与 PC 进行模拟量输出通信，需要在 PLC 中运行一段程序。PLC 电压输出程序如图 9-36 所示。

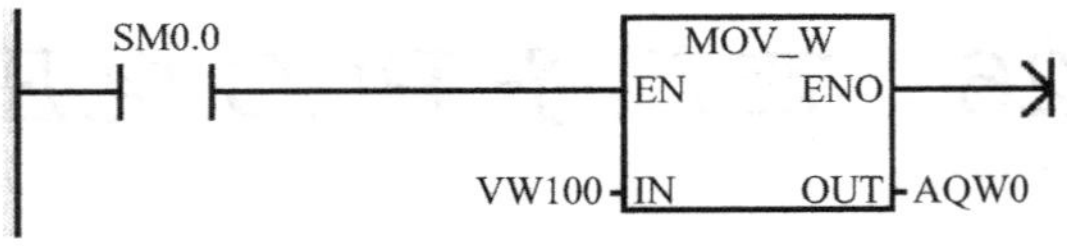

图 9-36　PLC 电压输出程序

在上位机程序中输入数值（0～10）并转换为数字量值（0～32000），发送到 PLC 寄存器 VW100 中。在下位机程序中，将寄存器 VW100 中的数字量值送给输出寄存器 AQW0。PLC 自动将数字量值转换为对应的电压值（0～10V），在模拟量输出通道输出。

2）程序的下载

PLC 端程序编写完成后需将其下载到 PLC 才能正常运行。步骤如下：

（1）接通 PLC 主机电源，将 RUN/STOP 转换开关置于 STOP 位置。

（2）运行 STEP 9-Micro/WIN 编程软件，打开模拟量输出程序。

（3）执行菜单命令“File”→“Download...”，打开“Download”对话框，单击“Download”按钮，即开始下载程序，如图 9-37 所示。

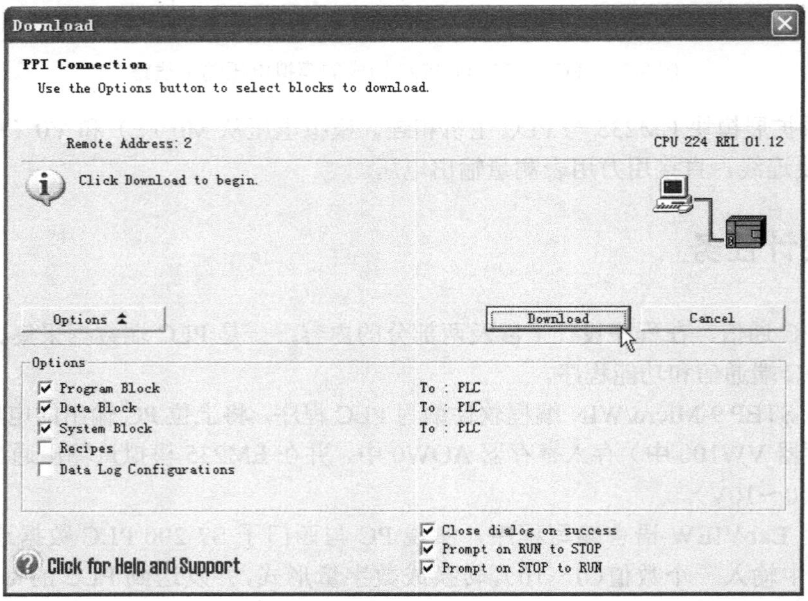

图 9-37　程序下载对话框

（4）程序下载完毕后将 RUN/STOP 转换开关置于 RUN 位置，即可进行模拟电压的输出。

3）PLC 程序的监控

PLC 端程序写入后，可以进行实时监控。步骤如下：

（1）接通 PLC 主机电源，将 RUN/STOP 转换开关置于 RUN 位置。

（2）运行 STEP 9-Micro/WIN 编程软件，打开模拟量输出程序，并下载。

（3）执行菜单命令“Debug”→“Start Program Status”，即可开始监控程序的运行，如图 9-38 所示。

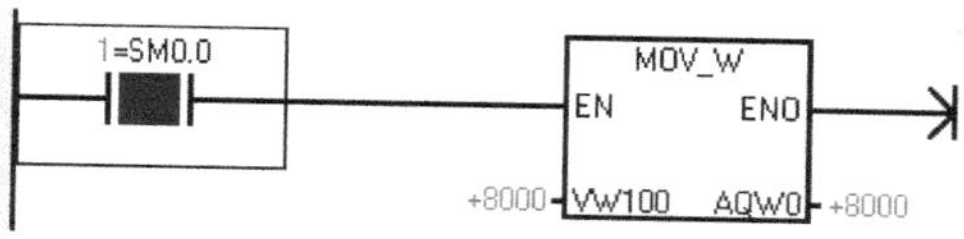

图 9-38　PLC 程序监控

寄存器 AQW0 右边的黄色数字（如 8000）就是要输出到模拟量输出通道的电压值（数字量形式，根据 0～32000 对应 0～10V，换算后的电压实际值为 2.5V，与万用表测量值相同），改变输入电压，该数值随着改变。

注意： 模拟量输出程序监控前，要保证往寄存器 VW100 中发送数字量 8000。实际测试时先运行上位机程序，输入数值 2.5（反映电压大小），转换成数字量 8000 再发送给 PLC。

（4）监控完毕后，执行菜单命令“Debug”→“Stop Program Status”，即可停止监控程序的运行。

注意： 必须停止监控，否则影响上位机程序的运行。

4）PC 与 PLC 串口通信调试

PC 与西门子 PLC 串口通信采用 PPI 通信协议。

打开“串口调试助手”程序，首先设置串口号为 COM1、波特率为 9600、校验位为 EVEN（偶校验）、数据位为 8、停止位为 1 等参数（**注意：** 设置的参数必须与 PLC 一致），选择“十六进制显示”和“十六进制发送”，打开串口。

例如，向 S7-200PLC 寄存器 VW100（00 03 20）写入 3E 80（数字量值 16000 的十六进制），即输出 5V，向 PLC 发指令“68 21 21 68 02 00 7C 32 01 00 00 00 00 00 0E 00 06 05 01 12 0A 10 04 00 01 00 01 84 00 03 20 00 04 00 10 3E 80 76 16”，如图 9-39 所示。

PLC 返回数据“E5”后，再发确认指令“10 02 00 5C 5E 16”，PLC 再返回数据“E5”后，写入成功。用万用表测试 EM235 模块输出端口电压应该是 5V。

同样可知向 S7-200PLC 寄存器 VW100（00 03 20）写入 1F 40（数字量值 8000 的十六进制），即输出 2.5V，向 PLC 发指令“68 21 21 68 02 00 7C 32 01 00 00 00 00 00 0E 00 06 05 01 12 0A 10 04 00 01 00 01 84 00 03 20 00 04 00 10 1F 40 17 16”。

注意： 发送二次指令时，串口调试助手程序始终要保持在所有程序界面的前面。

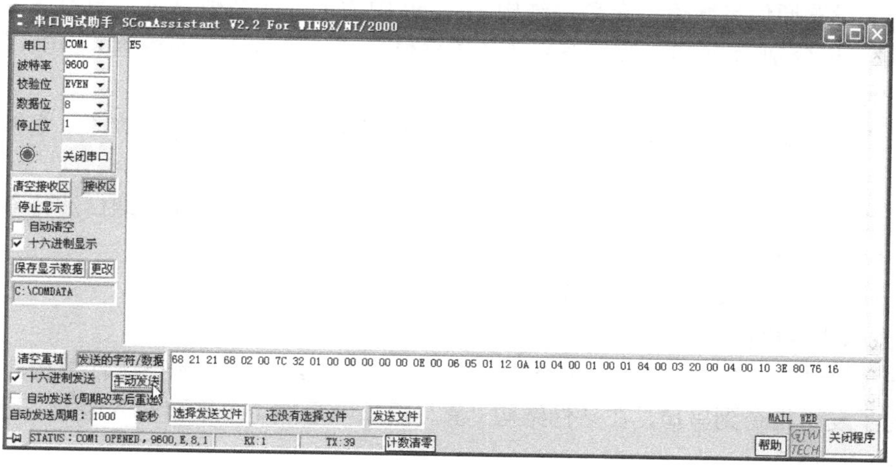

图 9-39　西门子 PLC 模拟输出串口调试

2. PC 端 LabVIEW 程序

1）程序前面板设计

（1）为了输出电压值，添加 1 个开关控件：控件→新式→布尔→垂直滑动杆开关控件，将标签改为“输出 2.5V”。

（2）为了输入指令，添加 1 个字符串输入控件：控件→新式→字符串与路径→字符串输入控件，将标签改为“指令：68 21 21 68 02 00 7C 32 01 00 00 00 00 00 0E 00 06 05 01 12 0A 10 04 00 01 00 01 84 00 03 20 00 04 00 10 1F 40 17 16”。

（3）为了获得串行端口号，添加 1 个串口资源检测控件：控件→新式→I/O→VISA 资源名称；单击控件箭头，选择串口号，如 COM1 或“ASRL1:”。

设计的程序前面板如图 9-40 所示。

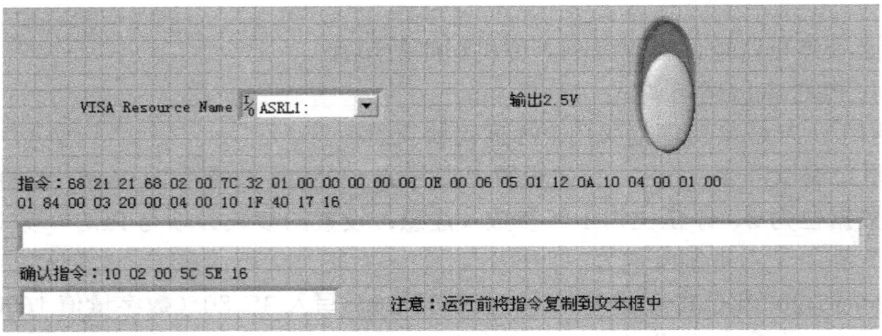

图 9-40　程序前面板

2）框图程序设计

（1）串口初始化框图程序。

① 为了设置通信参数，添加 1 个串口配置函数：函数→仪器 I/O→串口→VISA 配置串口。

② 添加 1 个顺序结构：函数→编程→结构→层叠式顺序结构。

将其帧设置为 4 个（序号 0～3）。设置方法：选中层叠式顺序结构上边框，单击鼠标右键，执行“在后面添加帧”命令 3 次。

③ 为了设置通信参数值，在顺序结构 Frame0 中添加 4 个数值常量：函数→编程→数值→数值常量，值分别为 9600（波特率）、8（数据位）、2（校验位，偶校验）、10（停止位 1，注意这里的设定值为 10）。

④ 将 VISA 资源名称函数的输出端口与串口配置函数的输入端口“VISA 资源名称”相连。

⑤ 将数值常量 9600、8、2、10 分别与 VISA 配置串口函数的输入端口波特率、数据比特、奇偶、停止位相连。

连接好的框图程序如图 9-41 所示。

（2）发送指令框图程序。

① 在顺序结构 Frame1 中添加 1 个条件结构：函数→编程→结构→条件结构。

② 为了发送指令到串口，在条件结构“真”选项中添加 1 个串口写入函数：函数→仪器 I/O→串口→VISA 写入。

③ 将垂直滑动杆开关控件图标移到顺序结构 Frame1 中；将字符串输入控件图标移到条

件结构“真”选项中。

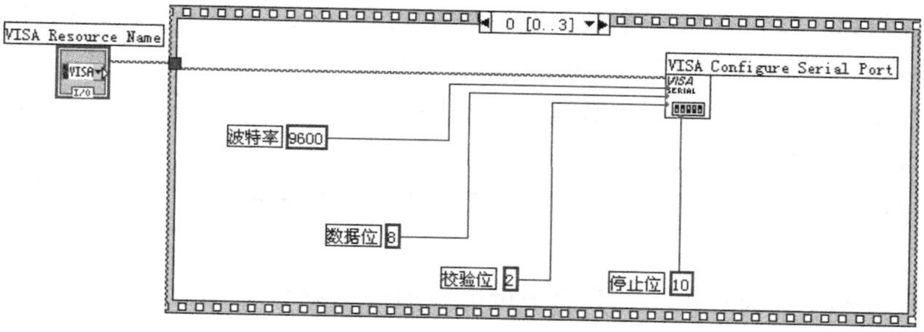

图 9-41 串口初始化框图程序

④ 将 VISA 资源名称函数的输出端口与 VISA 写入函数的输入端口“VISA 资源名称”相连。

⑤ 将垂直滑动杆开关控件的输出端口与条件结构的选择端口?相连。

⑥ 将字符串输入控件的输出端口与 VISA 写入函数的输入端口“写入缓冲区”相连。

连接好的框图程序如图 9-42 所示。

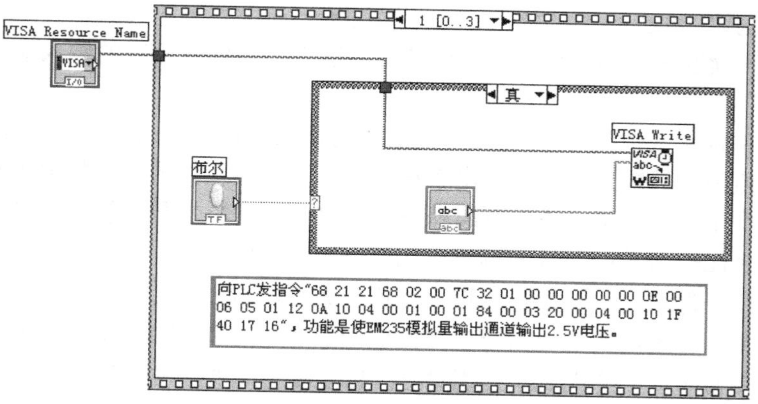

图 9-42 发送指令框图程序

（3）延时框图程序。

① 在顺序结构 Frame2 中添加 1 个时钟函数：函数→编程→定时→等待下一个整数倍毫秒。

② 在顺序结构 Frame2 中添加 1 个数值常量：函数→编程→数值→数值常量，将值改为 500（时钟频率值）。

③ 将数值常量（值为 500）与等待下一个整数倍毫秒函数的输入端口毫秒倍数相连。

连接好的框图程序如图 9-43 所示。

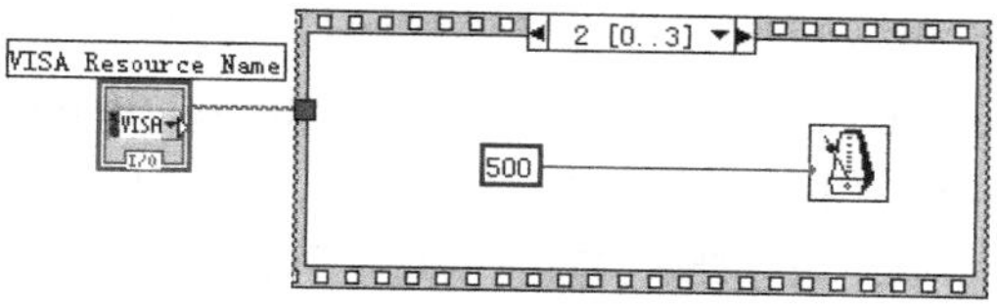

图 9-43 延时框图程序

（4）发送确认指令框图程序。

① 为了获得串口缓冲区数据个数，在顺序结构 Frame3 中添加 1 个串口字节数函数：函数→仪器 I/O→串口→VISA 串口字节数，标签为“Property Node”。

② 为了从串口缓冲区获取返回数据，在顺序结构 Frame3 中添加 1 个串口读取函数：函数→仪器 I/O→串口→VISA 读取。

③ 在顺序结构 Frame3 中添加 1 个扫描值函数：函数→编程→字符串→字符串/数值转换→扫描值。

④ 在顺序结构 Frame3 中添加 1 个字符串常量：函数→编程→字符串→字符串常量，值为“%b”，表示输入的是二进制数据。

⑤ 在顺序结构 Frame3 中添加 1 个数值常量：函数→编程→数值→数值常量，值为 0。

⑥ 在顺序结构 Frame3 中添加 1 个强制类型转换函数：函数→编程→数值→数据操作→强制类型转换。

⑦ 将 VISA 资源名称函数的输出端口分别与串口字节数函数的输入端口“引用”、VISA 读取函数的输入端口“VISA 资源名称”相连。

⑧ 将串口字节数函数的输出端口“Number of bytes at Serial port”与 VISA 读取函数的输入端口“字节总数”相连。

⑨ 将 VISA 读取函数的输出端口“读取缓冲区”与扫描值函数的输入端口“字符串”相连。

⑩ 将字符串常量（值为%b）与扫描值函数的输入端口“格式字符串”相连。

⑪ 将扫描值函数的输出端口“输出字符串”与强制类型转换函数的输入端口“x”相连。

⑫ 添加 1 个字符串常量：函数→编程→字符串→字符串常量，值为“E5”，表示返回值。

⑬ 添加 1 个比较函数：函数→编程→比较→“等于?”。

⑭ 添加 1 个条件结构：函数→编程→结构→条件结构。

⑮ 将强制类型转换函数的输出端口与比较函数“=”的输入端口“x”相连。

⑯ 将字符串常量“E5”与比较函数“=”的输入端口“y”相连。

⑰ 将比较函数“=”的输出端口“x=y?”与条件结构的选择端口?相连。

⑱ 为了发送指令到串口，在条件结构中添加 1 个串口写入函数：函数→仪器 I/O→串口→VISA 写入。

⑲ 将 VISA 资源名称函数的输出端口与 VISA 写入函数的输入端口“VISA 资源名称”相连。

⑳ 将确认指令字符串输入控件图标移到条件结构“真”选项中；将字符串输入控件的输出端口与 VISA 写入函数的输入端口“写入缓冲区”相连。

连接好的框图程序如图 9-44 所示。

3）运行程序

程序设计、调试完毕，单击快捷工具栏“连续运行”按钮，运行程序。

将指令“68 21 21 68 02 00 7C 32 01 00 00 00 00 00 0E 00 06 05 01 12 0A 10 04 00 01 00 01 84 00 03 20 00 04 00 10 1F 40 17 16”复制到字符串输入控件中；将确认指令“10 02 00 5C 5E 16”复制到字符串输入控件中，单击滑动开关，西门子 PLC 模拟量扩展模块输出 2.5V 电压。

程序运行界面如图 9-45 所示。

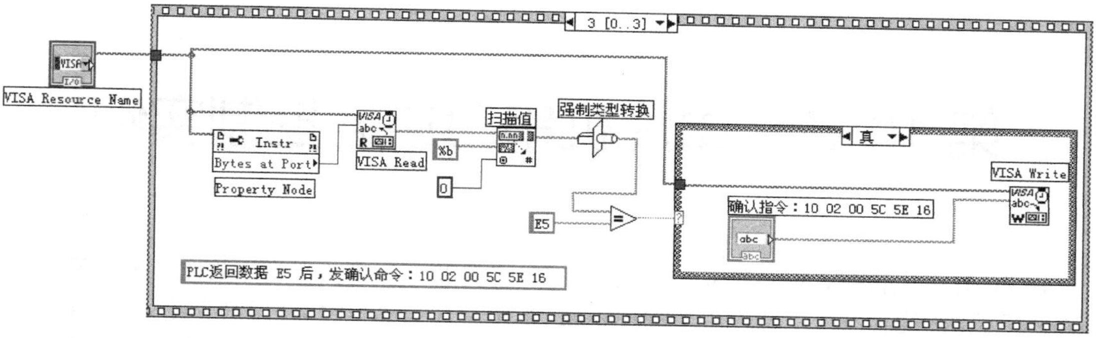

图 9-44　发送确认指令框图程序

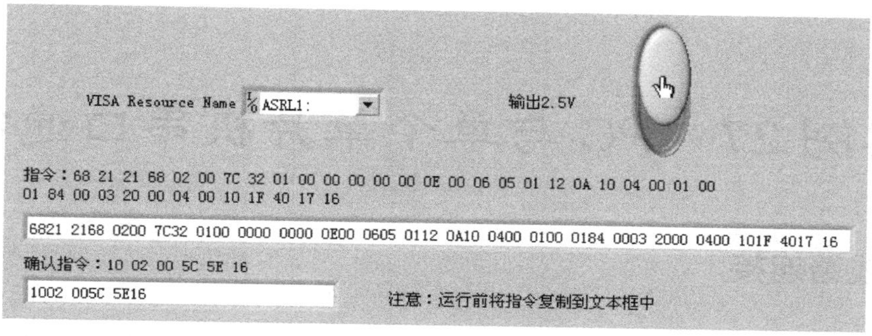

图 9-45　程序运行界面

第 10 章　单片机串口通信控制实例

以 PC 作为上位机，以各种监控模块、PLC、单片机、摄像头云台、数控机床及智能设备等作为下位机，这种系统广泛应用于测控领域。本章举几个典型实例，详细介绍采用 LabVIEW 实现 PC 与单片机开关量输入、开关量输出、电压采集、电压输出以及温度测控的程序设计方法。

实例 27　PC 与单个单片机串口通信

一、线路连接

如图 10-1 所示，数据通信的硬件上采用 3 线制，将单片机和 PC 串口的 3 个引脚（RXD、TXD、GND）分别连在一起，即将 PC 和单片机的发送数据线 TXD 与接收数据 RXD 交叉连接，两者的地线 GND 直接相连，而其他信号线（如握手信号线）均不用。

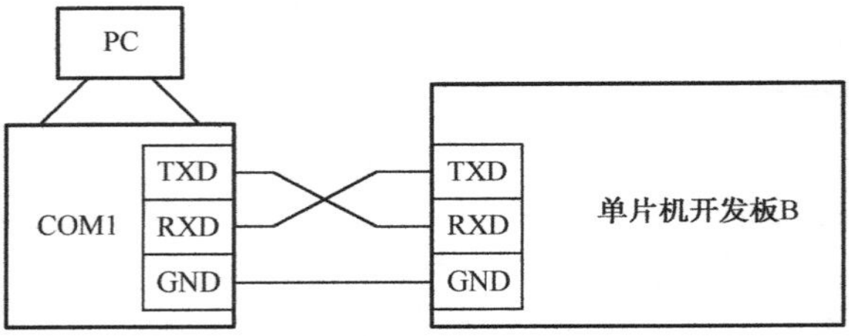

图 10-1　PC 与单片机串口通信线路

51 单片机有一个全双工的串行通信口，所以单片机和 PC 之间可以进行串口通信。但由于单片机的 TTL 逻辑电平和 PC 的 RS-232C 的电气特性不同，RS-232C 的逻辑 0 电平规定范围为+3～+15V 之间，逻辑 1 电平范围为-3～-15V 之间，因此在将 PC 和单片机的 RXD 和 TXD 交叉连接时必须进行电平转换，这里使用的是 MAX232 电平转换芯片。

有关单片机开发板 B 的详细信息请查询电子开发网 http://www.dzkfw.com/。

二、设计任务

采用 Keil C51 语言和 LabVIEW 语言编写程序实现 PC 与单个单片机串口通信。

任务要求如下。

1. 设计任务 1

PC 通过串行口将数字（00，01，02，03，…，FF，十六进制）发送给单片机，单片机收到后回传这个数字，PC 接收到回传数据后显示出来，若发送的数据和接收到的数据相等，则串行通信正确，否则有错误。起始符是数字 00，结束符是数字 FF。

2. 设计任务 2

1）测试通信状态

先在文本框中输入字符串“Hello”，单击“测试”按钮，将字符串“Hello”发送到单片机，若 PC 与单片机通信正常，在 PC 程序的文本框中显示字符串“OK!”，否则显示字符串“ERROR!”。

2）循环计数

单击“开始”按钮，文本框中数字从 0 开始累加，0，1，2，3，…，并将此数发送到单片机的显示器上显示；当累加到 10 时，回到 0 重新开始累加，依次循环；任何时候，单击“停止”按钮，PC 程序中和单片机显示器都停止累加，再单击“开始”按钮，接着停止的数继续累加。

3）控制指示灯

在单片机继电器接线端子的两个通道上分别接上两个指示灯，在 PC 程序界面上选择指示灯号，如 1 号灯，单击界面“打开”按钮，单片机上 1 号灯亮，同时蜂鸣器响；单击界面“关闭”按钮，1 号灯灭，蜂鸣器停止响；同样控制 2 号灯的亮灭（蜂鸣器同时动作）。

单片机和 PC 通信，在程序设计上涉及两个部分的内容：一是单片机的 C51 程序；二是 PC 的串口通信程序和界面的编制。

三、任务实现

1. 设计任务 1 中单片机端 C51 程序

```
/*PC 通过串行口将数字（1, 2, 3,…, 255）传给单片机，单片机收到后回传这个数字，并存入自己内部一段连续的空间中，PC 接收到回传数据后显示出来，直至传送完结束符 255*/
# pragma db code
# include<reg51.h>
# define uchar unsigned char
void rece(void);
void init(void);
uchar re[17];
/*主程序*/
void main(void)
{
uchar temp;
init();
```

```
do{
    while(RI==0);
    temp=SBUF;
    if(temp==0x00)
      {rece();}
    else break;
  }while(1);
}
/*串口初始化*/
void init(void)
{
TMOD=0x20;                    //定时器 1—方式 2
PCON=0x80;                    //电源控制
SCON=0x50;                    //方式 1
TL1=0xfa;
TH1=0xfa;                     //22.1184MHz 晶振，波特率为 4800(0xf3)、9600(0xfa)、19200(0xfd)
TR1=1;                        //启动定时
}
/*接收返回数据*/
void rece(void)
{
char i;
i=0;
do{while(RI==0);
  re[i]=SBUF;
  RI=0;
  SBUF=re[i];
  while(TI==0);
  TI=0;
  i++;
  }while(re[i-1]!=255);
}
```

将 C51 程序编译生成 HEX 文件，然后采用 STC-ISP 软件将 HEX 文件下载到单片机中。

打开“串口调试助手”程序（ScomAssistant.exe），首先设置串口号为 COM1、波特率为 9600、校验位为 NONE、数据位为 8、停止位为 1 等参数（注意：设置的参数必须与单片机一致），选择“十六进制显示”和“十六进制发送”，打开串口。

在发送框输入数字 00，01，02，…，FF（2 位十六进制数），单击“手动发送”按钮，将数据发送到单片机，若通信正常，单片机返回数据 00，01，02，03，…，FF（十六进制数）并在接收框显示，如图 10-2 所示。

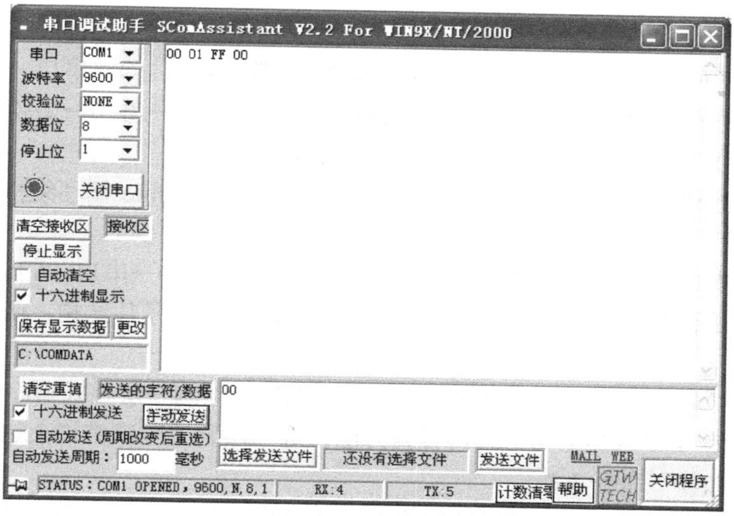

图 10-2　串口调试助手

2．设计任务 1 中 PC 端 LabVIEW 程序

1）程序前面板设计

（1）为输入要发送的字符串，添加 1 个字符串输入控件：控件→新式→字符串与路径→字符串输入控件，将标签改为“发送数据（十六进制）”，右键单击该控件，选择“十六进制显示”选项。

（2）为显示接收到的字符串，添加 1 个字符串显示控件：控件→新式→字符串与路径→字符串显示控件，将标签改为“返回数据（十六进制）”，右键单击该控件，选择“十六进制显示”选项。

（3）为显示通信状态，添加 1 个字符显示控件：控件→新式→字符串与路径→字符串显示控件，将标签改为“通信状态：”。

（4）为获得串行端口号，添加 1 个串口资源检测控件：控件→新式→I/O→VISA 资源名称。单击控件箭头，选择串口号，如“ASRL1：”或 COM1。

（5）为执行发送字符命令，添加 1 个确定按钮控件：控件→新式→布尔→确定按钮，将标签改为“发送”。

（6）为执行关闭程序命令，添加 1 个停止按钮控件：控件→新式→布尔→停止按钮，将标题改为“关闭”。

设计的程序前面板如图 10-3 所示。

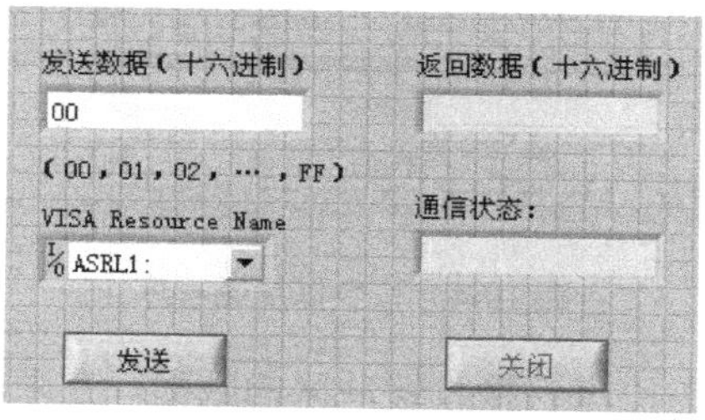

图 10-3　程序前面板

2）框图程序设计

（1）为设置通信参数，添加 1 个配置串口函数：函数→仪器 I/O→串口→VISA 配置串口。

（2）为设置通信参数值，添加 4 个数值常量：函数→编程→数值→数值常量，值分别为 4800（波特率）、8（数据位）、0（校验位，无）、1（停止位）。

（3）为周期性地监测串口接收缓冲区的数据，添加 1 个 While 循环结构：函数→编程→结构→While 循环。

（4）为关闭串口，添加 1 个关闭串口函数：函数→仪器 I/O→串口→VISA 关闭。

（5）为判断是否发送数据，在 While 循环结构中添加 1 个条件结构：函数→编程→结构→条件结构。

（6）在条件结构中添加 1 个顺序结构：函数→编程→结构→层叠式顺序结构。

将其帧设置为 4 个（序号 0～3）。设置方法：选中层叠式顺序结构上边框，单击右键，执行“在后面添加帧”命令 3 次。

（7）为发送数据到串口，在顺序结构的 Frame 0 中添加 1 个串口写入函数：函数→仪器 I/O→串口→VISA 写入。

（8）将控件“发送数据（十六进制）”的图标拖入顺序结构的 Frame 0 中；分别将确定按钮（OK Button）、停止按钮（STOP Button）的图标拖入循环结构中。

（9）将 VISA 资源名称函数的输出端口分别与 VISA 串口配置函数、VISA 写入函数（在顺序结构 Frame 0 中）、VISA 关闭函数的输入端口“VISA 资源名称”相连。

（10）将数值常量 4800、8、0、1 分别与 VISA 配置串口函数的输入端口波特率、数据比特、奇偶、停止位相连。

（11）右键选择循环结构的条件端子 ⟳，设置为“真时停止”，图标变为◉；将停止按钮与循环结构的条件端子◉相连。

（12）将确定按钮与条件结构的选择端口?相连。

（13）将函数“发送数据（十六进制）”与 VISA 写入函数的输入端口“写入缓冲区”相连。

连接好的框图程序如图 10-4 所示。

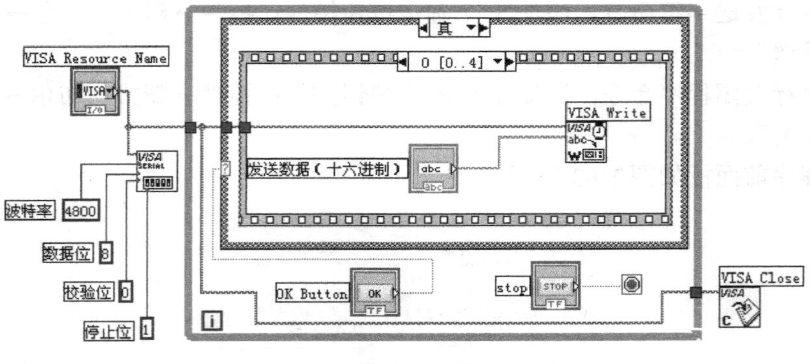

图 10-4　写数据框图程序

（14）为了以一定的周期监测串口接收缓冲区的数据，在顺序结构的 Frame 1 中添加 1 个时钟函数：函数→编程→定时→等待下一个整数倍毫秒。

（15）为设置检测周期，在顺序结构的 Frame 1 中添加 1 个数值常量：函数→编程→ 数值→数值常量，将值改为 200（时钟频率值）。

（16）在顺序结构的 Frame 1 中将数值常量（值为 200）与等待下一个整数倍毫秒函数的输入端口“毫秒倍数”相连。

连接好的框图程序如图 10-5 所示。

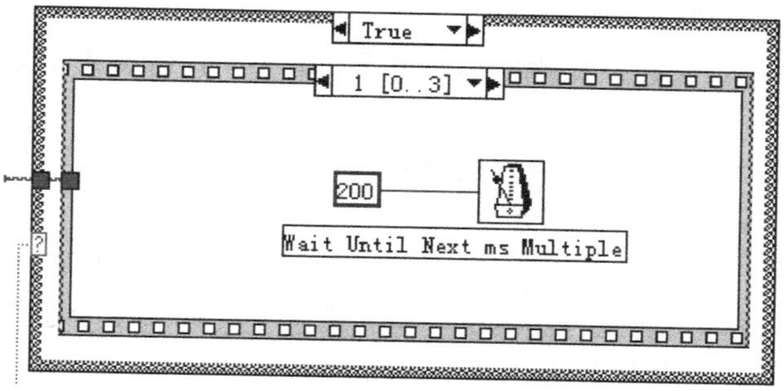

图 10-5　延时框图程序

（17）为获得串口缓冲区数据个数，在顺序结构的 Frame 2 中，添加 1 个串口字节数函数：函数→仪器 I/O→串口→VISA 串口字节数，标签为“Property Node”。

（18）为从串口缓冲区获取返回数据，在顺序结构的 Frame 2 中，添加 1 个串口读取函数：函数→仪器 I/O→串口→ VISA 读取。

（19）将控件“返回数据（十六进制）”的图标拖入顺序结构的 Frame 2 中。

（20）将 VISA 串口字节数函数的输出端口 VISA 资源名称与 VISA 读取函数的输入端口“VISA 资源名称”相连。

（21）将 VISA 串口字节数函数的输出端口“Number of bytes at Serial port”与 VISA 读取函数的输入端口“字节总数”相连。

（22）将 VISA 读取函数的输出端口“读取缓冲区”与控件“返回数据（十六进制）”的输入端口相连。

连接好的框图程序如图 10-6 所示。

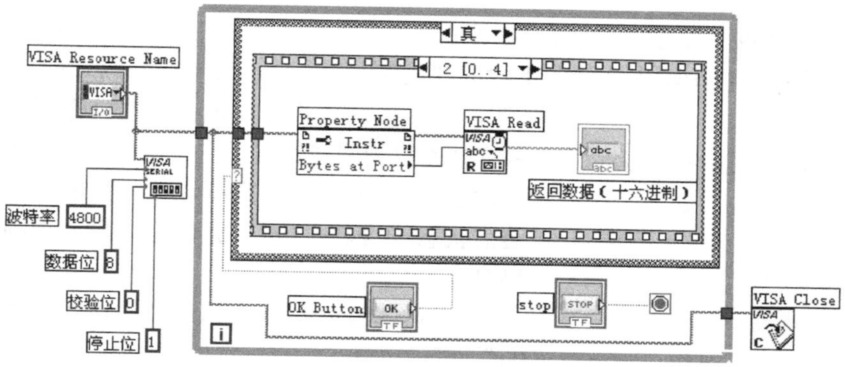

图 10-6　读数据框图程序

（23）因为多处用的发送数据文本框和返回数据文本框，在顺序结构的 Frame 3 中，添加两个局部变量：函数→编程→结构→局部变量。

选择局部变量，单击鼠标右键，在弹出菜单的“选择项”选项下，为局部变量分别选择对象：“返回数据（十六进制）”和“发送数据（十六进制）”，将其读/写属性设置为“转换为读取”。

（24）为比较返回数据与发送数据是否相同，在顺序结构的 Frame 3 中，添加 1 个比较函数：函数→编程→比较→“等于?”。

（25）为判断通信是否正常，在顺序结构的 Frame 3 中，添加 1 个条件结构：函数→编程→结构→条件结构。

（26）将局部变量“返回数据（十六进制）”和“发送数据（十六进制）”分别与比较函数“等于?”的输入端口“x”和“y”相连。

（27）将比较函数“等于?”的输出端口“x=y?”与条件结构的选择端口?相连。

（28）为显示通信状态，在条件结构的“真”选项中，添加 1 个字符串常量：函数→编程→字符串→字符串常量，将其值改为“通信正常！”。

（29）将控件“通信状态”拖入条件结构中。

（30）将字符串常量“通信正常！”与控件“通信状态”的输入端口相连。

（31）在条件结构的“假”选项中，添加 1 个字符串常量，将其值改为“通信异常！”。

（32）在条件结构的“假”选项中，添加 1 个局部变量，为局部变量选择对象“通信状态”，属性默认为“写”。

（33）将字符串常量“通信异常！”与局部变量“通信状态”相连。

连接好的框图程序如图 10-7 所示。

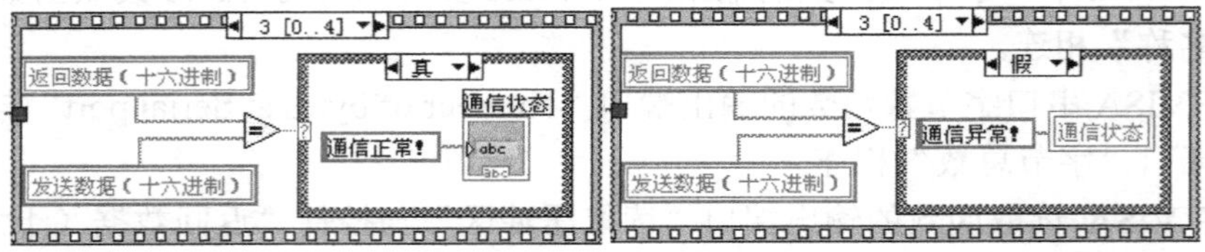

图 10-7　显示状态框图程序

3）运行程序

进入程序前面板，保存设计好的 VI 程序。单击快捷工具栏“运行”按钮，运行程序。

在“发送数据”框中输入 2 位的十六进制数字（00，01，02，03，…，FF），单击“发送”按钮，将数据发送给单片机；单片机收到后回传这个数字，PC 接收到回传数据后在“返回数据”框中显示出来（十六进制），若发送的数据和接收到的数据相等，则在“通信状态：”框中显示“通信正常！”，否则显示“通信异常！”。

当发送“FF”后，要想继续发送数据，必须先发送“00”。

程序运行界面如图 10-8 所示。

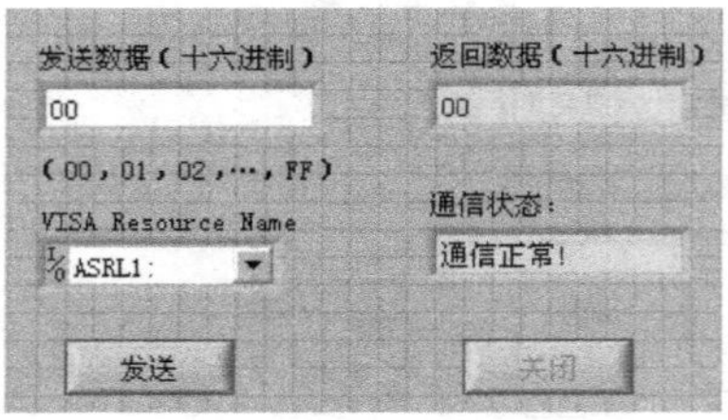

图 10-8　程序运行界面

3. 设计任务 2 中单片机端 C51 程序

```
/*PC 发送       MCU 响应
   H            返回字符串“OK”
   R            开始记数
   S            停止记数
   A            1 号灯亮，同时蜂鸣器响
   B            1 号灯灭，蜂鸣器停止响
   C            2 号灯亮，同时蜂鸣器响
   D            2 号灯灭，蜂鸣器停止响
*/
#include <reg51.h>
#define uint      unsigned int
#define uchar     unsigned char
uchar tab[10]={0xcf,0x03,0x5d,0x5b,0x93,0xda,0xde,0x43,0xdf,0xdb};//字段转换表
sbit LIGHT1=P2^4;
sbit LIGHT2=P2^3;
sbit BUZZER=P2^5;
sbit PS2=P2^7;                        // 数码管十位
sbit PS1=P2^6;                        // 数码管个位
uchar COUNTER;                        // 循环计数器
bit count;                            // 循环计数器启停标志位：1 启动记数，0 停止记数
void uart(void) interrupt 4           // 把接收到的数据写入 ucReceiveData()
{
   TI=0;
   RI=0;
   if(SBUF=='H')                      // 接收到 H 字符，发送 OK
   {
    SBUF='O';
        while(TI==0)
          ;
        TI=0;
      SBUF='K';
        while(TI==0)
          ;
        TI=0;
   }
  else if(SBUF=='R')                  // 接收到 0
  {
   count=1;
  }
```

```
    else if(SBUF=='S')
    {
      count=0;
    }
    else if(SBUF=='A')
    {
      LIGHT1=1;
      BUZZER=0;
    }
    else if(SBUF=='B')
    {
      LIGHT1=0;
      BUZZER=1;
    }
    else if(SBUF=='C')
    {
      LIGHT2=1;
      BUZZER=0;
    }
    else if(SBUF=='D')
    {
      LIGHT2=0;
      BUZZER=1;
    }
}
void _delay_ms(uint ms)
{
   uint i;
   ms++;
   while(--ms)
    {
      i=199;
      while(--i);                              // 1ms
    }
}
uchar htd(uchar a)
{
   uchar b,c;
   b=a%10;
   c=b;
   a=a/10;
```

```
    b=a%10;
    c=c|b<<4;
    return c;
}
void disp(void)
{
    P0=tab[htd(COUNTER)>>4];          // 转换成十进制输出
    PS1=0;
  _delay_ms(5);
  PS1=1;
    P0=tab[htd(COUNTER)&0x0f];       // 转换成十进制输出
    PS2=0;
  _delay_ms(5);
  PS2=1;
}
void main(void)
{
    TMOD=0x20;                       // 定时器 1—方式 2
    IE=0x12;                         // 中断控制设置，串口、T2 开中断
    PCON=0x80;                       // 电源控制
    SCON=0x50;                       // 方式 1
    TL1=0xf3;                        // 12MHz 晶振
    TH1=0xf3;                        // 11.0592MHz 晶振
    TR1=1;                           // 启动定时
  ES=1;
    EA=1;
  LIGHT1=0;
  LIGHT2=0;
  COUNTER=0;
    while(1)
    {
    disp();
    disp();
    disp();
    disp();
    disp();
    disp();
    disp();
    disp();
    disp();
    disp();
```

```
        disp();
        disp();
        if(count)
            COUNTER++;
        if(COUNTER>20)
            COUNTER=0;
        }
    }
```

将 C51 程序编译生成 HEX 文件，然后采用 STC-ISP 软件将 HEX 文件下载到单片机中。

4. 设计任务 2 中 PC 端 LabVIEW 程序

1）程序前面板设计

（1）为显示通信状态，添加 1 个字符串显示控件：控件→新式→字符串与路径→字符串显示控件，将标签改为“通信状态：”。

（2）为获得串行端口号，添加 1 个串口资源名称控件：控件→新式→I/O→VISA 资源名称；单击控件箭头，选择串口号，如“ASRL1：”或 COM1。

（3）为执行相关命令，添加 5 个确定按钮控件：控件→新式→布尔→确定按钮，将标题改为测试、开始计数、停止计数、打开指示灯和关闭指示灯。

（4）为执行关闭程序命令，添加 1 个停止按钮控件：控件→新式→布尔→停止按钮，将标题改为“关闭程序”。

设计的程序前面板如图 10-9 所示。

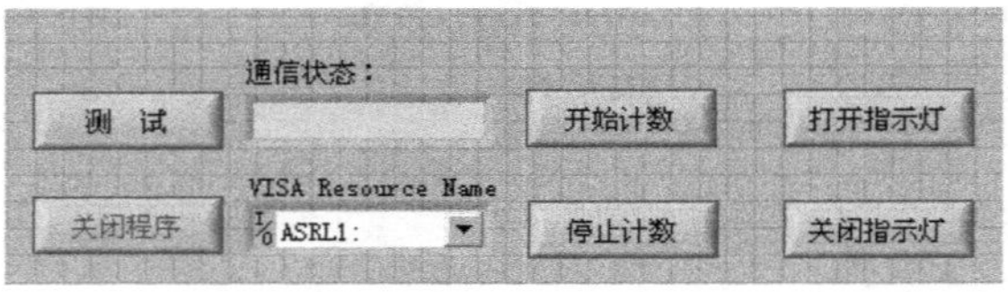

图 10-9 程序前面板

2）框图程序设计

（1）为设置通信参数，添加 1 个串口配置函数：函数→仪器 I/O→串口→VISA 配置串口。

（2）为设置通信参数值，添加 4 个数值常量：函数→编程→数值→数值常量，值分别为 4800（波特率）、8（数据位）、0（校验位，无）、1（停止位）。

（3）为周期性地监测串口接收缓冲区的数据，添加 1 个 While 循环结构：函数→编程→ 结构→While 循环。

以下添加的函数或结构放置在循环结构框架中。

（4）为判断是否执行相关命令，添加 6 个条件结构：函数→编程→结构→条件结构。

以下条件结构的序号是按从上到下、从左到右的顺序排列。

（5）为发送数据到串口，在条件结构 1 的“真”选项中添加 1 个串口写入函数：函数→仪器 I/O→串口→VISA 写入，并拖入条件结构（上）“真”选项框架中。

（6）为获得串口缓冲区数据个数，在条件结构 1 的“真”选项中添加 1 个串口字节数函数：函数→仪器 I/O→串口→VISA 串口字节数，标签为“Property Node”。

（7）为从串口缓冲区获取返回数据，在条件结构 1 的“真”选项中添加 1 个串口读取函数：函数→仪器 I/O→串口→ VISA 读取，并拖入条件结构（下）“真”选项框架中。

（8）在条件结构 1 的“真”选项中添加两个字符串常量“H”和“OK”。

（9）在条件结构 1 的“真”选项中添加 1 个比较函数“=”：函数→编程→比较→等于？。

（10）在条件结构 1 的“真”选项中添加 1 个条件结构：在该条件结构的“真”选项中添加 1 个字符串常量“OK!”，在该条件结构的“假”选项中添加 1 个局部变量“通信状态：”和 1 个字符串常量“ERROR!”。

（11）在条件结构 2、3、4、5 的“真”选项中分别添加 1 个写串口函数。

（12）在条件结构 2、3、4、5 的“真”选项中分别添加 1 个字符串常量 R、S、A 和 B。

（13）为关闭串口，在条件结构 6 的真选项中添加 1 个串口关闭函数：函数→仪器 I/O→串口→VISA 关闭。

（14）为以一定的周期监测串口接收缓冲区的数据，添加 1 个时钟函数：函数→编程→定时→等待下一个整数倍毫秒。

（15）为设置检测周期，添加 1 个数值常量：函数→编程→数值→ 数值常量，将值改为 200（时钟频率值）。

（16）分别将“测试”按钮图标、“开始计数”按钮图标、“停止计数”按钮图标、“打开指示灯”按钮图标、“关闭指示灯”按钮图标和“关闭程序”按钮图标拖入 While 循环结构中。

（17）将 VISA 资源名称函数的输出端口分别与 VISA 串口配置函数、各个 VISA 写入函数、VISA 读取函数、VISA 关闭函数的输入端口“VISA 资源名称”相连。

（18）将 VISA 资源名称函数的输出端口与串口字节数函数的输入端口“引用”相连。

（19）将串口字节数函数的输出端口“Number of bytes at Serial port”与 VISA 读取函数的输入端口“字节总数”相连。

（20）将 VISA 读取函数的输出端口“读取缓冲区”与比较函数“等于?”的输入端口“x”相连。

（21）在各条件结构的“真”选项中，分别将字符常量 H、R、S、A 和 B 与 VISA 写入函数的输入端口“写入缓冲区”相连。

其他函数的连接在此不做介绍。

设计好的框图程序如图 10-10 所示。

3）运行程序

单击快捷工具栏“运行”按钮，运行程序。

（1）单击“测试”按钮，将字符“H”发送到单片机，若 PC 与单片机通信正常，程序界面显示“OK!”，否则显示“ERROR!”。

（2）循环计数。单击“开始计数”按钮，单片机的显示器从 0 开始计数；当计到 20 时，回到 0 重新开始，依次循环；单击“停止计数”按钮，单片机显示器停止计数，再单击“开始计数”按钮，接着停下的数继续计数。

（3）控制指示灯。单击“打开指示灯”按钮，单片机上 1 号灯亮，同时蜂鸣器响；单击“关闭指示灯”按钮，1 号灯灭，蜂鸣器停止响。

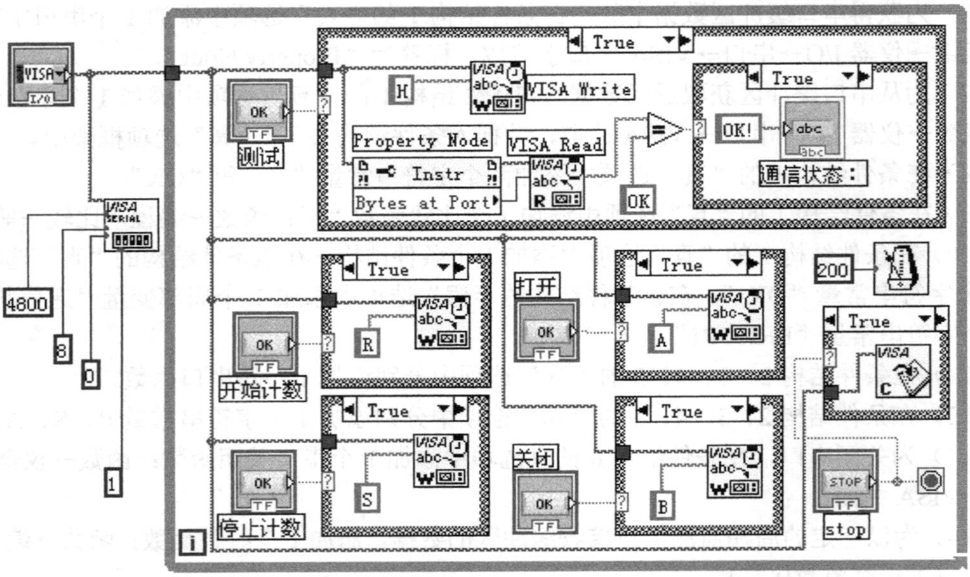

图 10-10　框图程序

程序运行界面如图 10-11 所示。

图 10-11　程序运行界面

实例 28　PC 与多个单片机串口通信

一、线路连接

当 PC 与多台具有 RS-232 接口的单片机开发板通信时，可使用 RS-232/RS-485 通信接口转换器，将计算机上的 RS-232 通信口转换为 RS-485 通信口，在信号进入单片机开发板前再使用 RS-485/RS-232 转换器将 RS-485 通信口转换为 RS-232 通信口，再与单片机开发板相连，如图 10-12 所示。每个从机在网络中具有不同的地址。

RS-232/RS-485 通信接口转换器是双向的，既可以将 RS-232 转换为 RS-485，也可以将 RS-485 转换为 RS-232。

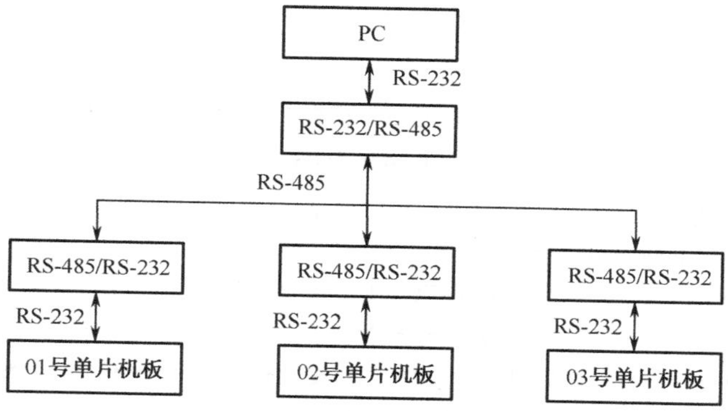

图 10-12　PC 与多个单片机通信

二、设计任务

采用 Keil C51 语言和 LabVIEW 语言编写程序实现 PC 与多个单片机串口通信。任务要求为：PC 通过 RS-485 串行口将十六进制数（如 01 11，其中 01 表示单片机地址，11 表示继电器状态）发送给多个单片机，驱动地址吻合的单片机继电器动作，并在数码管显示接收的数据。单片机接收到数据后，返回十六进制数（如 01 11）给 PC。具体任务参见表 10-1。

表 10-1　单片机与 PC 通信设计任务

单片机板地址	PC 发送数据（十六进制）	单片机板动作	单片机数码管显示并返回给 PC
01	01 11	1 号单片机板继电器 1、2 动作	01 11
	01 01	1 号单片机板继电器 1 动作	01 01
	01 10	1 号单片机板继电器 2 动作	01 10
	01 00	1 号单片机板继电器 1、2 不动作	01 00
02	02 11	2 号单片机板继电器 1、2 动作	02 11
	02 01	2 号单片机板继电器 1 动作	02 01
	02 10	2 号单片机板继电器 2 动作	02 10
	02 00	2 号单片机板继电器 1、2 不动作	02 00
03	03 11	3 号单片机板继电器 1、2 动作	03 11
	03 01	3 号单片机板继电器 1 动作	03 01
	03 10	3 号单片机板继电器 2 动作	03 10
	03 00	3 号单片机板继电器 1、2 不动作	03 00

单片机与 PC 通信，在程序设计上涉及两部分的内容：一是单片机端数据采集、控制和通信程序；二是 PC 端通信和功能程序。

三、任务实现

1. 单片机端 C51 程序

各个单片机开发板 C51 程序基本相同，只是地址不同，在常量声明#define 语句中体现。

```
#include<reg51.h>
#include<string.h>
#define addr    01                    // 02 号单片机板 C51 程序 addr 为 02；03 号单片机板 C51
                                      // 程序 addr 为 03
#defineuint   unsigned int
#define uchar       unsigned char
sbit jdq1=P2^0;                       // 继电器 1
sbit jdq2=P2^1;                       // 继电器 2
/**********************数码显示 键盘接口定义**********************/
sbit PS0=P2^4;                        // 数码管个位
sbit PS1=P2^5;                        // 数码管十位
sbit PS2=P2^6;                        // 数码管百位
sbit PS3=P2^7;                        // 数码管千位
sfr   P_data=0x80;                    // P0 口为显示数据输出口
sbit P_K_L=P2^2;                      // 键盘列
                                      // 字段转换表
uchar tab[]={0xfc,0x60,0xda,0xf2,0x66,0xb6,0xbe,0xe0,0xfe,0xf6,0xee,0x3e,0x9c,0x7a,0x9e,0x8e};
uchar data_buf[2];
void init_serial(void);
bit recv_data(void);
void display(uchar   a,uchar   c);
void sw_out(unsigned char b);         // 开关量输出
void delay(unsigned int delay_time);
void main(void)
{     uint a;
  init_serial();
  EA=0;
  while(1)
  {
        if(recv_data()==0)
        {     data_buf[0]=0;
              data_buf[1]=0;
              continue;
        }
        sw_out(data_buf[1]);
        TI=0;
        SBUF=data_buf[0];
        while(!TI);
        TI=0;
        TI=0;
        SBUF=data_buf[1];
```

```
        while(!TI);
        TI=0;
        for(a=0;a<200;a++)              // 显示，兼有延时的作用
            display(data_buf[1],data_buf[0]);
    }
 }
/**************************串口初始化函数*************************/
/*函数原型：void init_serial(void)
/*函数功能：设置串口通信参数及方式
/*****************************************************************/
void init_serial(void)
{      TMOD=0X20;//定时器 1 方式 2
 TH1=0XFA;
 TL1=0XFA;
 PCON=0X80;
 SCON=0X50;                        // 串口方式 1，允许接收，波特率为 9600bit/s
 TR1=1;                            // 开始计时
 }
/**************************数据接收函数**************************/
/*函数原型：void recv_data(uint temp)
/*函数功能：数据发送
/*输入参数：temp
/*****************************************************************/
 bit recv_data(void)
 {      uchar c0=0;
 uchar tmp,i=0;
 while(c0<2)
 {      RI=0;
        while(!RI);
        tmp=SBUF;
        RI=0;
        data_buf[i]=tmp;
        i++;
        c0++;
 }
 if(data_buf[0]!=addr)
        return 0;
 return 1;
}
/**************************数码管显示函数*************************/
/*函数原型：void display(void)
```

```
/*函数功能：数码管显示
/*调用模块：delay()
/*******************************************************************/
void display(uchar   a,uchar   c)
{
    bit b=P_K_L;
  P_K_L=1;//防止按键干扰显示
    P_data=tab[a&0x0f];            // 显示数据 1 位
    PS0=0;
  PS1=1;
  PS2=1;
  PS3=1;
  delay(200);
    P_data=tab[(a>>4)&0x0f];       // 显示数据十位
    PS0=1;
  PS1=0;
  delay(200);
    P_data=tab[c];                 // 显示地址 1 位
    PS1=1;
    PS2=0;
  delay(200);
    P_data=tab[0];                 // 显示地址十位
    PS2=1;
    PS3=0;
  delay(200);
  PS3=1;
    P_K_L=b;                       // 恢复按键
  P_data=0xff;                     // 恢复数据口
}
/**************************数据输出函数**************************/
/*函数原型：void sw_out(uchar a)
/*函数功能：数据采集
/*******************************************************************/
void sw_out(unsigned char b)
{
    if(b==0x00)
   {
     jdq1=1;                       // 接收到 PC 发来的数据 00，关闭继电器 1 和 2
      jdq2=1;
   }
  else if(b==0x01)
```

```
    {
        jdq1=1;                          // 接收到 PC 发来的数据 01，继电器 1 关闭，继电器 2 打开
        jdq2=0;
    }
    else if(b==0x10)
    {
        jdq1=0;                          // 接收到 PC 发来的数据 10，继电器 1 打开，继电器 2 关闭
        jdq2=1;
    }
    else if(b==0x11)
    {
        jdq1=0;                          // 接收到 PC 发来的数据 11，打开继电器 1 和 2
        jdq2=0;
    }
}
/********************************延时函数**********************************/
/*函数原型：delay(unsigned int delay_time)
/*输入参数：delay_time (输入要延时的时间)
/**********************************************************************/
void delay(unsigned int delay_time) // 延时子程序
{for(;delay_time>0;delay_time--)
{}
    }
```

将 C51 程序编译生成 HEX 文件，然后采用 STC-ISP 软件将 HEX 文件下载到单片机中。

打开“串口调试助手”程序（ScomAssistant.exe），首先设置串口号为 COM1、波特率为 9600、校验位为 NONE、数据位为 8、停止位为 1 等参数（**注意**：设置的参数必须与单片机一致），选择“十六进制显示”和“十六进制发送”，打开串口。

PC 通过串行口将十六进制数发送给多个单片机，驱动地址吻合的单片机继电器动作，并在数码管显示接收的数。单片机接收到数据后，返回原数据给 PC。

如 PC 发送十六进制数据“01 11”，驱动 1 号单片机板继电器 1 和 2 打开，单片机返回十六进制数据“01 11”。如图 10-13 所示。

2．PC 端 LabVIEW 程序

1）程序前面板设计

（1）为输入单片机地址、继电器状态，添加两个字符串输入控件：控件→新式→字符串与路径→字符串输入控件，将标签改为“单片机地址：”和“继电器状态：”。

（2）为显示返回的数据，添加 1 个字符串显示控件：控件→新式→字符串与路径→字符串显示控件，将标签改为“返回数据：”，右键单击该控件，选择“十六进制显示”选项。

（3）为获得串行端口号，添加 1 个串口资源检测控件：控件→新式→I/O→VISA 资源名称；单击控件箭头，选择串口号，如“ASRL1：”或 COM1。

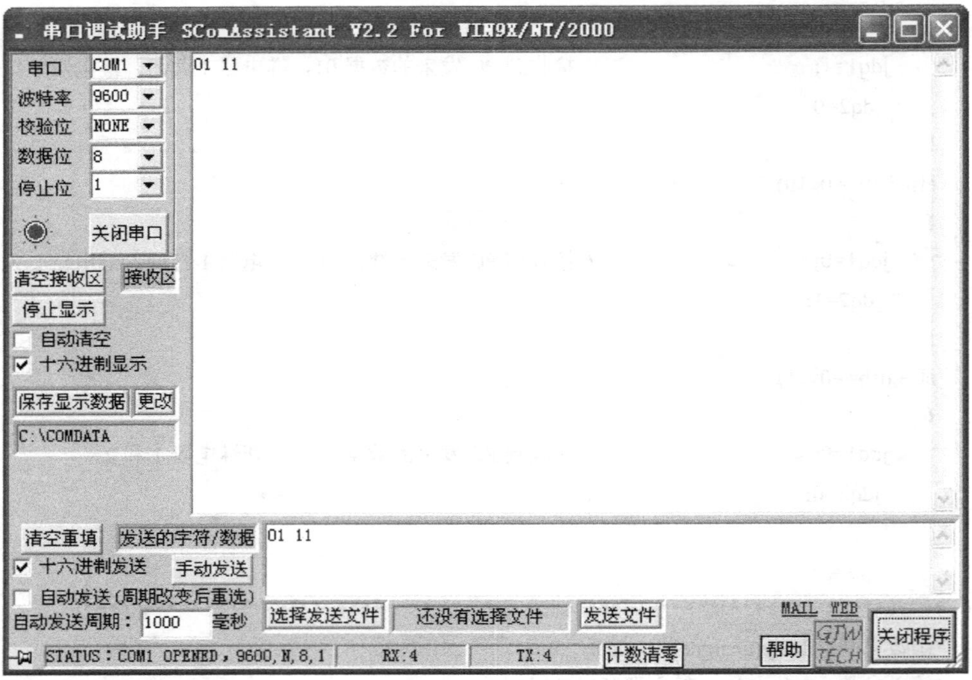

图 10-13　串口调试助手

图 10-14　程序前面板

（4）为了向单片机发送指令，添加 1 个确定按钮控件：控件→新式→布尔→确定按钮，将标题改为“输出”。

设计的程序前面板如图 10-14 所示。

2）框图程序设计

（1）添加 1 个顺序结构：函数→编程→结构→层叠式顺序结构。

将其帧设置为 4 个（序号 0～3）。设置方法：选中层叠式顺序结构上边框，单击右键，执行“在后面添加帧”命令 3 次。

（2）在顺序结构 Frame0 中添加函数。

① 为设置通信参数，添加 1 个配置串口函数：函数→仪器 I/O→串口→VISA 配置串口。

② 为设置通信参数值，添加 4 个数值常量：函数→编程→数值→数值常量，值分别为 9600（波特率）、8（数据位）、0（校验位，无）、1（停止位）。

③ 将数值常量 9600、8、0、1 分别与 VISA 配置串口函数的输入端口波特率、数据比特、奇偶、停止位相连。

连接好的框图程序如图 10-15 所示。

（3）在顺序结构 Frame1 中添加函数。

① 将控件“单片机地址：”“继电器状态：”和“输出按钮”的图标拖入顺序结构的 Frame 1 中。

② 为了实现数制转换，在顺序结构 Frame 1 中添加两个字符串转换函数：函数→编程→

字符串/数值转换→十六进制数字符串至数值转换。

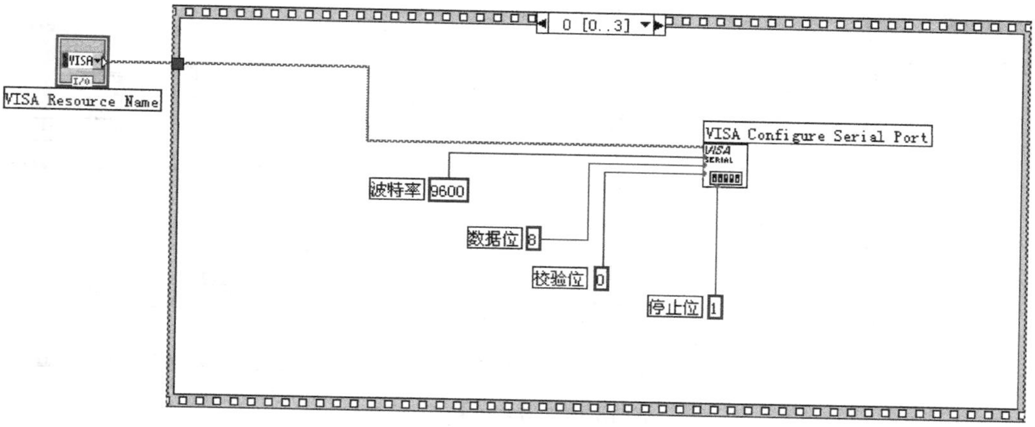

图 10-15　串口初始化框图程序

③ 在顺序结构 Frame 1 中添加 1 个创建数组函数：函数→编程→数组→创建数组。

④ 在顺序结构 Frame 1 中添加字节数组转字符串函数：函数→编程→字符串→字符串/数组/路径转换→字节数组至字符串转换。

⑤ 在顺序结构 Frame 1 中添加 1 个条件结构：函数→编程→结构→条件结构。

⑥ 为了发送数据到串口，在顺序结构 Frame 1 中条件结构的“真”选项中添加 1 个串口写入函数：函数→仪器 I/O→串口→VISA 写入。

⑦ 将 VISA 资源名称函数的输出端口与 VISA 写入函数的输入端口“VISA 资源名称”相连。

⑧ 将输出按钮（OK Button）与条件结构的选择端口?相连。

⑨ 将字符串输入控件“单片机地址:”“继电器状态:”的输出口分别与两个“十六进制数字符串至数值转换”函数的输入口“字符串”相连。

⑩ 将两个十六进制数字符串至数值转换函数的输出口“数字”分别与创建数组函数的输入口“元素”相连。

⑪ 将创建数组函数的输出口“添加的数组”与字节数组至字符串转换函数的输入端口“无符号字节数组”相连。

⑫ 将字节数组至字符串转换函数的输出端口“字符串”与 VISA 写入函数的输入端口“写入缓冲区”相连。

连接好的框图程序如图 10-16 所示。

（4）在顺序结构 Frame2 中添加函数。

① 为了实现延时，在顺序结构的 Frame 2 中添加 1 个时钟函数：函数→编程→定时→等待下一个整数倍毫秒。

② 在顺序结构的 Frame2 中添加 1 个数值常量：函数→编程→数值→数值常量，将值改为 1000（时钟频率值）。

③ 在顺序结构的 Frame 2 中将数值常量（值为 1000）与等待下一个整数倍毫秒函数的输入端口“毫秒倍数”相连。

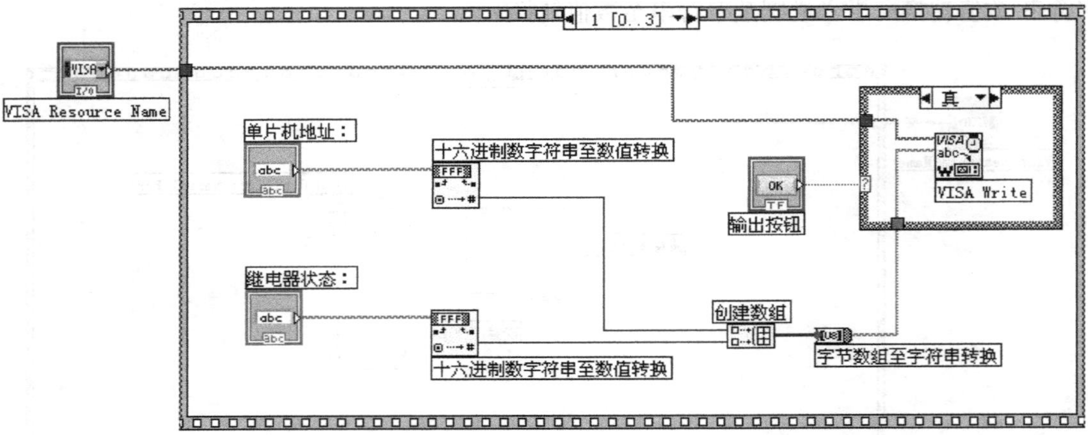

图 10-16　发指令框图程序

连接好的框图程序如图 10-17 所示。

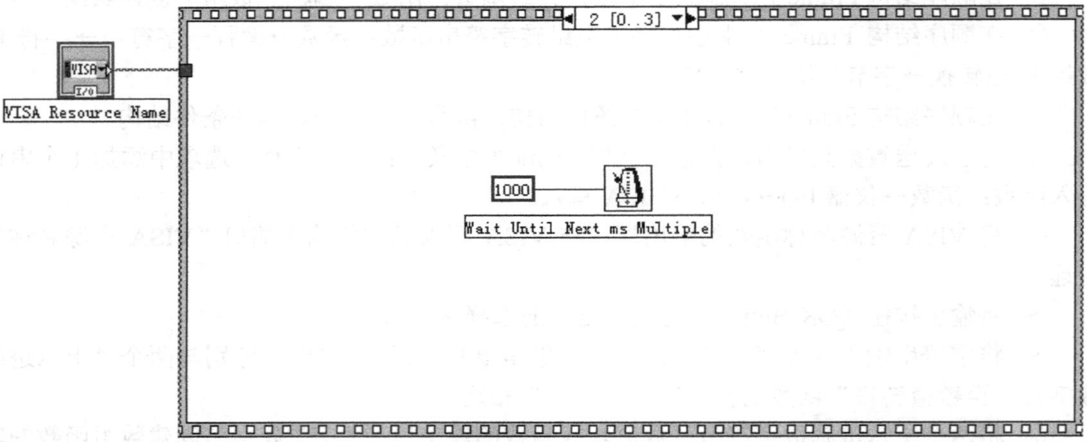

图 10-17　延时框图程序

（5）在顺序结构 Frame3 中添加函数。

① 为获得串口缓冲区数据个数，在顺序结构的 Frame 3 中，添加 1 个串口字节数函数：函数→仪器 I/O→串口→ VISA 串口字节数，标签为“Property Node”。

② 为从串口缓冲区获取返回数据，在顺序结构的 Frame 3 中，添加 1 个串口读取函数：函数→仪器 I/O→串口→ VISA 读取。

③ 将字符串显示控件“返回数据：”的图标拖入顺序结构的 Frame 3 中。

④ 将 VISA 串口字节数函数的输出端口 VISA 资源名称与 VISA 读取函数的输入端口“VISA 资源名称”相连。

⑤ 将 VISA 串口字节数函数的输出端口“Number of bytes at Serial port”与 VISA 读取函数的输入端口“字节总数”相连。

⑥ 将 VISA 读取函数的输出端口“读取缓冲区”与控件“返回数据：”的输入端口相连。

连接好的框图程序如图 10-18 所示。

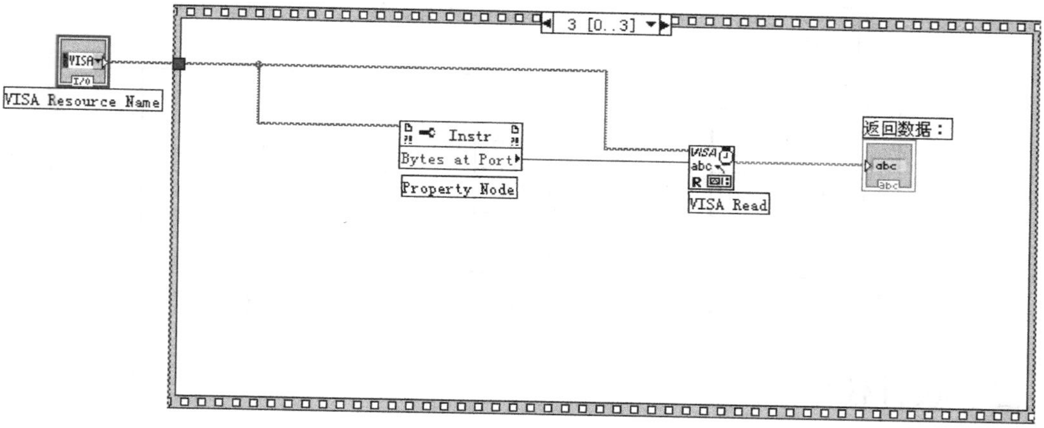

图 10-18　读数据框图程序

3）运行程序

进入程序前面板，保存设计好的 VI 程序。

单击快捷工具栏“连续运行”按钮，运行程序。

在“单片机地址：”文本框中输入 01、02 或 03，在“继电器状态：”文本框中输入 00、01、10 或 11，单击“输出”按钮，将数据发送给单片机，驱动相应地址单片机的继电器动作；单片机收到后回传这个数字，PC 接收到回传数据后会在“返回数据：”文本框中显示出来（十六进制）。

程序运行界面如图 10-19 所示。

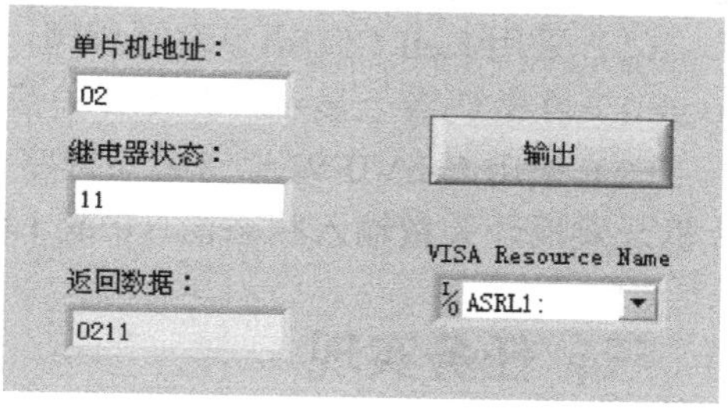

图 10-19　程序运行界面

实例 29　单片机开关量输入

一、线路连接

PC 与单片机开发板构成的开关量输入线路如图 10-20 所示。单片机开发板与 PC 数据通信采用 3 线制，将单片机开发板的串口与 PC 串口的 3 个引脚（RXD、TXD、GND）分别连在一起，即将 PC 和单片机的发送数据线 TXD 与接收数据 RXD 交叉连接，两者的地线 GND 直接相连。

使用杜邦线将单片机开发板的开关量输入端口 DI1、DI2、DI3、DI4 与 DGND 端口连接或断开，产生数字信号 0 或 1。

有关单片机开发板 B 的详细信息请查询电子开发网 http://www.dzkfw.com/。

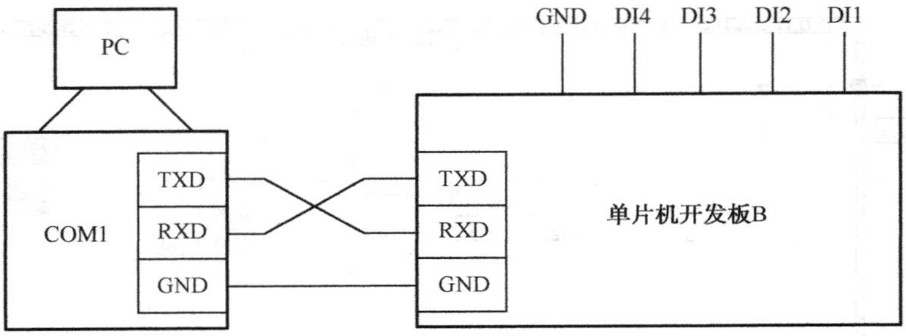

图 10-20　PC 与单片机开发板构成的开关量输入线路

二、设计任务

单片机与 PC 通信，在程序设计上涉及两部分的内容：一是单片机端数据采集、控制和通信程序；二是 PC 端通信和功能程序。

（1）采用 Keil C51 语言编写程序，实现单片机开发板开关量输入，将开关量输入状态值（0 或 1）在数码管上显示，并将开关信号发送到 PC。

（2）采用 LabVIEW 语言编写程序，实现 PC 与单片机开发板串口通信，要求 PC 接收单片机开发板开关量输入状态值（0 或 1）并显示。

三、任务实现

1. 单片机端 C51 程序

以下是完成单片机开关量输入的 C51 参考程序：

```
/*******************************************************************
程序功能：检测开关量输入端口状态（1 或 0，如 1111 表示 4 个通道均为高电平，0000 表示 4 个通道均为低电平），在数码管显示，并以二进制形式发送给 PC
*******************************************************************/
#include <REG51.H>
/*****************开关端口定义**************************************/
sbit sw_0=P3^3;
sbit sw_1=P3^4;
sbit sw_2=P3^5;
sbit sw_3=P3^6;
/*********************数码显示 键盘接口定义*******************************/
sbit PS0=P2^4;                         // 数码管个位
sbit PS1=P2^5;                         // 数码管十位
sbit PS2=P2^6;                         // 数码管百位
sbit PS3=P2^7;                         // 数码管千位
sfr  P_data=0x80;                      // P0 口为显示数据输出口
```

```
 sbit P_K_L=P2^2;                                    // 键盘列
    ;                                                // 字段转换表
 unsigned char tab[]={0xfc,0x60,0xda,0xf2,0x66,0xb6,0xbe,0xe0,0xfe,0xf6,0xee,0x3e,0x9c,0x7a,0x9e,0x8e}
 unsigned int sw_in(void);                           // 开关量输入采集
 void display(unsigned int a);                       // 显示函数
 void delay(unsigned int);                           // 延时函数
 void main(void)
 {
      unsigned int a,temp;
      TMOD=0x20;                                     // 定时器 1—方式 2
      TL1=0xfd;
      TH1=0xfd;                                      // 11.0592MHz 晶振，波特率为 9600bit/s
      SCON=0x50;                                     // 方式 1
      TR1=1;                                         // 启动定时
      while(1)
  {
        temp=sw_in();
         for(a=0;a<200;a++)                          // 显示，兼有延时的作用
               display(temp);
        SBUF=(unsigned char)(temp>>8);               // 将测量结果发送给 PC
          while(TI!=1);
        TI=0;
        SBUF=(unsigned char)temp;
          while(TI!=1);
        TI=0;
  }
}
/**************************数码管显示函数**************************/
/*函数原型：void display(void)
/*函数功能：数码管显示
/*调用模块：delay()
/*****************************************************************/
unsigned int sw_in(void)
{
     unsigned int a=0;
 if(sw_0)
      a=a+1;
 if(sw_1)
      a=a+0x10;
 if(sw_2)
      a=a+0x100;
```

```
  if(sw_3)
        a=a+0x1000;
      return a;
}
/**************************数码管显示函数*************************/
/*函数原型：void display(void)
/*函数功能：数码管显示
/*调用模块：delay()
/*****************************************************************/
void display(unsigned int a)
{
      bit b=P_K_L;
  P_K_L=1;                                    // 防止按键干扰显示
      P_data=tab[a&0x0f];                     // 显示个位
      PS0=0;
  PS1=1;
  PS2=1;
  PS3=1;
  delay(200);
      P_data=tab[(a>>4)&0x0f];                // 显示十位
      PS0=1;
  PS1=0;
  delay(200);
      P_data=tab[(a>>8)&0x0f];                // 显示百位
      PS1=1;
      PS2=0;
  delay(200);
      P_data=tab[(a>>12)&0x0f];               // 显示千位
      PS2=1;
      PS3=0;
  delay(200);
      PS3=1;
      P_K_L=b;                                // 恢复按键
        P_data=0xff;                          // 恢复数据口
}
/********************************延时函数*********************************/
/*函数原型：delay(unsigned int delay_time)
/*函数功能：延时函数
/*输入参数：delay_time (输入要延时的时间)
/**********************************************************************/
void delay(unsigned int delay_time)           // 延时子程序
```

```
{for(;delay_time>0;delay_time--)
{}
  }
```

将 C51 程序编译生成 HEX 文件，然后采用 STC-ISP 软件将 HEX 文件下载到单片机中。

打开“串口调试助手”程序（ScomAssistant.exe），首先设置串口号为 COM1、波特率为 9600、校验位为 NONE、数据位为 8、停止位为 1 等参数（**注意**：设置的参数必须与单片机一致），选择“十六进制显示”和“十六进制发送”，打开串口。

如果 PC 与单片机开发板串口连接正确，则单片机连续向 PC 发送检测的开关量输入值，用 2 字节的十六进制数据表示，如 10 11，该数据串在返回信息框内显示，如图 10-21 所示。10 11 表示开关量输入 1、3 和 4 通道为高电平，2 通道为低电平。

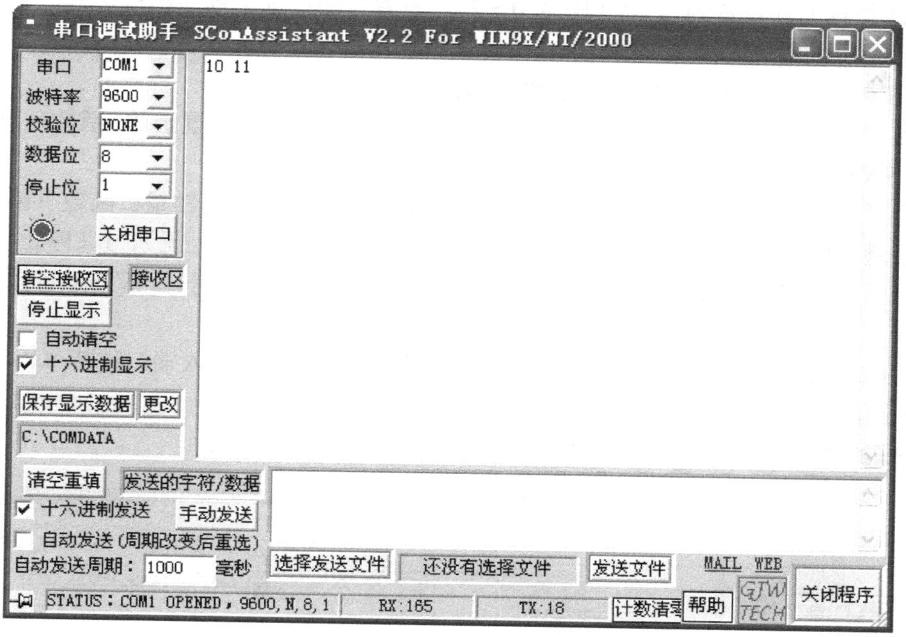

图 10-21　串口调试助手

2．PC 端 LabVIEW 程序

1）程序前面板设计

（1）为了显示开关信号输入状态，添加 4 个指示灯控件：控件→新式→布尔→圆形指示灯，将标签分别改为 DI0～DI3。

（2）为了显示开关信号输入状态值，添加 1 个字符串显示控件：控件→新式→字符串与路径→ 字符串显示控件，标签改为“数字量输入状态:”。右键单击该控件，选择“十六进制显示”选项。

（3）为了获得串行端口号，添加 1 个串口资源检测控件：控件→新式→I/O→VISA 资源名称；单击控件箭头，选择串口号，如“ASRL1:”或 COM1。

设计的程序前面板如图 10-22 所示。

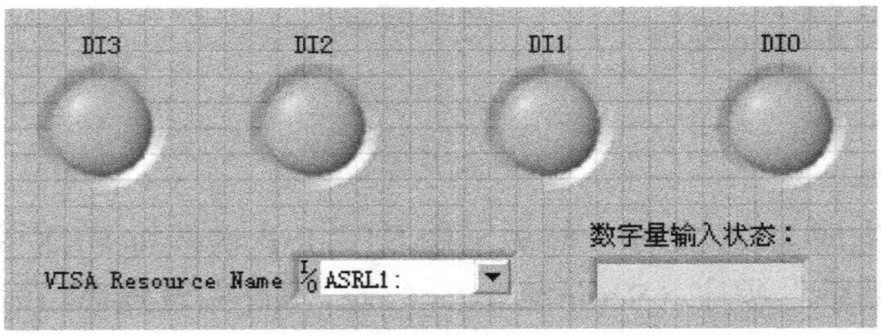

图 10-22　程序前面板

2）框图程序设计

程序设计思路：单片机向 PC 串口发送数字量输入通道状态值，PC 读取各通道状态值。

（1）添加 1 个顺序结构：函数→编程→结构→层叠式顺序结构。

将顺序结构的帧设置为 3 个（序号 0～2）。设置方法：选中顺序结构边框，单击鼠标右键，执行“在后面添加帧”命令 2 次。

（2）在顺序结构 Frame 0 中添加函数与结构。

① 为了设置通信参数，在顺序结构 Frame 0 中添加 1 个串口配置函数：函数→仪器 I/O→串口→ VISA 配置串口。

② 为了设置通信参数值，在顺序结构 Frame 0 中添加 4 个数值常量：函数→编程→数值→ 数值常量，值分别为 9600（波特率）、8（数据位）、0（校验位，无）、1（停止位）。

③ 将函数 VISA 资源名称的输出端口与串口配置函数的输入端口“VISA 资源名称”相连。

④ 将数值常量 9600、8、0、1 分别与 VISA 配置串口函数的输入端口波特率、数据比特、奇偶、停止位相连。

连接好的框图程序如图 10-23 所示。

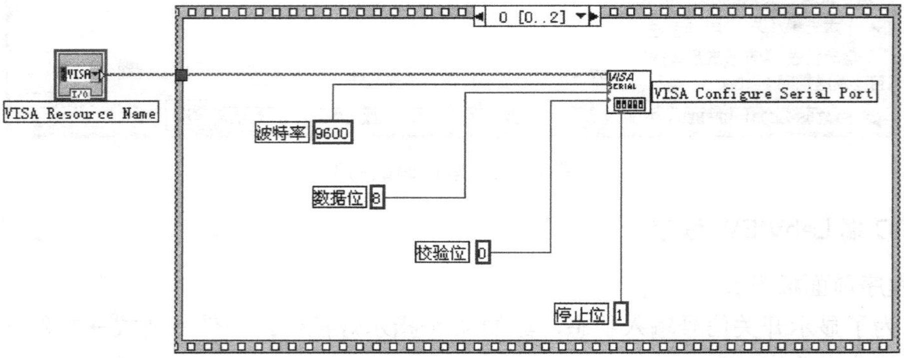

图 10-23　初始化串口框图程序

（3）在顺序结构 Frame 1 中添加函数与结构。

① 为了获得串口缓冲区数据个数，添加 1 个串口字节数函数：函数→仪器 I/O→串口→VISA 串口字节数，标签为“Property Node”。

② 为了从串口缓冲区获取返回数据，添加 1 个串口读取函数：函数→仪器 I/O→串口→VISA 读取。

③ 添加 1 个扫描值函数：函数→编程→字符串→字符串/数值转换→扫描值。

④ 添加 1 个数值常量：函数→编程→数值→数值常量，值为 0。

⑤ 添加 1 个字符串常量：函数→编程→字符串→字符串常量，值为“%b”，表示输入的是二进制数据。

⑥ 添加 1 个强制类型转换函数：函数→编程→数值→数据操作→强制类型转换。

⑦ 添加两个比较函数：函数→编程→比较→“等于?”。

⑧ 添加两个字符串常量：函数→编程→字符串→字符串常量，右键单击这两个字符串常量，选择“十六进制显示”，将值改为“1111”和“1100”。

⑨ 添加两个条件结构：函数→编程→结构→条件结构。

⑩ 在左边条件结构“真”选项中，添加 4 个真常量；在右边条件结构“真”选项中，添加两个真常量和两个假常量：函数→编程→布尔→真常量或假常量。

⑪ 将 4 个指示灯控件移入左边的条件结构“真”选项中，在右边条件结构“真”选项中，添加 4 个局部变量，右键单击局部变量，“选择项”分别选 DI0、DI1、DI2 和 DI3。

⑫ 将 VISA 资源名称函数的输出端口与串口字节数函数（顺序结构 Frame1 中）的输入端口“引用”相连。

⑬ 将串口字节数函数的输出端口“VISA 资源名称”与 VISA 读取函数的输入端口“VISA 资源名称”相连。

⑭ 将串口字节数函数的输出端口“Number of bytes at Serial port”与 VISA 读取函数的输入端口“字节总数”相连。

⑮ 将 VISA 读取函数的输出端口“读取缓冲区”与扫描值函数的输入端口“字符串”相连。

⑯ 将字符串常量（值为%b）与扫描值函数的输入端口“格式字符串”相连。

⑰ 将扫描值函数的输出端口“输出字符串”与强制类型转换函数的输入端口“x”相连。

⑱ 将强制类型转换函数的输出端口分别与两个比较函数“=”的输入端口“x”相连；并与“数字量输入状态：”显示控件相连。

⑲ 将两个字符串常量“1111”和“1100”分别与两个比较函数“=”的输入端口“y”相连。

⑳ 将两个比较函数“=”的输出端口“x=y?”分别与条件结构的选择端口?相连。

㉑ 在条件结构中，将真常量与假常量分别与指示灯控件及其局部变量相连。

连接好的框图程序如图 10-24 所示。

（4）在顺序结构 Frame2 中添加 1 个时间延迟函数：函数→编程→定时→时间延迟，时间采用默认值，如图 10-25 所示。

3）运行程序

单击快捷工具栏“连续运行”按钮，运行程序。

使用杜邦线将单片机开发板 B 的 DI0、DI1、DI2、DI3 端口与 DGND 端口连接或断开产生数字信号 0 或 1，并送到单片机开发板数字量输入端口，在数码管上显示；数字信号同时发送到 PC 程序界面显示。

程序运行界面如图 10-26 所示。

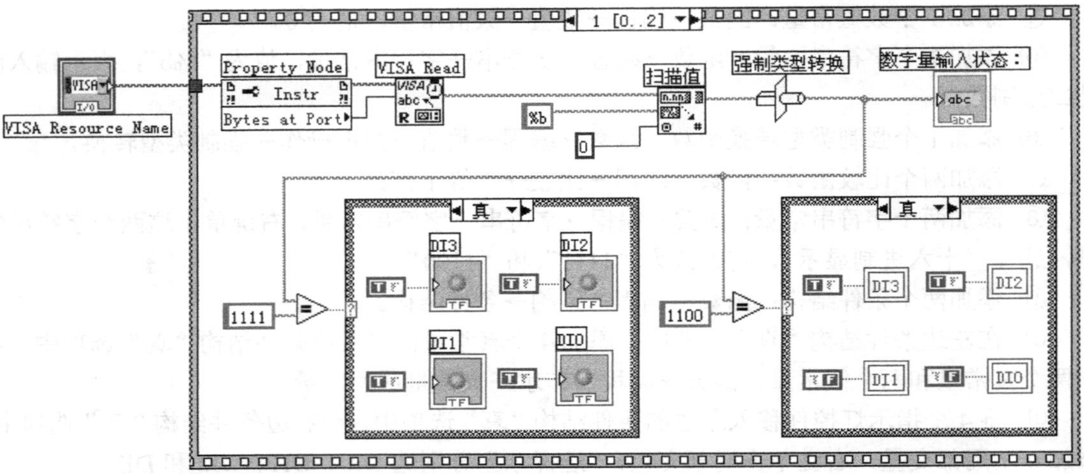

图 10-24　接收返回信息框图程序

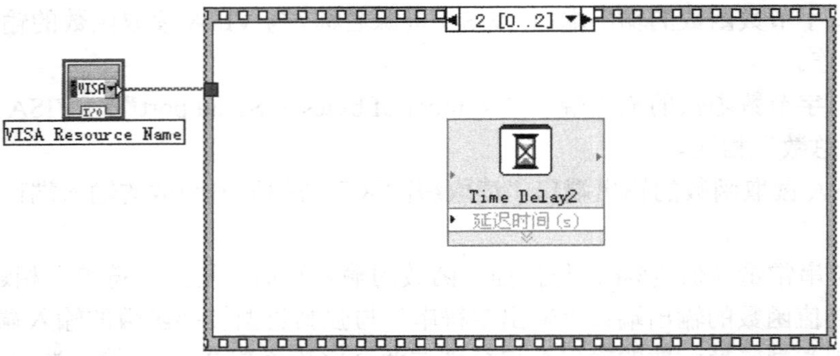

图 10-25　延时框图程序

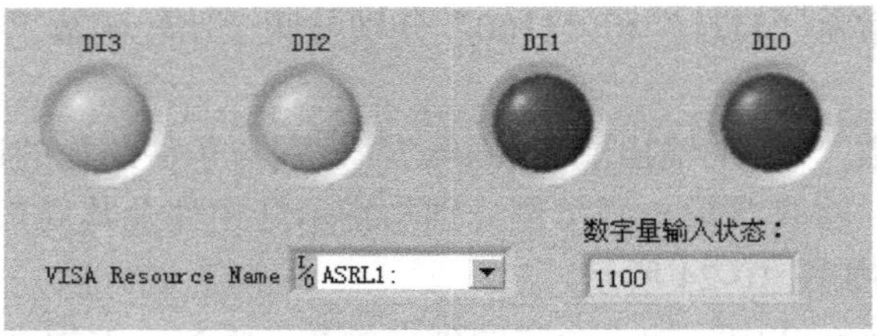

图 10-26　程序运行界面

实例 30　单片机开关量输出

一、线路连接

PC 与单片机开发板构成的开关量输出线路如图 10-27 所示。单片机开发板与 PC 数据通信采用 3 线制，将单片机开发板的串口与 PC 串口的 3 个引脚（RXD、TXD、GND）分别连在一起，即将 PC 和单片机的发送数据线 TXD 与接收数据 RXD 交叉连接，两者的地线 GND 直接相连。

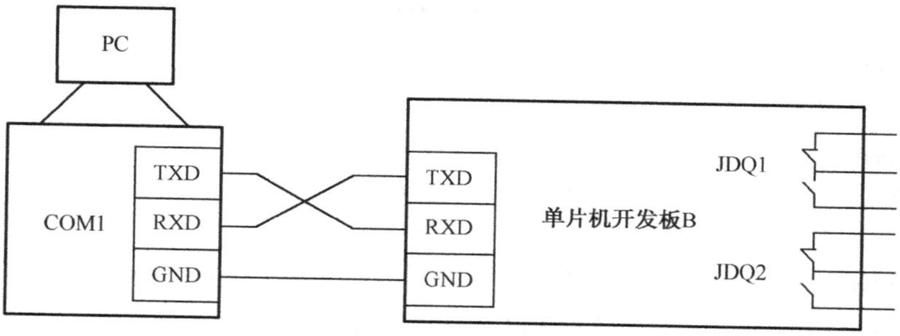

图 10-27　PC 与单片机开发板构成的开关量输出线路

开关量输出不需要连线，直接使用单片机开发板的继电器和指示灯来指示。

二、设计任务

单片机与 PC 通信，在程序设计上涉及两部分的内容：一是单片机端数据采集、控制和通信程序；二是 PC 端通信和功能程序。

（1）采用 Keil C51 语言编写程序，实现单片机开发板开关量输出，将开关量输出状态值（0 或 1）在数码管上显示，并驱动相应的继电器动作。

（2）采用 LabVIEW 语言编写程序，实现 PC 与单片机开发板串口通信，要求 PC 发出开关指令（0 或 1）传送给单片机开发板。

三、任务实现

1. 单片机端 C51 程序

以下是完成单片机开关量输出的 C51 参考程序：

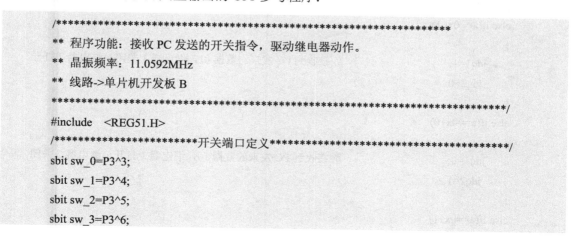

```
/*****************************************************************
** 程序功能：接收 PC 发送的开关指令，驱动继电器动作。
** 晶振频率：11.0592MHz
** 线路->单片机开发板 B
*******************************************************************/
#include  <REG51.H>
/************************开关端口定义*****************************/
sbit sw_0=P3^3;
sbit sw_1=P3^4;
sbit sw_2=P3^5;
sbit sw_3=P3^6;
```

```
sbit jdq1=P2^0;                        // 继电器 1
sbit jdq2=P2^1;                        // 继电器 2
void sw_out(unsigned char a);          // 开关量输出
/**************************************************************************/
void  main(void)
{
    unsigned char a=0;
    TMOD=0x20;                         // 定时器 1—方式 2
    TL1=0xfd;
    TH1=0xfd;                          // 11.0592MHz 晶振，波特率为 9600bit/s
    SCON=0x50;                         // 方式 1
    TR1=1;                             // 启动定时
    while(1)
    {
     if(RI)
     {
          a=SBUF;
           RI=0;
     }
      sw_out(a);                       // 输出开关量
    }
}
void sw_out(unsigned char a)
{
    if(a==0x00)
  {
      jdq1=1;                          // 接收到 PC 发来的数据 00，关闭继电器 1 和 2
       jdq2=1;
  }
  else if(a==0x01)
  {
      jdq1=1;                          // 接收到 PC 发来的数据 01，继电器 1 关闭，继电器 2 打开
       jdq2=0;
  }
  else if(a==0x10)
  {
      jdq1=0;                          // 接收到 PC 发来的数据 10，继电器 1 打开，继电器 2 关闭
       jdq2=1;
  }
  else if(a==0x11)
  {
```

```
        jdq1=0;                         // 接收到 PC 发来的数据 11，打开继电器 1 和 2
        jdq2=0;
    }
}
```

将 C51 程序编译生成 HEX 文件，然后采用 STC-ISP 软件将 HEX 文件下载到单片机中。

打开“串口调试助手”程序（ScomAssistant.exe），首先设置串口号为 COM1、波特率为 9600、校验位为 NONE、数据位为 8、停止位为 1 等参数（**注意**：设置的参数必须与单片机一致），选择“十六进制显示”和“十六进制发送”，打开串口。

在发送框输入“00”，单击“手动发送”按钮，单片机继电器 1 和 2 关闭；发送“01”，单片机继电器 1 关闭，继电器 2 打开；发送“10”，单片机继电器 1 打开，继电器 2 关闭；发送“11”，单片机继电器 1 和 2 打开，如图 10-28 所示。

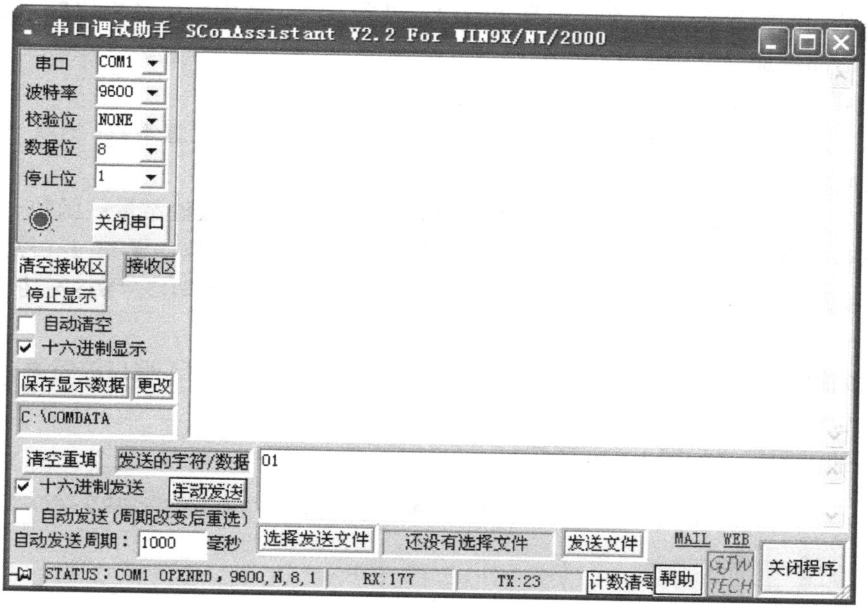

图 10-28　串口调试助手

2．PC 端 LabVIEW 程序

1）程序前面板设计

（1）为了显示开关信号输出状态值，添加两个字符串显示控件：控件→新式→字符串→字符串显示控件，将标签改为“开关 1 状态”和“开关 2 状态”。

（2）为了生成开关信号，添加两个“垂直摇杆开关”控件：控件→新式→布尔→垂直摇杆开关，将标签改为“开关 1”和“开关 2”。

（3）为了输出开关信号，添加 1 个“输出”按钮控件：控件→新式→布尔→确定按钮。

（4）为了获得串行端口号，添加 1 个串口资源检测控件：控件→新式→ I/O → VISA 资源名称。单击控件箭头，选择串口号，如“ASRL1：”或 COM1。

设计的程序前面板如图 10-29 所示。

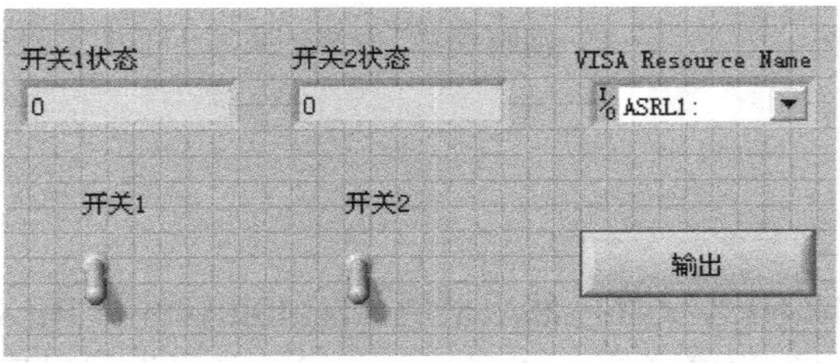

图 10-29　程序前面板

2）框图程序设计

主要解决如何将设定的开关量状态值（00、01、10、11 四种状态，0 表示关闭，1 表示打开）发送给单片机?

（1）添加 1 个顺序结构：函数→编程→结构→层叠式顺序结构。

将顺序结构的帧设置为 2 个（序号 0～1）。设置方法：选中顺序结构边框，单击鼠标右键，执行在后面添加帧选项 1 次。

（2）在顺序结构 Frame 0 中添加函数与结构。

① 为了设置通信参数，在顺序结构 Frame 0 中添加 1 个串口配置函数：函数→仪器 I/O→串口→ VISA 配置串口。

② 为了设置通信参数值，在顺序结构 Frame 0 中添加 4 个数值常量：函数→编程→ 数值→数值常量，值分别为 9600（波特率）、8（数据位）、0（校验位，无）、1（停止位）。

③ 将函数 VISA 资源名称的输出端口与串口配置函数的输入端口“VISA 资源名称”相连。

④ 将数值常量 9600、8、0、1 分别与 VISA 配置串口函数的输入端口波特率、数据比特、奇偶、停止位相连。

连接好的框图程序如图 10-30 所示。

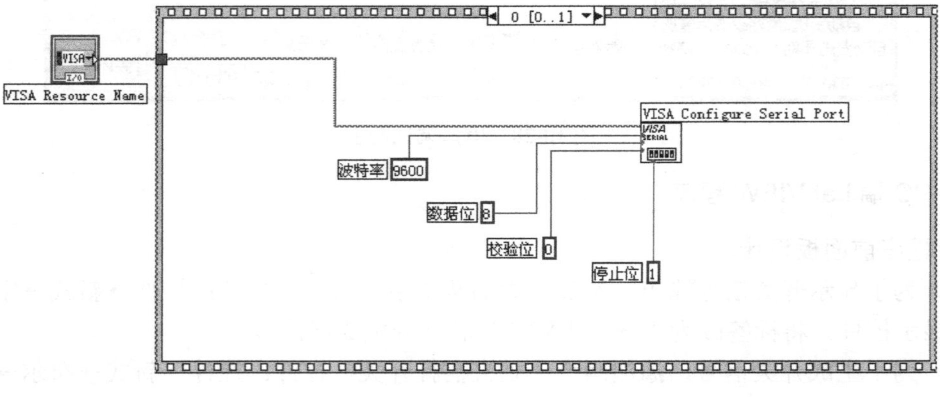

图 10-30　初始化串口框图程序

（3）在顺序结构 Frame 1 中添加 3 个条件结构：函数→编程→结构→条件结构。

（4）在顺序结构 Frame 1 中添加 1 个连接字符串函数：函数→编程→字符串→连接字符串。

（5）在顺序结构 Frame 1 中添加 1 个字符串转换函数：函数→编程→字符串/数值转换→

十六进制数字符串至数值转换。

（6）在顺序结构 Frame 1 中添加 1 个创建数组函数：函数→编程→数组→创建数组。

（7）在顺序结构 Frame 1 中添加字节数组转字符串函数：函数→编程→字符串→字符串/数组/路径转换→字节数组至字符串转换。

（8）为了发送开关信号数据到串口，在右边条件结构的“真”选项中添加 1 个串口写入函数：函数→仪器 I/O→串口→ VISA 写入。

（9）在左边两个条件结构的“真”选项中各添加 1 个字符串常量：函数→编程→字符串→字符串常量，值分别为 1。

（10）在左边两个条件结构的“假”选项中各添加 1 个字符串常量：函数→编程→字符串→字符串常量，值分别为 0。

（11）在左边两个条件结构的“假”选项中各添加 1 个局部变量：函数→编程→结构→局部变量。

分别选择局部变量，单击鼠标右键，在弹出的菜单中，为局部变量选择控件：“开关 1 状态”和“开关 2 状态”，设置为“写”属性。

（12）将“开关 1”控件、“开关 2”控件、“确定按钮”控件分别与条件结构的条件端口相连。

（13）在左边两个条件结构的“真”选项中，分别将字符串常量“1”和“开关 1 状态”控件、“开关 2 状态”控件相连，再与连接字符串函数的输入端口“字符串”相连。

（14）在左边两个条件结构的“假”选项中，分别将字符串常量“0”和“开关 1 状态”局部变量、“开关 2 状态”局部变量相连，再与连接字符串函数的输入端口“字符串”相连。

（15）将连接字符串函数的输出端口“连接的字符串”与十六进制数字符串至数值转换函数的输入端口“字符串”相连。

（16）将十六进制数字符串至数值转换函数的输出端口“数字”与创建数组函数的输入端口“元素”相连。

（17）将创建数组函数的输出端口“添加的数组”与字节数组至字符串转换函数的输入端口“无符号字节数组”相连。

（18）将字节数组至字符串转换函数的输出端口“字符串”与 VISA 写入函数的输入端口“写入缓冲区”相连。

（19）将函数 VISA 资源名称的输出端口与 VISA 写入函数的输入端口“VISA 资源名称”相连。

连接好的框图程序如图 10-31 和图 10-32 所示。

3. 运行程序

单击快捷工具栏“连续运行”按钮，运行程序。

PC 发出开关指令（00、01、10、11 四种状态，0 表示关闭，1 表示打开）传送给单片机开发板，驱动相应的继电器动作打开或关闭。

程序运行界面如图 10-33 所示。

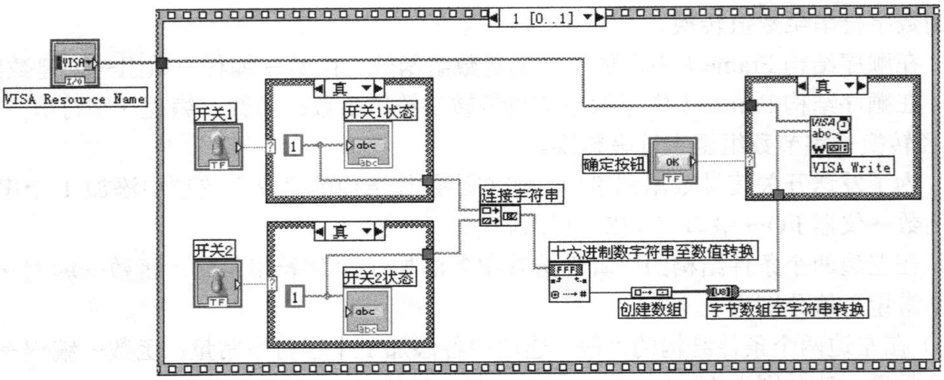

图 10-31　输出开关信号框图程序 1

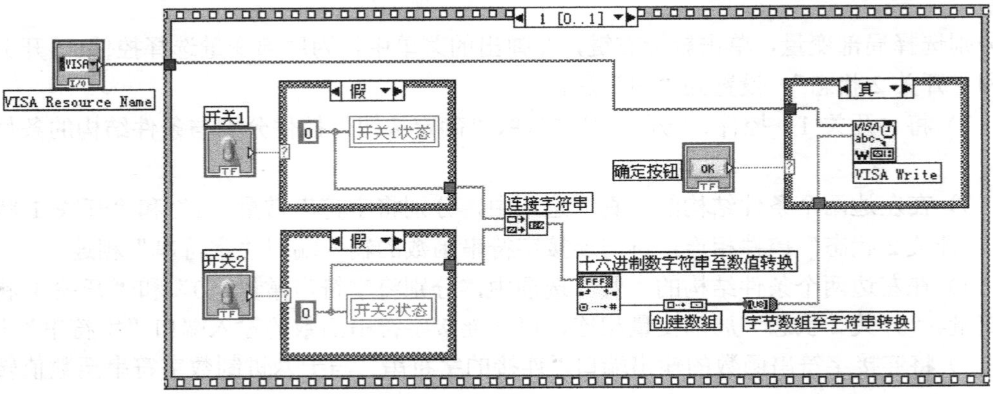

图 10-32　输出开关信号框图程序 2

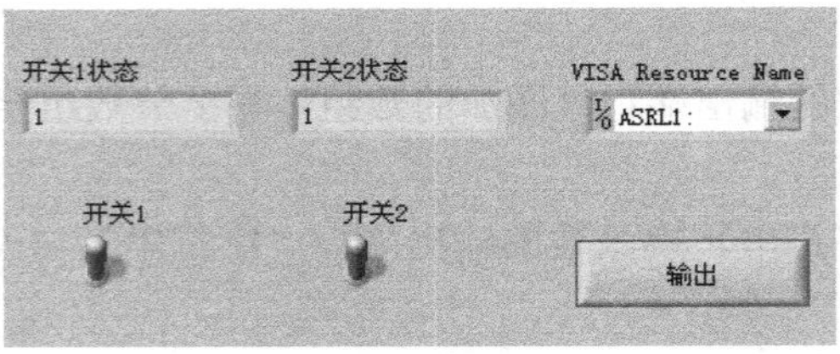

图 10-33　程序运行界面

实例 31　单片机电压采集

一、线路连接

将 PC 与单片机开发板通过串口通信电缆连接起来，将直流电源（输出范围：0～5V）与模拟量输入通道连接起来，构成模拟量采集线路，如图 10-34 所示。

图 10-34 中，单片机开发板与 PC 数据通信采用 3 线制，将单片机开发板的串口与 PC 串口的 3 个引脚（RXD、TXD、GND）分别连在一起，即将 PC 和单片机的发送数据线 TXD 与接收数据 RXD 交叉连接，两者的地线 GND 直接相连。

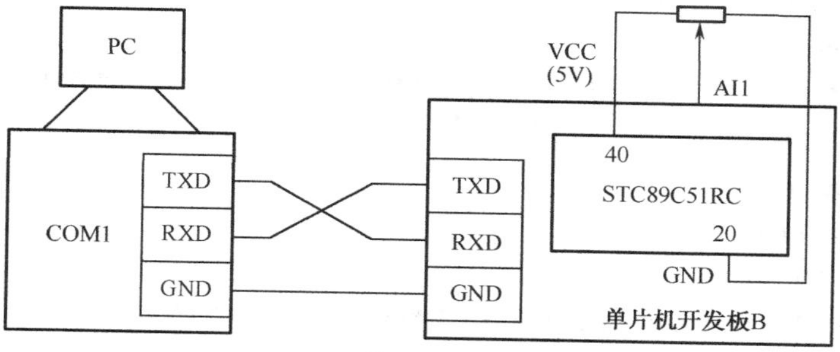

图 10-34　PC 与单片机开发板构成的模拟电压采集线路

将直流稳压电源输出（范围：0～5V）接模拟量输入 1 通道，可构成模拟量采集系统。实际测试中可直接采用单片机的 5V 电压输出（40 和 20 引脚），将电位器两端与 STC89C51RC 单片机的 40 和 20 引脚相连，电位器的中间中点（输出电压 0～5V）与单片机开发板 B 的模拟量输入口 AI1 相连。

提示：工业控制现场的模拟量，如温度、压力、物位、流量等参数可通过相应的变送器转换为 1～5V 的电压信号，因此本章提供的电压采集系统同样可以进行温度、压力、物位、流量等参数的采集，只需在程序设计时进行相应的标度变换。

有关单片机开发板 B 的详细信息请查询电子开发网 http://www.dzkfw.com/。

二、设计任务

单片机与 PC 通信，在程序设计上涉及两部分的内容：一是单片机端数据采集、控制和通信程序；二是 PC 端通信和功能程序。

（1）采用 Keil C51 语言编写程序，实现单片机开发板模拟电压采集，并将采集到的电压值在数码管上显示（保留 1 位小数）。

（2）采用 LabVIEW 语言编写程序，实现 PC 与单片机开发板串口通信，要求 PC 接收单片机发送的电压值（十六进制，1 个字节），转换成十进制形式，以数字、曲线的方式显示输出。

三、任务实现

1. 单片机端 C51 程序

以下是完成单片机模拟电压输入的 C51 参考程序：

```
/*******************************************************************
**程序功能： 模拟电压输入，显示屏显示（保留 1 位小数），并以十六进制形式发送给 PC
```

```
** 晶振频率：11.0592MHz
** 线路->单片机开发板 B
**********************************************************************************/
#include <REG51.H>
#include <intrins.h>
/*******************TLC0832 端口定义*******************************************/
sbit ADC_CLK=P1^2;
sbit ADC_DO=P1^3;
sbit ADC_DI=P1^4;
sbit ADC_CS=P1^7;
/***************数码显示 键盘接口定义*****************************************/
sbit PS0=P2^4;                          // 数码管小数点后第一位
sbit PS1=P2^5;                          // 数码管个位
sbit PS2=P2^6;                          // 数码管十位
sbit PS3=P2^7;                          // 数码管百位
sfr  P_data=0x80;                       // P0 口为显示数据输出口
sbit P_K_L=P2^2;                        // 键盘列
sbit JDQ1=P2^0;                         // 继电器 1 控制
sbit JDQ2=P2^1;                         // 继电器 2 控制
                                        // 字段转换表
unsigned  char  tab[]={0xfc,0x60,0xda,0xf2,0x66,0xb6,0xbe,0xe0,0xfe,0xf6,0xee,0x3e,0x9c,0x7a,0x9e,
0x8e};
unsigned char adc_change(unsigned char a);  // 操作 TLC0832
unsigned int htd(unsigned int a);           // 进制转换函数
void display(unsigned int a);               // 显示函数
void delay(unsigned int);                   // 延时函数
void main(void)
{
    unsigned int a,temp;
    TMOD=0x20;                          // 方式 2
    TL1=0xfd;
    TH1=0xfd;                           // 11.0592MHz 晶振，波特率为 9600bit/s
    SCON=0x50;                          // 方式 1
    TR1=1;                              // 启动定时
    while(1)
  {
     temp=adc_change('0')*10*5/255;
      for(a=0;a<200;a++)                // 显示，兼有延时的作用
          display(htd(temp));
    //SBUF=(unsigned char)(temp>>8);    // 将测量结果发送给 PC
      //while(TI!=1);
```

```
        //TI=0;
        SBUF=(unsigned char)temp;
          while(TI!=1);
        TI=0;
        if(temp>45)
            JDQ1=0;                          // 继电器 1 动作
        else
             JDQ1=1;                         // 继电器 1 复位
        if(temp<5)
             JDQ2=0;                         // 继电器 2 动作
        else
             JDQ2=1;                         // 继电器 1 复位
  }
}
/*************************数码管显示函数*************************/
/*函数原型：void display(void)
/*函数功能：数码管显示
/*调用模块：delay()
/***************************************************************/
void display(unsigned int a)
{
    bit b=P_K_L;
 P_K_L=1;                                   // 防止按键干扰显示
    P_data=tab[a&0x0f];                     // 显示小数点后第 1 位
    PS0=0;
 PS1=1;
 PS2=1;
 PS3=1;
 delay(200);
    P_data=tab[(a>>4)&0x0f]|0x01;           // 显示个位
    PS0=1;
 PS1=0;
 delay(200);
    //P_data=tab[(a>>8)&0x0f];              // 显示十位
    PS1=1;
    //PS2=0;
 //delay(200);
    //P_data=tab[(a>>12)&0x0f];             // 显示百位
    //PS2=1;
    //PS3=0;
 //delay(200);
```

```
    //PS3=1;
    P_K_L=b;                                         // 恢复按键
  P_data=0xff;                                       // 恢复数据口
}
/*****************************************************************************
;  函数名称：adc_change
;  功能描述：TI 公司 8 位 2 通 adc 芯片 TLC0832 的控制时序
;  形式参数：config（无符号整型变量）
;  返回参数：a_data
;  局部变量：m、n
*****************************************************************************/
unsigned char adc_change(unsigned char config)       // 操作 TLC0832
{
    unsigned char i,a_data=0;
  ADC_CLK=0;
  _nop_();
  ADC_DI=0;
  _nop_();
  ADC_CS=0;
  _nop_();
  ADC_DI=1;
  _nop_();
  ADC_CLK=1;
  _nop_();
  ADC_CLK=0;
    if(config=='0')
  {
      ADC_DI=1;
      _nop_();
      ADC_CLK=1;
      _nop_();
      ADC_DI=0;
      _nop_();
      ADC_CLK=0;
  }
  else if(config=='1')
  {
      ADC_DI=1;
      _nop_();
      ADC_CLK=1;
      _nop_();
```

```
            ADC_DI=1;
            _nop_();
            ADC_CLK=0;
        }
        ADC_CLK=1;
        _nop_();
        ADC_CLK=0;
        _nop_();
        ADC_CLK=1;
        _nop_();
        ADC_CLK=0;
        for(i=0;i<8;i++)
        {
            a_data<<=1;
            ADC_CLK=0;
            a_data+=(unsigned char)ADC_DO;
            ADC_CLK=1;
        }
        ADC_CS=1;
        ADC_DI=1;
        return a_data;
}
/***************************十六进制转十进制函数**************************/
/*函数原型：uint htd(uint a)
/*函数功能：十六进制转十进制
/*输入参数：要转换的数据
/*输出参数：转换后的数据
/***********************************************************************/
unsigned int htd(unsigned int a)
{
    unsigned int b,c;
    b=a%10;
    c=b;
    a=a/10;
    b=a%10;
    c=c+(b<<4);
    a=a/10;
    b=a%10;
    c=c+(b<<8);
    a=a/10;
    b=a%10;
```

```
  c=c+(b<<12);
  return c;
}
/********************************延时函数**********************************/
/*函数原型：delay(unsigned int delay_time)
/*函数功能：延时函数
/*输入参数：delay_time（输入要延时的时间）
/**************************************************************************/
void delay(unsigned int delay_time)        // 延时子程序
{for(;delay_time>0;delay_time--)
{}
}
```

将程序编译生成 HEX 文件，然后采用 STC-ISP 软件将 HEX 文件下载到单片机中。

打开“串口调试助手”程序（ScomAssistant.exe），首先设置串口号为 COM1、波特率为 9600、校验位为 NONE、数据位为 8、停止位为 1 等参数（**注意**：设置的参数必须与单片机一致），选择“十六进制显示”和“十六进制发送”，打开串口。

如果 PC 与单片机开发板串口连接正确，则单片机连续向 PC 发送检测的电压值，用 1 个字节的十六进制数据表示，如 0F，该数据串在返回信息框内显示，如图 10-35 所示。

将单片机返回数据转换为十进制，并除以 10，即可知当前电压测量值为 1.5V。

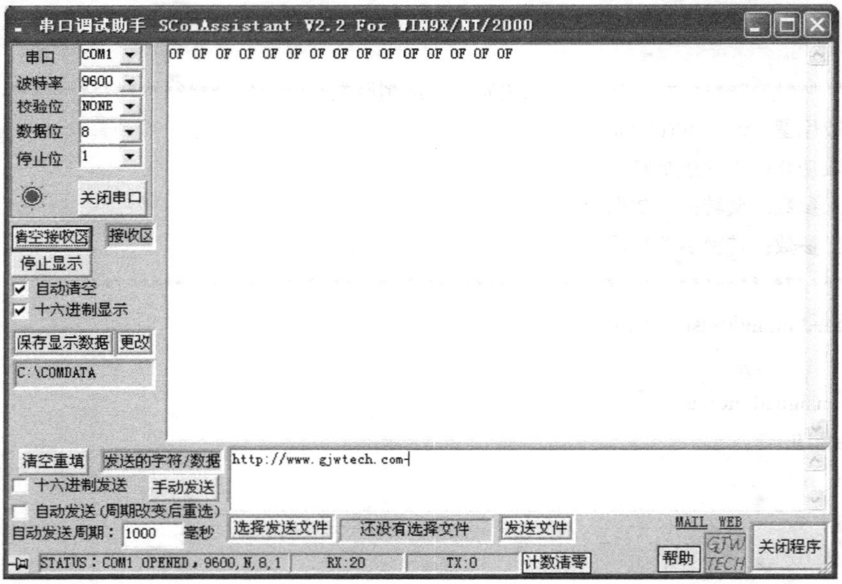

图 10-35　串口调试助手

2. PC 端 LabVIEW 程序

1）程序前面板设计

（1）为了以数字形式显示测量电压值，添加 1 个数字显示控件：控件→新式→数值→数值显示控件，将标签改为"测量值"。

（2）为了以指针形式显示测量电压值，添加 1 个仪表显示控件：控件→新式→数值→仪表，将标签改为"仪表"。

（3）为了显示测量电压实时变化曲线，添加 1 个实时图形显示控件：控件→新式→图形→波形图，将标签改为"实时曲线"。

（4）为了获得串行端口号，添加 1 个串口资源检测控件：控件→新式→I/O→VISA 资源名称；单击控件箭头，选择串口号，如 COM1 或"ASRL1:"。

设计的程序前面板如图 10-36 所示。

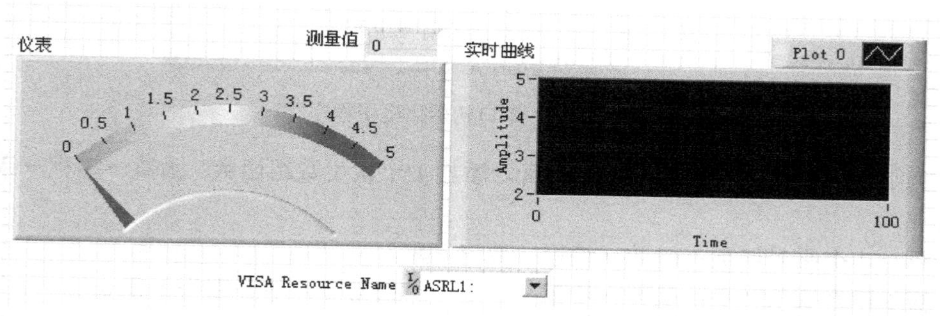

图 10-36　程序前面板

2）框图程序设计

程序设计思路：读单片机发送给 PC 的十六进制数据，并转换成十进制数据。

（1）添加 1 个顺序结构：函数→编程→结构→层叠式顺序结构。

将顺序结构的帧设置为 3 个（序号 0～2）。设置方法：右键单击顺序结构边框，执行"在后面添加帧"命令 2 次。

（2）在顺序结构 Frame 0 中添加函数与结构。

① 为了设置通信参数值，在顺序结构 Frame 0 中添加 1 个串口配置函数：函数→仪器 I/O→串口→VISA 配置串口。

② 在顺序结构 Frame 0 中添加 4 个数值常量：函数→编程→数值→数值常量，值分别为 9600（波特率）、8（数据位）、0（校验位，无）、1（停止位）。

③ 将函数 VISA 资源名称的输出端口与串口配置函数的输入端口"VISA 资源名称"相连。

④ 将数值常量 9600、8、0、1 分别与 VISA 配置串口函数的输入端口波特率、数据比特、奇偶、停止位相连。

连接好的框图程序如图 10-37 所示。

（3）在顺序结构 Frame 1 中添加 4 个函数。

① 为了获得串口缓冲区数据个数，添加 1 个串口字节数函数：函数→仪器 I/O→串口→VISA 串口字节数，标签为"Property Node"。

② 为了从串口缓冲区获取返回数据，添加 1 个串口读取函数：函数→仪器 I/O→串口→VISA 读取。

③ 为了把字符串转换为字节数组，添加字符串转字节数组函数：函数→编程→字符串→

字符串/数组/路径转换→字符串至字节数组转换。

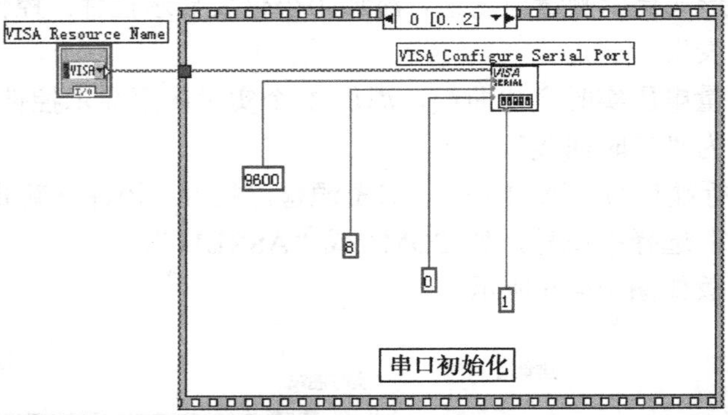

图 10-37 串口初始化框图程序

④ 为了从字节数组中提取需要的单元，添加 1 个索引数组函数：函数→编程→数组→索引数组。

⑤ 添加 1 个乘号函数：函数→编程→数值→乘。

⑥ 添加两个数值常量：函数→编程→数值→数值常量，值分别为 1 和 0.1。

⑦ 将 VISA 资源名称函数的输出端口与串口字节数函数（在顺序结构 Frame1 中）的输入端口引用相连。

⑧ 将 VISA 资源名称函数的输出端口与 VISA 读取函数的输入端口“VISA 资源名称”相连。

⑨ 将串口字节数函数的输出端口“Number of bytes at Serial port”与 VISA 读取函数的输入端口“字节总数”相连。

⑩ 将 VISA 读取函数的输出端口“读取缓冲区”与字符串至字节数组转换函数的输入端口“字符串”相连。

⑪ 将字符串至字节数组转换函数的输出端口“无符号字节数组”与索引数组函数的输入端口“数组”相连。

⑫ 将数值常量（值为 1）与索引数组函数的输入端口“索引”相连。

⑬ 将索引数组函数的输出端口元素与乘函数的输入端口“x”相连。

⑭ 将数值常量（值为 0.1）与乘函数的输入端口“y”相连。

⑮ 将乘函数的输出端口“x*y”分别与测量数据显示图标（标签为“测量值”）、仪表控件图标（标签为“仪表”）、实时曲线控件图标（标签为“实时曲线”）相连。

连接好的框图程序如图 10-38 所示。

（4）在顺序结构 Frame 2 中添加 1 个时间延迟函数：函数→编程→定时→时间延迟，时间设置为 2 秒，如图 10-39 所示。

3）运行程序

单击快捷工具栏“连续运行”按钮，运行程序。

单片机开发板接收变化的模拟电压（0～5V）并在数码管上显示（保留 1 位小数）；PC 接收单片机发送的电压值（十六进制，1 个字节），并转换成十进制形式，以数字、曲线的方式显示输出。

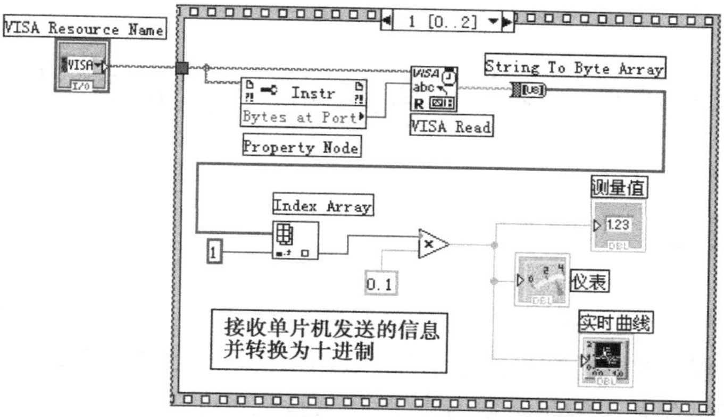

图 10-38　读电压值框图程序

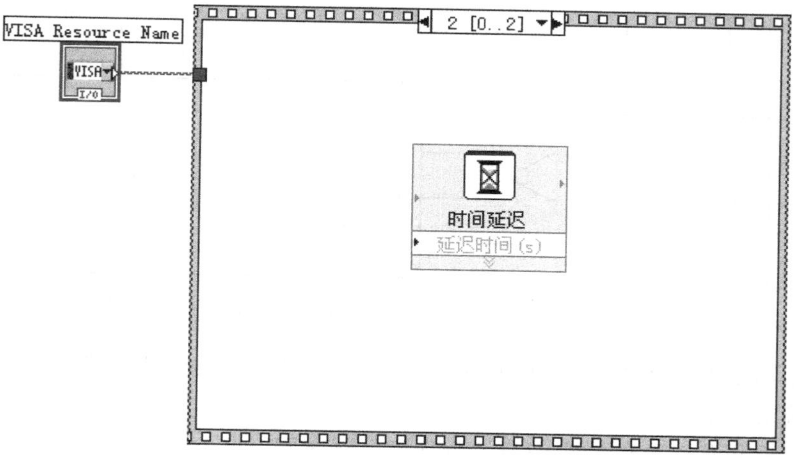

图 10-39　延时框图程序

程序运行界面如图 10-40 所示。

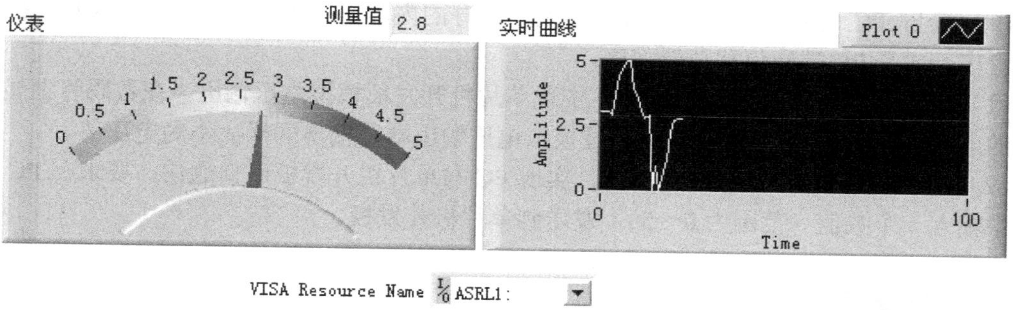

图 10-40　程序运行界面

实例32　单片机电压输出

一、线路连接

PC 与单片机开发板构成的模拟电压输出线路如图 10-41 所示。单片机开发板与 PC 数据通信采用 3 线制，将单片机开发板的串口与 PC 串口的 3 个引脚（RXD、TXD、GND）分别连在一起，即将 PC 和单片机的发送数据线 TXD 与接收数据 RXD 交叉连接，二者的地线 GND 直接相连。

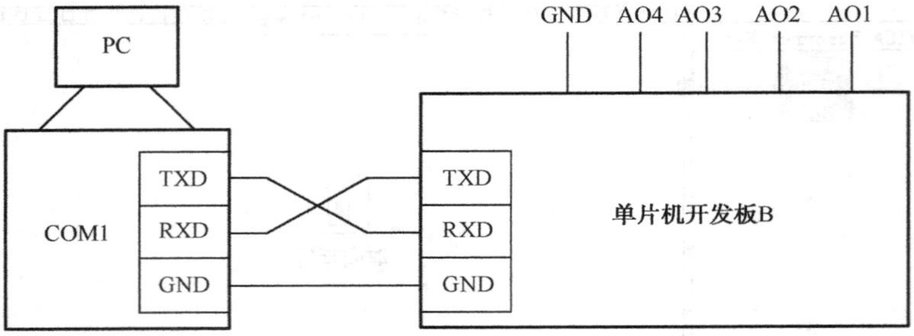

图 10-41　PC 与单片机开发板构成的模拟电压输出线路

模拟电压输出不需连线。使用万用表直接测量单片机开发板的模拟输出端口 AO1 与 GND 端口之间的输出电压。

有关单片机开发板 B 的详细信息请查询电子开发网 http://www.dzkfw.com/。

二、设计任务

单片机与 PC 通信，在程序设计上涉及两部分的内容：一是单片机端数据采集、控制和通信程序；二是 PC 端通信和功能程序。

（1）采用 Keil C51 语言编写程序，实现单片机开发板模拟电压输出，在数码管上显示要输出的电压值（保留 1 位小数），并通过模拟电压输出端口输出同样大小的电压值。

（2）采用 LabVIEW 语言编写程序，实现 PC 与单片机开发板串口通信，要求在 PC 程序界面中输入一个数值（范围为 0～5），发送到单片机开发板。

三、任务实现

1. 单片机端 C51 程序

以下是完成单片机模拟电压输出的 C51 参考程序：

```
/**********************************************************************
```

```
** TLC5620 DAC 转换实验程序
程序功能： PC 向单片机发送数值（0~5），如发送 2.5V，则发送 25 的十六进制值 19，单片机接收并显示 2.5，并从模拟量输出通道输出
** 晶振频率：11.0592MHz
** 线路->单片机开发板 B
*****************************************************************
; 输出电压计算公式： VOUT(DACA|B|C|D)=REF*CODE/256*(1+RNG bit value)
*****************************************************************************/
#include  <REG51.H>
sbit  SCLA=P1^2;
sbit  SDAA=P1^4;
sbit  LOAD=P1^6;
sbit  LDAC=P1^5;
sbit PS0=P2^4;                              // 数码管个位
sbit PS1=P2^5;                              // 数码管十位
sbit PS2=P2^6;                              // 数码管百位
sbit PS3=P2^7;                              // 数码管千位
sfr  P_data=0x80;                           // P0 口为显示数据输出口
sbit P_K_L=P2^2;                            // 键盘列
unsigned char tab[10]={0xfc,0x60,0xda,0xf2,0x66,0xb6,0xbe,0xe0,0xfe,0xf6};   // 字段转换表
void  ini_cpuio(void);
void  dachang(unsigned char a,b);
void  dac5620(unsigned int config);
/********************************延时函数*********************************/
/*函数原型：delay(unsigned int delay_time)
/*函数功能：延时函数
/*输入参数：delay_time (输入要延时的时间)
/**************************************************************************/
void delay(unsigned int delay_time)        // 延时子程序
{for(;delay_time>0;delay_time--)
{}
  }
/*************************十六进制转十进制函数*************************/
/*函数原型：uchar htd(unsigned int a)
/*函数功能：十六进制转十进制
/*输入参数：要转换的数据
/*输出参数：转换后的数据
/********************************************************************/
    unsigned int htd(unsigned int a)
    {
     unsigned int b,c;
```

```
    b=a%10;
    c=b;
    a=a/10;
    b=a%10;
    c=c+(b<<4);
    a=a/10;
    b=a%10;
    c=c+(b<<8);
    a=a/10;
    b=a%10;
    c=c+(b<<12);
   return c;
  }
/***************************数码管显示函数***************************/
/*函数原型：void display(void)
/*函数功能：数码管显示
/*调用模块：delay()
/*******************************************************************/
   void display(unsigned int a)
   {
    bit b=P_K_L;
    P_K_L=1;                   // 防止按键干扰显示
    a=htd(a);                  // 转换成十进制输出
       P_data=tab[a&0x0f];     // 转换成十进制输出
       PS0=0;
    PS1=1;
    PS2=1;
    PS3=1;
    delay(200);
       P_data=tab[(a>>4)&0x0f]|0x01;
       PS0=1;
    PS1=0;
    delay(200);
       //P_data=tab[(a>>8)&0x0f];
       PS1=1;
    //PS2=0;
    //delay(200);
       //P_data=tab[(a>>12)&0x0f];
       //PS2=1;
    //PS3=0;
    //delay(200);
```

```
        //PS3=1;
        P_K_L=b;                         // 恢复按键
        P_data=0xff;                     // 恢复数据口
    }
/******************************************************************************/
void    main(void)
{
    unsigned int a;
    float b;
    ini_cpuio();                         // 初始化 TLC5620
    TMOD=0x20;                           // 定时器 10—方式 2
    TL1=0xfd;
    TH1=0xfd;                            // 11.0592MHz 晶振，波特率为 9600bit/s
    SCON=0x50;                           // 方式 1
    TR1=1;                               // 启动定时
    while(1)
    {
      if(RI)
      {
          a=SBUF;
          RI=0;
      }
      display(a);
      b=(float)a/10/2*256/2.7; //CODE=VOUT(DACA|B|C|D)/10/(1+RNG bit value)*256/Vref
      dachang('a',b);                    // 控制 A 通道输出电压
      dachang('b',b);                    // 控制 B 通道输出电压
      dachang('c',b);                    // 控制 C 通道输出电压
      dachang('d',b);                    // 控制 D 通道输出电压
    }
}
/******************************************************************************/
void    ini_cpuio(void)                  // CPU 的 I/O 口初始化函数
{
    SCLA=0;
    SDAA=0;
    LOAD=1;
    LDAC=1;
}
void    dachang(unsigned char a,vout)
{
    unsigned int config=(unsigned int)vout;          // D/A 转换器的配置参数
```

```
    config<<=5;
    config=config&0x1fff;
  switch (a)
  {
     case 'a':
            config=config|0x2000;
          break;
      case 'b':
            config=config|0x6000;
          break;
      case 'c':
            config=config|0xa000;
          break;
      case 'd':
            config=config|0xe000;
          break;
      default :
          break;
  }
    dac5620(config);
}
/*******************************************************************************
;  函数名称：dac5620
;  功能描述：TI 公司 8 位 4 通 DAC 芯片 TLC5620 的控制时序
;  局部变量：m、n
;  调用模块：SENDBYTE
;  备注：      使用 11 位连续传输控制模式，使用 LDAC 下降沿锁存数据输入
*******************************************************************************/
void   dac5620(unsigned int config)
{
    unsigned char m=0;
    unsigned int n;
    for(;m<0x0b;m++)
    {
        SCLA=1;
        n=config;
        n=n&0x8000;
        SDAA=(bit)n;
        SCLA=0;
        config<<=1;
    }
```

```
        LOAD=0;
        LOAD=1;
        LDAC=0;
        LDAC=1;
    }
```

将汇编程序编译生成 HEX 文件，然后采用 STC-ISP 软件将 HEX 文件下载到单片机中。

打开“串口调试助手”程序（ScomAssistant.exe），首先设置串口号为 COM1、波特率为 9600、校验位为 NONE、数据位为 8、停止位为 1 等参数（**注意**：设置的参数必须与单片机一致），选择“十六进制显示”和“十六进制发送”，打开串口。

如输出 2.1V，先将 2.1*10 等于 21，再转换成十六进制数“15”，在发送框输入数值 15，单击“手动发送”按钮，如图 10-42 所示。

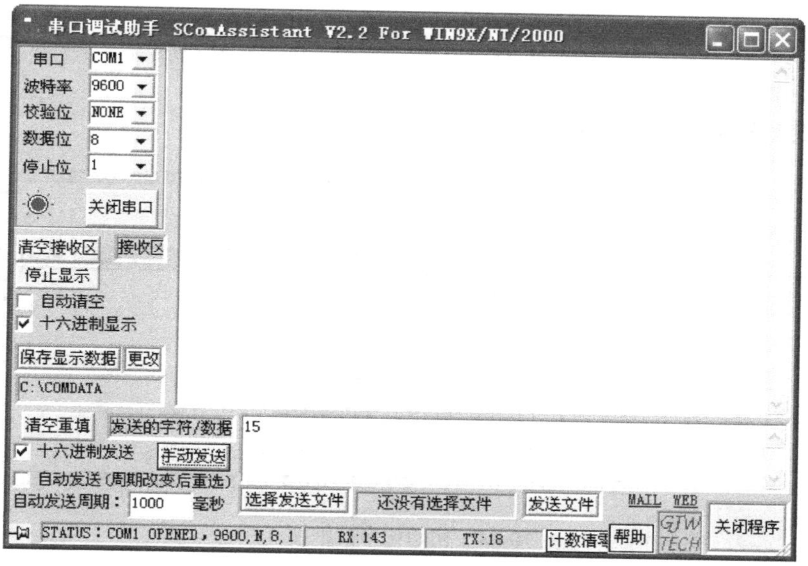

图 10-42　串口调试助手

若 PC 与单片机通信正常，单片机开发板数码管显示为 2.1。模拟量输出 1 端口输出为 2.1V。

2. PC 端 LabVIEW 程序

1）程序前面板设计

（1）为输入需要输出的电压值，添加 1 个数值输入控件：控件→数值→数值输入控件，将标签改为“输出电压值:”。

（2）为执行输出电压值命令，添加 1 个“确定”按钮控件：控件→新式→布尔→确定按钮。

（3）为获得串行端口号，添加 1 个串口资源检测控件：控件→新式→ I/O → VISA 资源名称。单击控件箭头，选择串口号，如“ASRL1:”或 COM1。

设计的程序前面板如图 10-43 所示。

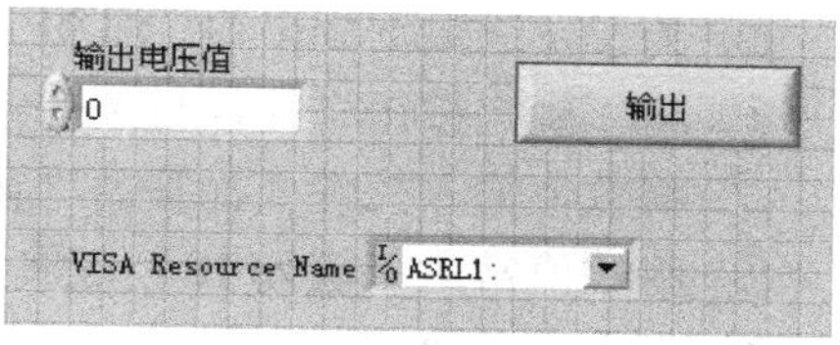

图 10-43　程序前面板

2）框图程序设计

主要解决如何将设定的数值发送给单片机。

（1）添加 1 个顺序结构：函数→编程→结构→层叠式顺序结构。

将顺序结构的帧（Frame）设置为 2 个（序号 0～1）。设置方法：选中顺序结构边框，单击鼠标右键，执行“在后面添加帧”命令 1 次。

（2）在顺序结构 Frame 0 中添加函数与结构。

① 为了设置通信参数，在顺序结构 Frame 0 中添加 1 个串口配置函数：函数→仪器 I/O→串口→ VISA 配置串口。

② 为了设置通信参数值，在顺序结构 Frame 0 中添加 4 个数值常量：函数→编程→ 数值→ 数值常量，值分别为 9600（波特率）、8（数据位）、0（校验位，无）、1（停止位）。

③ 将函数 VISA 资源名称的输出端口与串口配置函数的输入端口“VISA 资源名称”相连。

④ 将数值常量 9600、8、0、1 分别与 VISA 配置串口函数的输入端口波特率、数据比特、奇偶、停止位相连。

连接好的框图程序如图 10-44 所示。

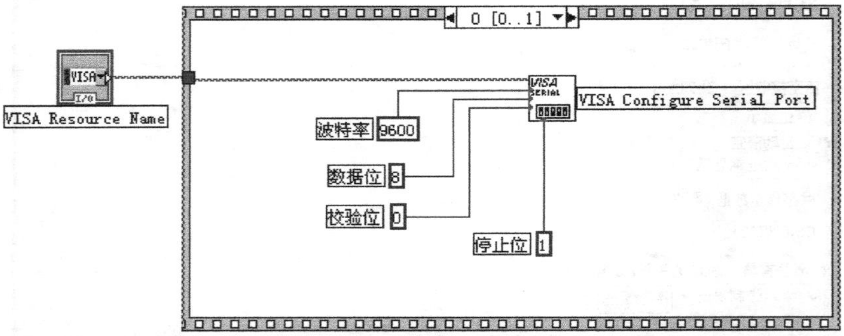

图 10-44　初始化串口框图程序

（3）在顺序结构 Frame 1 中添加 1 个条件结构：函数→编程→结构→条件结构。

（4）在条件结构的“真”选项中添加函数与结构。

① 添加 1 个数值常量：函数→编程→数值→数值常量，值分别为 10。

② 添加 1 个乘号函数：函数→编程→数值→乘。

③ 添加 1 个“创建数组”函数：函数→编程→数组→创建数组。

④ 添加字节数组转字符串函数：函数→编程→字符串→字符串/数组/路径转换→字节数组至字符串转换。

⑤ 为了发送数据到串口，添加 1 个串口写入函数：函数→仪器 I/O→串口→ VISA 写入。

⑥ 将“确定按钮”控件与条件结构的条件端口相连。

⑦ 将数值输入控件（标签为“输出电压值”）与乘号函数的输入端口“x”相连。

⑧ 将数值常量（值为 10）与乘号函数的输入端口“y”相连。

⑨ 将乘号函数的输出端口 x*y 与创建数组函数的输入端口“元素”相连。

⑩ 将创建数组函数的输出端口“添加的数组”与字节数组至字符串转换函数的输入端口

“无符号字节数组”相连。

⑪ 将字节数组至字符串转换函数的输出端口“字符串”与 VISA 写入函数的输入端口“写入缓冲区”相连。

⑫ 将函数 VISA 资源名称的输出端口与 VISA 写入函数的输入端口“VISA 资源名称”相连。

连接好的框图程序如图 10-45 所示。

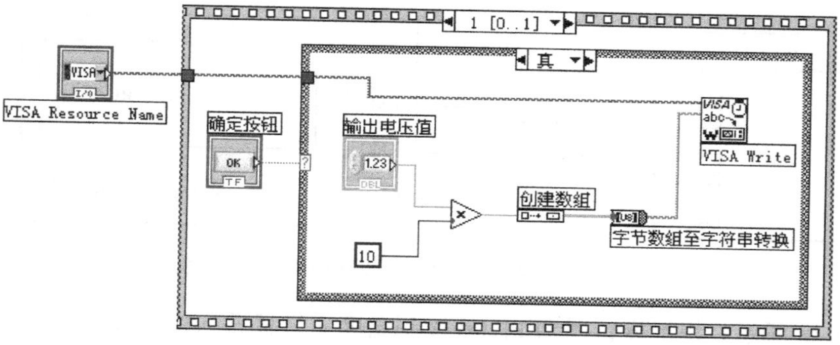

图 10-45　输出电压框图程序

3）运行程序

单击快捷工具栏“连续运行”按钮，运行程序。

在 PC 程序中输入变化的数值（0～5），单击“输出”按钮，发送到单片机开发板，在数码管上显示该数值（保留 1 位小数），并通过模拟电压输出端口输出同样大小的电压值。可使用万用表直接测量单片机开发板 B 的 AO0、AO1、AO2、AO3 端口与 GND 端口之间的输出电压。

程序运行界面如图 10-46 所示。

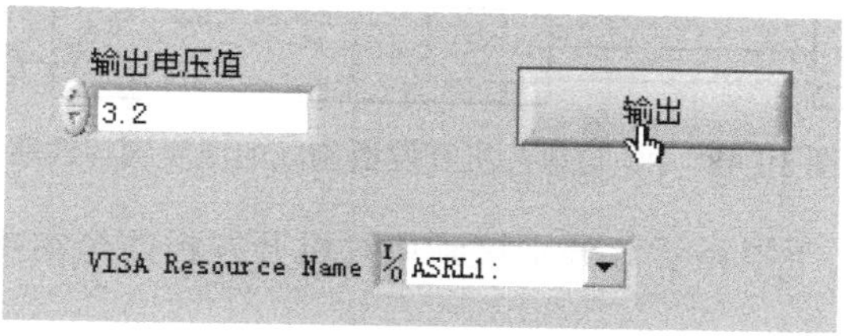

图 10-46　程序运行界面

实例 33　单片机温度测控

一、线路连接

单片机实验开发板与 PC 数据通信采用 3 线制，将单片机实验开发板 B 的串口与 PC 串口的 3 个引脚（RXD、TXD、GND）分别连在一起，即将 PC 和单片机的发送数据线 TXD 与接收数据 RXD 交叉连接，两者的地线 GND 直接相连。

如图 10-47 所示，将 DS18B20 温度传感器的 3 个引脚 GND、DQ、VCC 分别与单片机的 3 个引脚 20、16、40 相连。

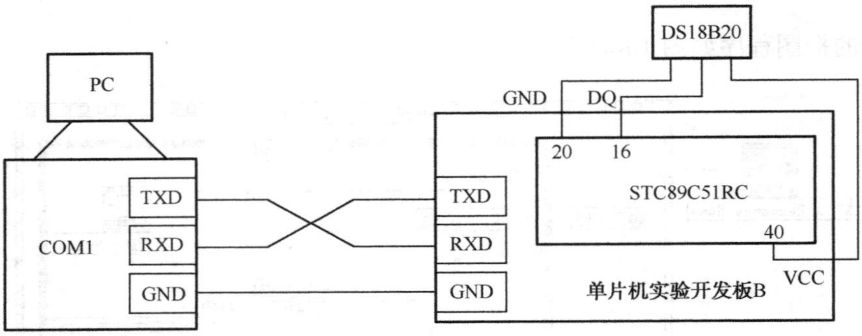

图 10-47　PC 与单片机实验开发板 B 组成测温系统

如图 10-48 所示，将温度传感器 Pt100 接到温度变送器输入端，温度变送器输入范围是 0～200℃，输出结果范围为 4～200mA，经过 250Ω 电阻将电流信号转换为 1～5V 电压信号输入到单片机开发板模拟量输入 1 通道。

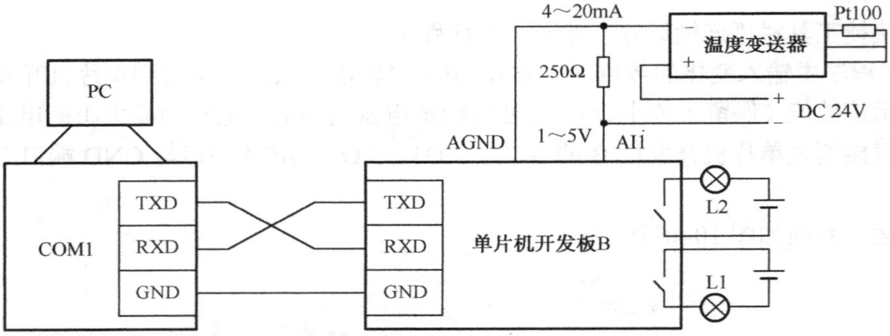

图 10-48　PC 与单片机开发板构成的温度测控线路

指示灯控制：将上、下限指示灯分别接到单片机开发板两个继电器的常开开关上。

二、设计任务

单片机与 PC 通信，在程序设计上涉及两部分的内容：一是单片机端数据采集、控制和通信程序；二是 PC 端通信和功能程序。

（1）采用 C51 语言编写应用程序实现单片机温度测控，要求如下：

① 在单片机板数码管上显示温度传感器检测的温度值（保留 1 位小数）。

② 当温度大于或小于设定值时，继电器动作，指示灯亮或灭。

③ 将检测的温度值以十六进制形式发送给 PC。

（2）采用 LabVIEW 语言编写程序，实现 PC 与单片机开发板串口通信，任务要求如下：

① 读取并在程序界面显示单片机板检测的温度值。
② 在程序界面绘制温度实时变化曲线。
③ 当测量温度大于或小于设定值时，程序界面指示灯改变颜色。

三、任务实现

1．单片机端采用 C51 实现 DS18B20 温度测控

```
/*****************************************************************
** 本程序主要功能：通过 DS18B20 检测温度，单片机数码管显示温度（1 位小数），超过上、下限时继电器动作；连续发送或间隔发送；自动控制或 PC 控制并将温度值以十六进制形式（2 字节）通过串口发送给无线数传模块
** 晶振频率：11.0592MHz
** 线路->单片机实验开发板 B
*****************************************************************/
    #include<reg51.h>
    #include<intrins.h>
    #include <string.h>
    #define buf_max 50                       // 缓存长度 50
    sbit PS0=P2^4;                           // 数码管小数点后第 1 位
    sbit PS1=P2^5;                           // 数码管个位
    sbit PS2=P2^6;                           // 数码管十位
    sbit PS3=P2^7;                           // 数码管百位
    sfr   P_data=0x80;                       // P0 口为显示数据输出口
    sbit P_K_L=P2^2;                         // 键盘列
    sbit DQ=P3^6;                            // DS18B20 数据接口
    sbit P_L=P0^0;                           // 测量指示
    sbit JDQ1=P2^0;                          // 继电器 1 控制
    sbit JDQ2=P2^1;                          // 继电器 2 控制
    unsigned char i=0;
    unsigned char *send_data;                // 要发送的数据
    unsigned char rec_buf[buf_max];          // 接收缓存
    void delay(unsigned int);                // 延时函数
    void DS18B20_init(void);                 // DS18B20 初始化
    unsigned int get_temper(void);                 // 读取温度程序
    void DS18B20_write(unsigned char in_data); // DS18B20 写数据函数
    unsigned char DS18B20_read(void);              // 读取数据程序
    unsigned int htd(unsigned int a);              // 进制转换函数
    void display(unsigned int a);                  // 显示函数
    void clr_buf(void);                            // 清除缓存内容
```

```
    void   Serial_init(void);                    // 串口中断处理函数
float temp;                                      // 温度寄存器
bit DS18B20;                                     // 18B20 存在标志，1—存在，0—不存在
unsigned char tab[10]={0xfc,0x60,0xda,0xf2,0x66,0xb6,0xbe,0xe0,0xfe,0xf6};  // 字段转换表
void main(void)
    {
     unsigned int a,temp;
         unsigned char control=1;                // 继电器控制标志，默认为 1，自动控制
         unsigned char get=1;                    // 数据发送标志，默认为 1，连续发送
        TMOD=0x20;                               // 定时器 1—方式 2
        //PCON=0x80;                             // 电源控制 19200
        TL1=0xfd;
        TH1=0xfd;                                // 11.0592MHz 晶振，波特率为 9600bit/s
        SCON=0x50;                               // 方式 1
        TR1=1;                                   // 启动定时
     ES=1;
     EA=1;
      temp=get_temper();                         // 这段程序用于避开刚上电时显示 85 的问题
      for(a=0;a<200;a++)
          delay(500);
      while(1)
      {
          temp=get_temper();                     // 测量温度
          for(a=0;a<100;a++)                     // 显示，兼有延时的作用
             display(htd(temp));
                                                 // 发送数据方式选择
          if(get==1)                             // 连续发送（单片机周期性地向 PC 发送检测的
                                                 // 电压值）
        {
             ES=0;
          SBUF=(unsigned char)(temp>>8);         // 将测量结果发送给 PC
                      while(TI!=1);
          TI=0;
          SBUF=(unsigned char)temp;
                      while(TI!=1);
          TI=0;
          ES=1;
        }
         if(get==2)                                        // 间隔发送（PC 向单片机发送 1 次 get1，
                                                           // 单片机向 PC 发送检测的电压值）
        {
```

```
        ES=0;
        SBUF=(unsigned char)(temp>>8);              // 将测量结果发送给 PC
            while(TI!=1);
        TI=0;
        SBUF=(unsigned char)temp;
            while(TI!=1);
        TI=0;
        ES=1;
            get=3;                                  // 终止发送标志
    }
                                                    // 控制方式选择
    if(control==1)                                  // 自动控制
    {
        if((temp/10)>50)
            JDQ1=0;                                 // 继电器 1 动作
        else
            JDQ1=1;                                 // 继电器 1 复位
        if((temp/10)<30)
            JDQ2=0;                                 // 继电器 2 动作
        else
            JDQ2=1;                                 // 继电器 1 复位
    }
    if(control==2)                                  // PC 控制
    {
      if(strstr(rec_buf,"open1")!=NULL)
        {
            JDQ1=0;                                 // 继电器 1 打开
            clr_buf();
        }
      else if(strstr(rec_buf,"open2")!=NULL)
        {
            JDQ2=0;                                 // 继电器 2 打开
            clr_buf();
        }
      else if(strstr(rec_buf,"close1")!=NULL)
        {
            JDQ1=1;                                 // 继电器 1 关闭
            clr_buf();
        }
      else if(strstr(rec_buf,"close2")!=NULL)
        {
```

```
            JDQ2=1;                             // 继电器 2 关闭
            clr_buf();
        }
    }
                                                // 收到 PC 发来的字符，并判断控制与发送方式
    if(strstr(rec_buf,"contrl1")!=NULL)
    {
        control=1;                              // 自动控制
        clr_buf();
    }
    if(strstr(rec_buf,"contrl2")!=NULL)
    {
        control=2;                              // PC 控制
        clr_buf();
    }
    if(strstr(rec_buf,"get1")!=NULL)
    {
        get=1;                                  // 连续发送
        clr_buf();
    }
    if(strstr(rec_buf,"get2")!=NULL)
    {
        get=2;                                  // 间断发送
        clr_buf();
    }
}
}

/****************************DS18B20 读取温度函数**************************/
/*函数原型：void get_temper(void)
/*函数功能：DS18B20 读取温度
/***************************************************************************/
unsigned int get_temper(void)
{
    unsigned char k,T_sign,T_L,T_H;
    DS18B20_init();                             // DS18B20 初始化
    if(DS18B20)                                 // 判断 DS18B20 是否存在，若 DS18B20 不存在则返回
    {
        DS18B20_write(0xcc);                    // 跳过 ROM 匹配
        DS18B20_write(0x44);                    // 发出温度转换命令
        DS18B20_init();                         // DS18B20 初始化
```

```
            if(DS18B20)                              // 判断 DS18B20 是否存在，若 DS18B20 不存在则返回
            {
                DS18B20_write(0xcc);                 // 跳过 ROM 匹配
                DS18B20_write(0xbe);                 // 发出读温度命令
                T_L=DS18B20_read();                  // 数据读出
                T_H=DS18B20_read();
                k=T_H&0xf8;
                if(k==0xf8)
                    T_sign=1;                        // 温度是负数
                else
                    T_sign=0;                        // 温度是正数
                T_H=T_H&0x07;
                temp=(T_H*256+T_L)*10*0.0625; // 温度转换常数乘以 10 是因为要保留 1 位小数
                return (temp);
            }
        }
    }
/*****************************DS18B20 写数据函数***************************/
/*函数原型：void DS18B20_write(uchar in_data)
/*函数功能：DS18B20 写数据
/*输入参数：要发送写入的数据
/***********************************************************************/
    void DS18B20_write(unsigned char in_data)       // 写 DS18B20 的子程序（有具体的时序要求）
    {
        unsigned char i,out_data,k;
        out_data=in_data;
        for(i=1;i<9;i++)                            // 串行发送数据
        {
            DQ=0;
         DQ=1;
         _nop_();
            _nop_();
            k=out_data&0x01;
         if(k==0x01)                                // 判断数据　写 1
         {
             DQ=1;
         }
         else                                       // 写 0
            {
             DQ=0;
         }
```

```
        delay(4);                                   // 延时 62μs
        DQ=1;
          out_data=_cror_(out_data,1);              // 循环左移 1 位
      }
   }
/***************************DS18B20 读函数**************************/
/*函数原型：void DS18B20_read()
/*函数功能：DS18B20 读数据
/*输出参数：读到的一字节内容
/*调用模块：delay()
/*******************************************************************/
   unsigned char DS18B20_read()
   {
      unsigned char i,in_data,k;
      in_data=0;
      for(i=1;i<9;i++)                              // 串行发送数据
      {
         DQ=0;
       DQ=1;
       _nop_();
       _nop_();
         k=DQ;                                      // 读 DQ 端
       if(k==1)                                     // 读到的数据是 1
       {
          in_data=in_data|0x01;
       }
       else
       {
          in_data=in_data|0x00;
       }
       delay(3);                                    // 延时 51μs
       DQ=1;
       in_data=_cror_(in_data,1);                   // 循环右移 1 位
      }
      return(in_data);
   }
/**************************DS18B20 初始化函数*************************/
/*函数原型：void DS18B20_init(void)
/*函数功能：DS18B20 初始化
/*调用模块：delay()
/*******************************************************************/
```

```
void DS18B20_init(void)
{
  unsigned char a;
      DQ=1;                                    // 主机发出复位低脉冲
  DQ=0;
  delay(44);                                   // 延时 540μs
  DQ=1;
  for(a=0;a<0x36&&DQ==1;a++)
  {
      a++;
      a--;                                     // 等待 DS18B20 回应
  }
  if(DQ)
      DS18B20=0;                               // DS18B20 不存在
  else
  {
      DS18B20=1;                               // DS18B20 存在
      delay(120);                              // 复位成功!延时 240μs
  }
}
/***************************数码管显示函数**************************/
/*函数原型：void display(void)
/*函数功能：数码管显示
/*调用模块：delay()
/*****************************************************************/
  void display(unsigned int a)
  {
 bit b=P_K_L;
 P_K_L=1;                                      // 防止按键干扰显示
       P_data=tab[a&0x0f];                     // 显示小数点后第 1 位
       PS0=0;
 PS1=1;
 PS2=1;
 PS3=1;
 delay(200);
       P_data=tab[(a>>4)&0x0f]|0x01;           // 显示个位
       PS0=1;
 PS1=0;
 delay(200);
       P_data=tab[(a>>8)&0x0f];                // 显示十位
       PS1=1;
```

```
  PS2=0;
  delay(200);
        P_data=tab[(a>>12)&0x0f];              // 显示百位
        PS2=1;
  PS3=0;
  delay(200);
  PS3=1;
  P_K_L=b;                                     // 恢复按键
  P_data=0xff;                                 // 恢复数据口
    }
/*************************十六进制转十进制函数*************************/
/*函数原型：uint htd(uint a)
/*函数功能：十六进制转十进制
/*输入参数：要转换的数据
/*输出参数：转换后的数据
/*****************************************************************/
 unsigned int htd(unsigned int a)
    {
     unsigned int b,c;
      b=a%10;
      c=b;
      a=a/10;
      b=a%10;
      c=c+(b<<4);
      a=a/10;
      b=a%10;
      c=c+(b<<8);
      a=a/10;
      b=a%10;
      c=c+(b<<12);
     return c;
    }
/*******************************延时函数*******************************/
/*函数原型：delay(unsigned int delay_time)
/*函数功能：延时函数
/*输入参数：delay_time (输入要延时的时间)
/********************************************************************/
void delay(unsigned int delay_time)          // 延时子程序
{
     for(;delay_time>0;delay_time--)
     {
```

```
    }
  }
  /****************************清除缓存数据函数******************************/
  /*函数原型：void clr_buf(void)
  /*函数功能：清除缓存数据
  /**************************************************************************/
  void clr_buf(void)
  {
      for(i=0;i<buf_max;i++)
       rec_buf[i]=0;
      i=0;
  }
  /*******************************串口中断处理函数*******************************/
  /*函数原型：void Serial(void)
  /*函数功能：串口中断处理
  /**************************************************************************/
  void Serial() interrupt 4                          // 串口中断处理
  {
      unsigned char k=0;
   ES=0;                                             // 关中断
   if(TI)                                            // 发送
   {
       TI=0;
   }
   else                                              // 接收，处理
   {
       RI=0;
       rec_buf[i]=SBUF;
       if(i<buf_max)
            i++;
       else
            i=0;
       RI=0;
       TI=0;
  }
  ES=1;                                              // 开中断
}
```

将 C51 程序编译生成 HEX 文件，然后采用 STC-ISP 软件将 HEX 文件下载到单片机中。

程序下载到单片机之后，就可以给单片机试验板卡通电了，这时数码管上将会显示数字温度传感器 DS18B20 实时测量得到的温度。可以调整数字温度传感器 DS18B20 周围的温度，

测试程序能否连续采集温度。

打开“串口调试助手”程序，首先设置串口号为 COM1、波特率为 9600、校验位为 NONE、数据位为 8、停止位为 1 等参数（**注意**：设置的参数必须与单片机一致），选择“十六进制显示”，打开串口。

如果 PC 与单片机实验开发板串口正确连接，则单片机连续向 PC 发送检测的温度值，用 2 字节的十六进制数据表示，如 01 A0，该数据串在返回信息框内显示，如图 10-49 所示。根据单片机返回数据，可知当前温度测量值为 41.6℃。

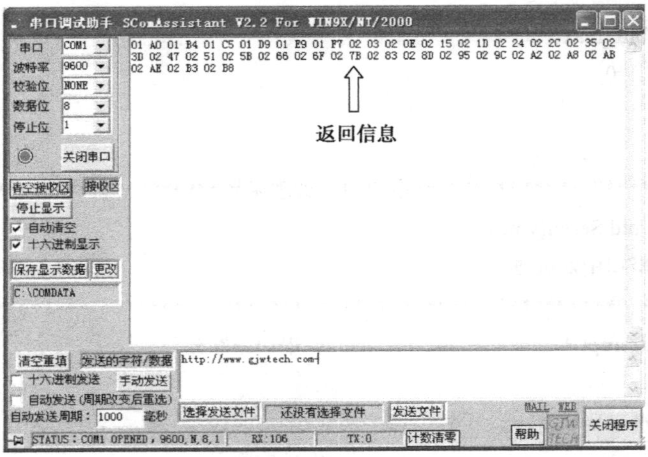

图 10-49　串口调试助手

2. 单片机端采用 C51 实现 Pt100 温度测控

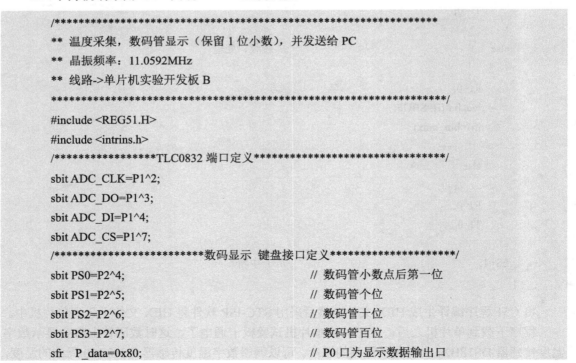

```
/************************************************************************
** 温度采集，数码管显示（保留 1 位小数），并发送给 PC
** 晶振频率：11.0592MHz
** 线路->单片机实验开发板 B
*************************************************************************/
#include <REG51.H>
#include <intrins.h>
/*****************TLC0832 端口定义**********************************/
sbit ADC_CLK=P1^2;
sbit ADC_DO=P1^3;
sbit ADC_DI=P1^4;
sbit ADC_CS=P1^7;
/**************************数码显示 键盘接口定义*********************/
sbit PS0=P2^4;                              // 数码管小数点后第一位
sbit PS1=P2^5;                              // 数码管个位
sbit PS2=P2^6;                              // 数码管十位
sbit PS3=P2^7;                              // 数码管百位
sfr  P_data=0x80;                           // P0 口为显示数据输出口
```

```
sbit P_K_L=P2^2;                                        // 键盘列
sbit JDQ1=P2^0;                                         // 继电器 1 控制
sbit JDQ2=P2^1;                                         // 继电器 2 控制
unsigned char tab[]={0xfc,0x60,0xda,0xf2,0x66,0xb6,0xbe,0xe0,0xfe,0xf6,0xee,0x3e,0x9c,0x7a,0x9e,0x8e};
                                                        // 字段转换表
unsigned char adc_change(unsigned char a);              // 操作 TLC0832
unsigned int htd(unsigned int a);                       // 进制转换函数
void display(unsigned int a);                           // 显示函数
void delay(unsigned int);                               // 延时函数
void main(void)
{
    unsigned int a,temp;
    float b;
    TMOD=0x20;                                          // 定时器 1—方式 2
    TL1=0xfd;
    TH1=0xfd;                                           // 11.0592MHz 晶振，波特率为 9600bit/s
    SCON=0x50;                                          // 方式 1
    TR1=1;                                              // 启动定时
    while(1)
  {
      temp=adc_change('0');
      b=(float)temp*5/255;                              // 测量电压
      if(b<1)
          b=1;
      if(b>5)
          b=5;
      b=(b-1)*50*10;                                    // 温度值
      temp=(unsigned int)b;
      for(a=0;a<200;a++)                                // 显示，兼有延时的作用
          display(htd(temp));
      SBUF=(unsigned char)(temp>>8);                    // 将测量结果发送给 PC
        while(TI!=1);
      TI=0;
      SBUF=(unsigned char)temp;
        while(TI!=1);
      TI=0;
      if(temp>500)
          JDQ1=0;                                       // 继电器 1 动作
      else
          JDQ1=1;                                       // 继电器 1 复位
      if(temp<300)
```

```
            JDQ2=0;                                  // 继电器 2 动作
        else
            JDQ2=1;                                  // 继电器 2 复位
}
}
/***************************数码管显示函数**************************/
/*函数原型：void display(void)
/*函数功能：数码管显示
/*输入参数：无
/*输出参数：无
/*调用模块：delay()
/******************************************************************/
void display(unsigned int a)
{
    bit b=P_K_L;
  P_K_L=1;                                           // 防止按键干扰显示
    P_data=tab[a&0x0f];                              // 显示小数点后第 1 位
    PS0=0;
  PS1=1;
  PS2=1;
  PS3=1;
  delay(200);
    P_data=tab[(a>>4)&0x0f]|0x01;                    // 显示个位
    PS0=1;
  PS1=0;
  delay(200);
    P_data=tab[(a>>8)&0x0f];                         // 显示十位
    PS1=1;
    PS2=0;
  delay(200);
    P_data=tab[(a>>12)&0x0f];                        // 显示百位
    PS2=1;
    PS3=0;
  delay(200);
    PS3=1;
    P_K_L=b;                                         // 恢复按键
  P_data=0xff;                                       // 恢复数据口
}
/**********************************************************************
;   函数名称：adc_change
;   功能描述：TI 公司 8 位 2 通 adc 芯片 TLC0832 的控制时序
```

```
;  形式参数：config(无符号整型变量)
;  返回参数：a_data
;  局部变量：m、n
;  调用模块：
;  备    注：
*************************************************************************/
unsigned char adc_change(unsigned char config)                // 操作 TLC0832
{
      unsigned char i,a_data=0;
 ADC_CLK=0;
 _nop_();
 ADC_DI=0;
 _nop_();
 ADC_CS=0;
 _nop_();
 ADC_DI=1;
 _nop_();
 ADC_CLK=1;
 _nop_();
 ADC_CLK=0;
    if(config=='0')
 {
        ADC_DI=1;
        _nop_();
        ADC_CLK=1;
       _nop_();
       ADC_DI=0;
       _nop_();
        ADC_CLK=0;
}
else if(config=='1')
{
       ADC_DI=1;
       _nop_();
       ADC_CLK=1;
      _nop_();
      ADC_DI=1;
      _nop_();
       ADC_CLK=0;
}
ADC_CLK=1;
```

```
  _nop_();
  ADC_CLK=0;
  _nop_();
  ADC_CLK=1;
  _nop_();
  ADC_CLK=0;
  for(i=0;i<8;i++)
  {
        a_data<<=1;
         ADC_CLK=0;
         a_data+=(unsigned char)ADC_DO;
        ADC_CLK=1;
  }
  ADC_CS=1;
  ADC_DI=1;
      return a_data;
}
/***************************十六进制转十进制函数***************************/
/*函数原型：uint htd(uint a)
/*函数功能：十六进制转十进制
/*输入参数：要转换的数据
/*输出参数：转换后的数据
/*调用模块：无
/**********************************************************************/
unsigned int htd(unsigned int a)
{
      unsigned int b,c;
  b=a%10;
  c=b;
  a=a/10;
  b=a%10;
  c=c+(b<<4);
  a=a/10;
  b=a%10;
  c=c+(b<<8);
  a=a/10;
  b=a%10;
  c=c+(b<<12);
  return c;
}
/********************************延时函数**********************************/
```

```
/*函数原型：delay(unsigned int delay_time)
/*函数功能：延时函数
/*输入参数：delay_time (输入要延时的时间)
/*输出参数：无
/*调用模块：无
/**********************************************************************/
void delay(unsigned int delay_time)                      // 延时子程序
{for(;delay_time>0;delay_time--)
{}
}
```

程序编写调试完成，将程序编译成 HEX 文件并将其烧写进单片机。

程序烧写进单片机之后，就可以给单片机实验板通电了，这时数码管上将会显示实时测量得到的温度值。可以调整 Pt00 温度传感器周围的温度，测试程序能否连续采集温度。

打开“串口调试助手”程序，首先设置串口号为 COM1、波特率为 9600、校验位为 NONE、数据位为 8、停止位为 1 等参数（**注意**：设置的参数必须与单片机一致），选择“十六进制显示”，打开串口，如图 10-50 所示。

如果 PC 与单片机开发板串口通信正常，则单片机连续向 PC 发送检测的温度值，用 2 字节的十六进制数据表示，如 02 9A，该数据串在返回信息框内显示。转换为十进制数为 666，乘以 0.1 即是当前温度测量值 66.6℃，与单片机开发板数码管显示的数值相同。

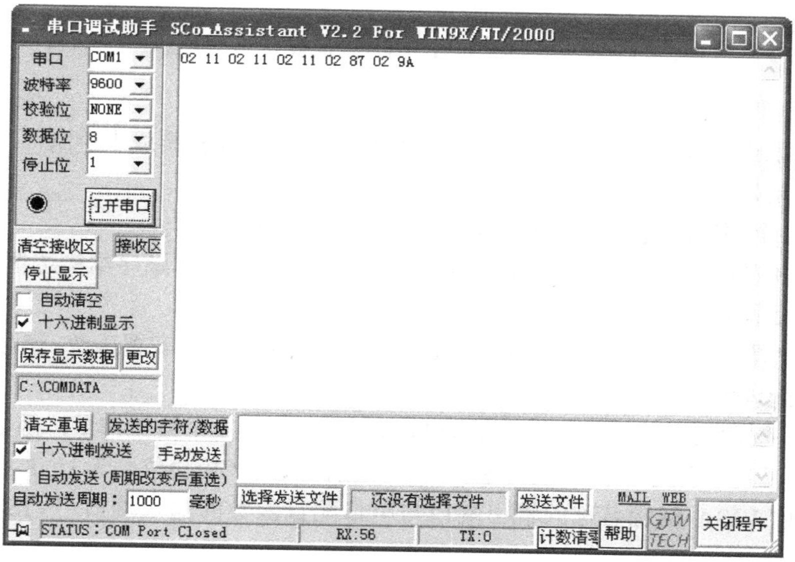

图 10-50 串口调试助手

3. PC 端 LabVIEW 程序

因为单片机板采用 DS18B20 数字温度传感器，与 Pt100 铂热电阻传感器采集温度传送给 PC 的数据串格式完全一样，因此 PC 端 LabVIEW 程序也完全相同。

1）程序前面板设计

（1）为了以数字形式显示测量温度值，添加 1 个数字显示控件：控件→新式→ 数值→ 数值显示控件，将标签改为“温度值”。

（2）为了以指针形式显示测量电压值，添加 1 个仪表显示控件：控件→新式→数值→ 仪表，将标签改为“仪表”。

（3）为了显示测量温度实时变化曲线，添加 1 个实时图形显示控件：控件→新式→图形→波形图，将标签改为“实时曲线”。

（4）为了显示温度超限状态，添加两个指示灯控件：控件→新式→布尔→圆形指示灯，将标签分别改为“上限指示灯”和“下限指示灯”。

（5）为了获得串行端口号，添加 1 个串口资源检测控件：控件→新式→ I/O → VISA 资源名称。单击控件箭头，选择串口号，如“ASRL1：”或 COM1。

设计的程序前面板如图 10-51 所示。

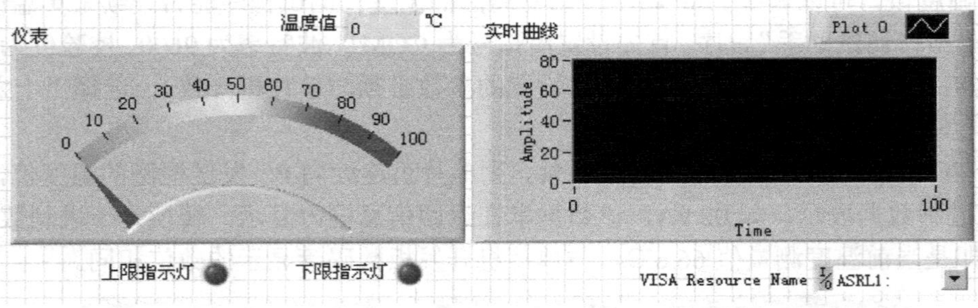

图 10-51 程序前面板

2）框图程序设计

程序设计思路：读单片机发送给 PC 的十六进制数据，并转换成十进制。

（1）串口初始化框图程序。

① 添加 1 个顺序结构：函数→编程→结构→层叠式顺序结构。

将顺序结构的帧设置为 3 个（序号 0～2）。设置方法：选中顺序结构边框，单击鼠标右键，执行“在后面添加帧”命令 2 次。

② 为了设置通信参数，在顺序结构 Frame 0 中添加 1 个串口配置函数：函数→仪器 I/O→串口→ VISA 配置串口。

③ 为了设置通信参数值，在顺序结构 Frame 0 中添加 4 个数值常量：函数→编程→ 数值→数值常量，值分别为 9600（波特率）、8（数据位）、0（校验位，无）、1（停止位）。

④ 将函数 VISA 资源名称的输出端口与串口配置函数的输入端口“VISA 资源名称”相连。

⑤ 将数值常量 9600、8、0、1 分别与 VISA 配置串口函数的输入端口波特率、数据比特、奇偶、停止位相连。

连接好的框图程序如图 10-52 所示。

（2）读取温度值框图程序。

① 为了获得串口缓冲区数据个数，在顺序结构 Frame 1 中添加 1 个串口字节数函数：函数→仪器 I/O→串口→ VISA 串口字节数，标签为“Property Node”。

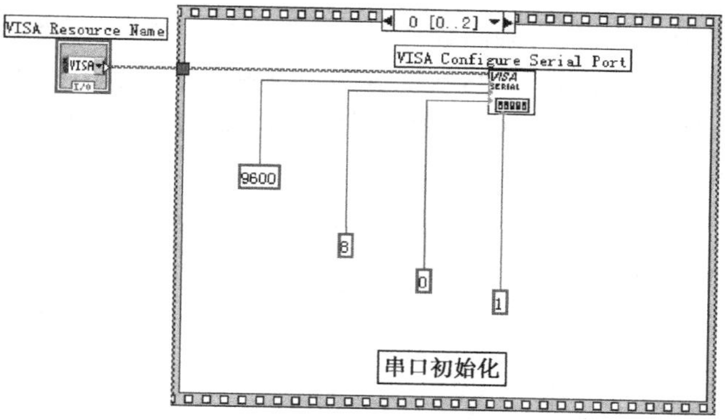

图 10-52　串口初始化框图程序

② 为了从串口缓冲区获取返回数据，在顺序结构 Frame 1 中添加 1 个串口读取函数：函数→仪器 I/O→串口→ VISA 读取。

③ 在顺序结构 Frame 1 中添加字符串转字节数组函数：函数→编程→字符串→字符串/数组/路径转换→字符串至字节数组转换。

④ 在顺序结构 Frame 1 中添加两个索引数组函数：函数→编程→数组→索引数组。

⑤ 在顺序结构 Frame 1 中添加 1 个加号函数：函数→编程→数值→加。

⑥ 在顺序结构 Frame 1 中添加两个乘号函数：函数→编程→数值→乘。

⑦ 在顺序结构 Frame 1 中添加 4 个数值常量：函数→编程→数值→ 数值常量，值分别为 0、1、256、0.1。

⑧ 分别将数值显示器图标（标签为“测量值”）、仪表控件图标（标签为“仪表”）、实时曲线控件图标（标签为“实时曲线”）拖入顺序结构的 Frame 1 中。

⑨ 将 VISA 资源名称函数的输出端口与串口字节数函数（顺序结构 Frame1 中）的输入端口引用相连。

⑩ 将 VISA 资源名称函数的输出端口与 VISA 读取函数的输入端口“VISA 资源名称”相连。

⑪ 将串口字节数函数的输出端口“Number of bytes at Serial port”与 VISA 读取函数的输入端口“字节总数”相连。

⑫ 将 VISA 读取函数的输出端口“读取缓冲区”与字符串至字节数组转换函数的输入端口“字符串”相连。

⑬ 将字符串至字节数组转换函数的输出端口“无符号字节数组”分别与索引数组函数（上）和索引数组函数（下）的输入端口数组相连。

⑭ 将数值常量（值为 0、1）分别与索引数组函数（上）和索引数组函数（下）的输入端口“索引”相连。

⑮ 将索引数组函数（上）的输出端口元素与乘函数（左）的输入端口“x”相连。

⑯ 将数值常量（值为 256）与乘函数（左）的输入端口“y”相连。

⑰ 将乘函数（左）的输出端口“x*y”与加函数的输入端口“x”相连。

⑱ 将索引数组函数（下）的输出端口“元素”与加函数的输入端口“y”相连。

⑲ 将加函数的输出端口“x+y”与乘函数（右）的输入端口“x”相连。

⑳ 将数值常量（值为 0.1）与乘函数（右）的输入端口“y”相连。

㉑ 将乘函数（右）的输出端口“x*y”分别与测量数据显示图标（标签为“测量值”）、仪表控件图标（标签为“仪表”）、实时曲线控件图标（标签为“实时曲线”）相连。

连接好的框图程序如图 10-53 所示。

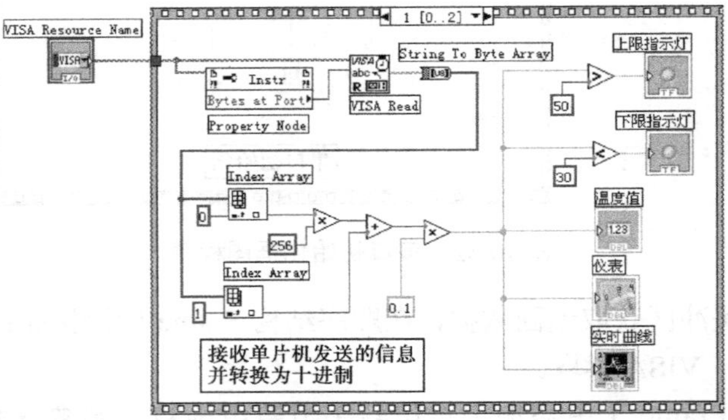

图 10-53　读温度值框图程序

（3）延时框图程序。

① 为了以一定的周期读取 PLC 的温度测量数据，添加 1 个时钟函数：函数→编程→定时→等待下一个整数倍毫秒。

② 添加 1 个数值常量：函数→编程→数值→数值常量，将值改为 500（时钟频率值）。

③ 将数值常量（值为 500）与等待下一个整数倍毫秒函数的输入端口“毫秒倍数”相连。

连接好的框图程序如图 10-54 所示。

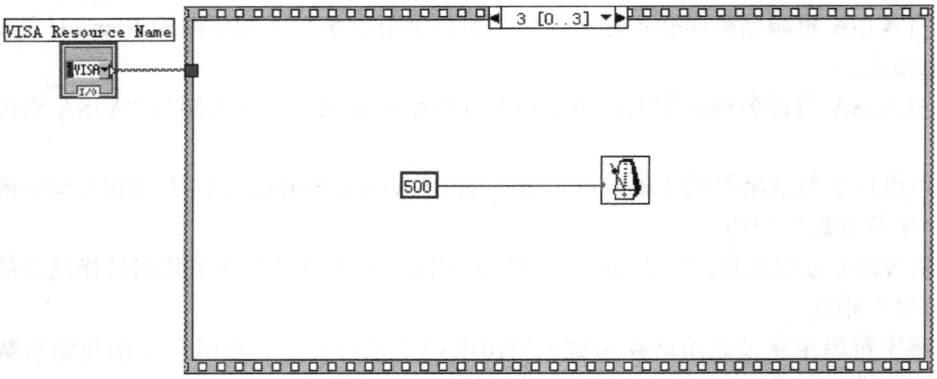

图 10-54　延时框图程序

3）运行程序

程序编写完成后，就可以通过串口把 PC 与单片机实验板连接好，程序调试无误后就可运行程序。

给 Pt00 温度传感器周围升温或者降温，程序界面将显示温度测量值和曲线图。

当测量温度小于 30℃时或测量温度大于 50℃时，程序界面中上、下限指示灯颜色变化，单片机板相应指示灯亮。

程序运行界面如图 10-55 所示。

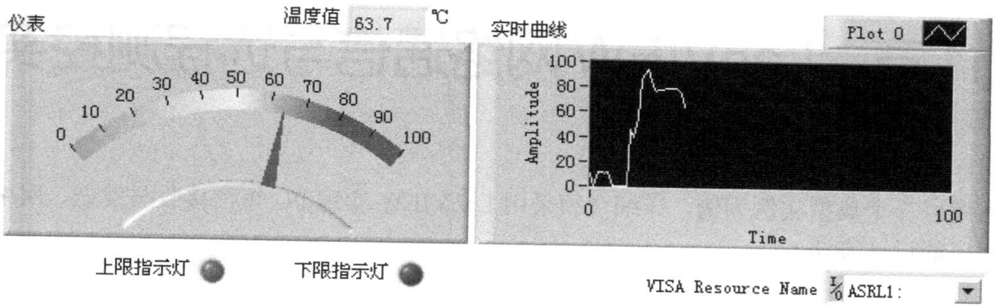

图 10-55　程序运行界面

第 11 章　LabVIEW 网络通信与远程测控实例

本章以 2 个典型实例为例，详细介绍采用 LabVIEW 实现 PC 短信接收与发送、网络温度监测程序的设计方法。

实例 34　短信接收与发送

一、线路连接

采用 GSM 短信模块组成的远程测控系统如图 11-1 所示。

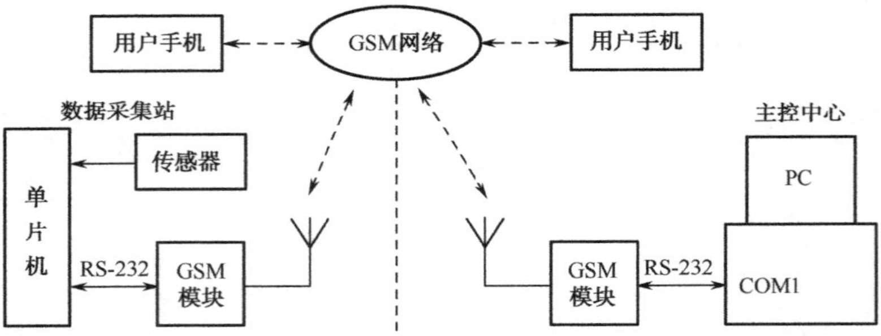

图 11-1　采用 GSM 短信模块组成的远程测控系统

主控中心 PC 通过串口与 GSM 短信模块相连接，读取 GSM 模块接收到的短消息从而获得远端传来的测量数据；同时，主控中心 PC 可以通过串口向 GSM 模块发送命令，以短消息形式把设置命令发送到数据采集站的 GSM 模块，对单片机进行控制。

数据采集站的任务是采样温度、压力、流量、液位等外界量，将这些数据以短信的方式发送到主控中心。同时也以短信的方式接收主控中心发来的命令，并执行这些命令。

传感器检测的数据经单片机 MCU 单元的处理，编辑成短信息，通过串行口传送给 GSM 模块后，以短消息的方式将数据发送到主控中心的计算机或用户的 GSM 手机。

用户手机通过 GSM 模块与 PC 和单片机可以实现双向通信。

在本设计中，单片机通过 DS18B20 数字温度传感器检测温度，并编辑成短信息通过 GSM 模块发送到 PC 或用户手机。DS18B20 数字温度传感器是一个 3 引脚的芯片，其中引脚 1 为接地，引脚 2 为数据输入输出，引脚 3 为电源输入。通过一个单线接口发送或接收数据。DS18B20 数字温度传感器与 STC89C51RC 单片机的连接如图 11-2 所示。

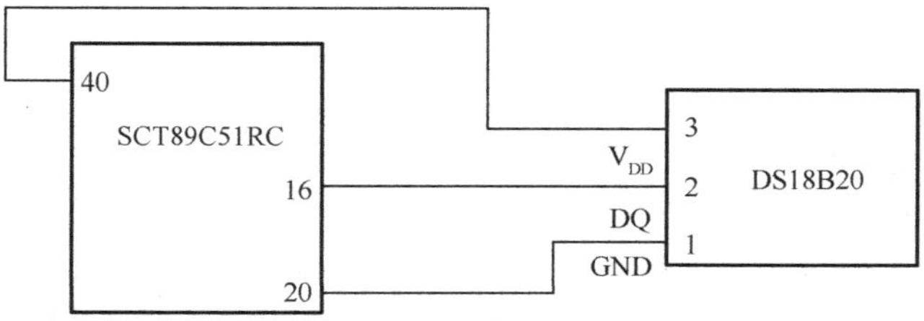

图 11-2　DS18B20 数字温度传感器与 STC89C51RC 单片机的连接

有关单片机板的详细信息请查询电子开发网 http://www.dzkfw.com/。

二、设计任务

单片机与 PC 通信，在程序设计上涉及两部分的内容：一是单片机端数据采集、控制和通信程序；二是 PC 端通信和功能程序。

（1）单片机端程序设计：采用 Keil C 语言编写程序，实现 DS18B20 温度检测，并编辑成短信息通过 GSM 模块发送到 PC 或用户手机；单片机通过 GSM 模块接收 PC 或用户手机发送的短信指令。

（2）PC 端程序设计：采用 LabVIEW 语言编写程序，实现 PC 通过 GSM 模块接收短信和发送短信。

三、任务实现

1. 单片机端采用 C51 实现短信发送

以下是采用 C51 语言实现单片机温度检测及短信发送程序。

```
/*****************************************************************
** 单片机与 TC35I 短信模块通信
** 功能：单片机通过 DS18B20 检测温度，并通过 GSM 模块发送到指定手机
** 晶振频率：11.0592MHz
** 线路：单片机实验开发板 B
*****************************************************************/
    #include<reg51.h>
    #include<intrins.h>
    sbit PS0=P2^4;                          // 数码管小数点后第 1 位
    sbit PS1=P2^5;                          // 数码管个位
    sbit PS2=P2^6;                          // 数码管十位
    sbit PS3=P2^7;                          // 数码管百位
    sfr   P_data=0x80;                      // P0 口为显示数据输出口
    sbit P_K_L=P2^2;                        // 键盘列
    sbit DQ=P3^6;                           // DS18B20 数据接口
```

```
sbit P_L=P0^0;                                    // 测量指示
unsigned char *send_data;
void delay(unsigned int);                         // 延时函数
void DS18B20_init(void);                          // DS18B20 初始化
unsigned int get_temper(void);                    // 读取温度程序
void DS18B20_write(unsigned char in_data);        // DS18B20 写数据函数
unsigned char DS18B20_read(void);                 // 读取数据程序
unsigned int htd(unsigned int a);                 // 进制转换函数
void display(unsigned int a);                     // 显示函数
void send_ascii(unsigned char *b);            // 发送 ascii 数据
void send_hex(unsigned char b);               // 发送 hex 数据
float temp;                                   // 温度寄存器
bit DS18B20;                                  // DS18B20 存在标志，1—存在，0—不存在
unsigned char tab[10]={0xfc,0x60,0xda,0xf2,0x66,0xb6,0xbe,0xe0,0xfe,0xf6};  // 字段转换表
void main(void)
  {
   unsigned int a,temp,c=0;
     TMOD=0x20;                               // 定时器 1—方式 2
     TL1=0xfd;
     TH1=0xfd;                                // 11.0592MHz 晶振，0xfd 对应波特率为 9600bit/s
                                              // 0xfa 对应波特率为 4800bit/s
     SCON=0x50;                               // 方式 1
     TR1=1;                                   // 启动定时
      temp=get_temper();                      // 这段程序用于避开刚上电时显示 85 的问题
     for(a=0;a<2000;a++)
         delay(500);
    while(1)
    {
        int a;
        temp=get_temper();                    // 测量温度
        for(a=0;a<100;a++)                    // 显示，兼有延时的作用
              display(htd(temp));
         if(c>10)
         {
             send_ascii("at+cmgf=1");         // 以文本的形式发送
             send_hex(0x0d);
            for(a=0;a<600;a++)                // 显示，兼有延时的作用
                   display(htd(temp));
             send_ascii("at+cmgs=\"158********\"");       // 发送到指定号码
             send_hex(0x0d);  ;
             for(a=0;a<600;a++)                           // 显示，兼有延时的作用
```

```
                display(htd(temp));
            send_ascii("The temperture is ");                    // 发送短信
            send_hex(0x30+((htd(temp)>>8)&0x0f));
            send_hex(0x30+((htd(temp)>>4)&0x0f));
            send_ascii(".");
            send_hex(0x30+(htd(temp)&0x0f));
            send_ascii(" degree now.");
            send_hex(0x1a);
            send_hex(0x0d);
            c=0;
        }
        c++;
    }
  }
/****************************DS18B20 读取温度函数**************************/
/*函数原型：void get_temper(void)
/*函数功能：DS18B20 读取温度
/*****************************************************************/
 unsigned int get_temper(void)
 {
     unsigned char k,T_sign,T_L,T_H;
      DS18B20_init();                         // DS18B20 初始化
     if(DS18B20)                              // 判断 DS18B20 是否存在，若 DS18B20 不存在则返回
      {
           DS18B20_write(0xcc);               // 跳过 ROM 匹配
           DS18B20_write(0x44);               // 发出温度转换命令
         DS18B20_init();                      // DS18B20 初始化
        if(DS18B20)                           // 判断 DS1820 是否存在，若 DS18B20 不存在则返回
         {
              DS18B20_write(0xcc);            // 跳过 ROM 匹配
              DS18B20_write(0xbe);            // 发出读温度命令
            T_L=DS18B20_read();               // 数据读出
            T_H=DS18B20_read();
            k=T_H&0xf8;
             if(k==0xf8)
                 T_sign=1;                    // 温度是负数
             else
                 T_sign=0;                    // 温度是正数
            T_H=T_H&0x07;
            temp=(T_H*256+T_L)*10*0.0625;// 温度转换常数，乘以 10，是因为要保留 1 位小数
           return (temp);
```

```
            }
        }
    }
/****************************DS18B20 写数据函数***************************/
/*函数原型：void DS18B20_write(uchar in_data)
/*函数功能：DS18B20 写数据
/*输入参数：要发送写入的数据
/*调用模块：_cror_()
/***********************************************************************/
    void DS18B20_write(unsigned char in_data)      // 写 DS18B20 的子程序（有具体的时序要求）
    {
        unsigned char i,out_data,k;
        out_data=in_data;
        for(i=1;i<9;i++)                           // 串行发送数据
        {
            DQ=0;
         DQ=1;
         _nop_();
            _nop_();
            k=out_data&0x01;
         if(k==0x01)                               // 判断数据，写 1
         {
            DQ=1;
            }
         else                                      // 写 0
            {
            DQ=0;
         }
         delay(4);                                 // 延时 62s
         DQ=1;
            out_data=_cror_(out_data,1);           // 循环左移 1 位
        }
    }
/**************************DS18B20 读函数**************************/
/*函数原型：void DS18B20_read()
/*函数功能：DS18B20 读数据
/*输出参数：读到的一字节内容
/*调用模块：delay()
/********************************************************************/
    unsigned char DS18B20_read()
    {
```

```
    unsigned char i,in_data,k;
    in_data=0;
    for(i=1;i<9;i++)                              // 串行发送数据
    {
        DQ=0;
     DQ=1;
     _nop_();
     _nop_();
        k=DQ;                                     // 读 DQ 端
     if(k==1)                                     // 读到的数据是 1
     {
         in_data=in_data|0x01;
     }
     else
     {
         in_data=in_data|0x00;
     }
     delay(3);                                    // 延时 51μs
     DQ=1;
     in_data=_cror_(in_data,1);                   // 循环右移 1 位
    }
   return(in_data);
 }
/**************************DS18B20 初始化函数***************************/
/*函数原型：void DS18B20_init(void)
/*函数功能：DS18B20 初始化
/*调用模块：delay()
/********************************************************************/
   void DS18B20_init(void)
  {
   unsigned char a;
      DQ=1;                                       // 主机发出复位低脉冲
   DQ=0;
   delay(44);                                     // 延时 540μs
   DQ=1;
   for(a=0;a<0x36&&DQ==1;a++)
   {
      a++;
      a--;                                        // 等待 DS18B20 回应
   }
   if(DQ)
```

```
                DS18B20=0;                          // DS18B20 不存在
        else
        {
                DS18B20=1;                          // DS18B20 存在
                delay(120);                         // 复位成功!延时 240μs
        }
    }
/**************************数码管显示函数************************/
/*函数原型：void display(void)
/*函数功能：数码管显示
/*调用模块：delay()
/**************************************************************/
    void display(unsigned int a)
    {
      bit b=P_K_L;
       P_K_L=1;                                     // 防止按键干扰显示
         P_data=tab[a&0x0f];                        // 显示小数点后第 1 位
         PS0=0;
      PS1=1;
       PS2=1;
       PS3=1;
      delay(200);
         P_data=tab[(a>>4)&0x0f]|0x01;              // 显示个位
         PS0=1;
      PS1=0;
      delay(200);
         P_data=tab[(a>>8)&0x0f];                   // 显示十位
         PS1=1;
       PS2=0;
      delay(200);
       P_data=tab[(a>>12)&0x0f];                    // 显示百位
         PS2=1;
       //PS3=0;
      //delay(200);
       //PS3=1;*/
       P_K_L=b;                                     // 恢复按键
      P_data=0xff;                                  // 恢复数据口
    }
/**************************发送字符(ASCII 码)函数*********************/
/*函数原型：void send_ascii(unsigned char *b)
/*函数功能：发送字符（ASCII 码）
```

```
/*输入参数：unsigned char *b
/**********************************************************************/
void send_ascii(unsigned char *b)
{
    for (b; *b!='\0';b++)
    {
        SBUF=*b;
        while(TI!=1)
            ;
      TI=0;
  }
}
/***************************发送字符(十六进制)函数*********************/
/*函数原型：void send_ascii(unsigned char b)
/*函数功能：发送字符（十六进制）
/*输入参数：unsigned char b
/**********************************************************************/
void send_hex(unsigned char b)
{
    SBUF=b;
    while(TI!=1)
        ;
    TI=0;
}
/***************************十六进制转十进制函数***************************/
/*函数原型：uint htd(uint a)
/*函数功能：十六进制转十进制
/*输入参数：要转换的数据
/*输出参数：转换后的数据
/**********************************************************************/
unsigned int htd(unsigned int a)
   {
    unsigned int b,c;
     b=a%10;
     c=b;
     a=a/10;
     b=a%10;
     c=c+(b<<4);
     a=a/10;
     b=a%10;
     c=c+(b<<8);
```

```
        a=a/10;
        b=a%10;
        c=c+(b<<12);
      return c;
    }
/*******************************延时函数***********************************/
/*函数原型：delay(unsigned int delay_time)
/*函数功能：延时函数
/*输入参数：delay_time（输入要延时的时间）
/*************************************************************************/
void delay(unsigned int delay_time)                  // 延时子程序
{
for(;delay_time>0;delay_time--)
{}
 }
```

将 C51 程序编译生成 HEX 文件，然后采用 STC-ISP 软件将 HEX 文件下载到单片机中。

2. 单片机端采用 C51 实现短信接收

以下是采用 C51 语言实现单片机短信接收及继电器控制程序。

```
/**********************************************************************
** 单片机与控制 TC35I 读短信并控制相应的继电器动作
** 晶振频率：11.0592MHz
** 线路->单片机实验开发板 B
** open1--继电器 1 打开
** open11--继电器 2 打开
** close1--继电器 1 关闭
** close11--继电器 2 关闭
**********************************************************************
基本概念：
MEM1：读取和删除短信所在的内存空间。
MEM2：写入短信和发送短信所在的内存空间。
MEM3：接收到的短信的储存位置。
语句：
AT+CPMS=?
作用：测试命令。用于得到模块所支持的储存位置的列表。
AT+CPMS=?
+CPMS: ("MT","SM","ME"),("MT","SM","ME"),("MT","SM","ME")
表示手机支持 MT（模块终端），SM（SIM 卡），ME（模块设备）
其他指令请查阅 TC35I AT 指令集
```

```
*/
#include<reg51.h>
#include <string.h>
#define buf_max 72                                   // 缓存长度 72
sbit jdq1=P2^0;                                      // 继电器 1
sbit jdq2=P2^1;                                      // 继电器 2
unsigned char i=0;
unsigned char *send_data;                            // 要发送的数据
unsigned char rec_buf[buf_max];                      // 接收缓存
void delay(unsigned int delay_time);                 // 延时函数
bit hand(unsigned char *a);                          // 判断缓存中是否含有指定的字符串
void clr_buf(void);                                  // 清除缓存内容
void clr_ms(void);                                   // 清除信息
void send_ascii(unsigned char *b);                   // 发送 ascii 数据
void send_hex(unsigned char b);                      // 发送 hex 数据
unsigned int htd(unsigned int a);                    // 十六进制转十进制
void    Serial_init(void);                           // 串口中断处理函数
void main(void)
{
     unsigned char k;
     TMOD=0x20;                                      // 定时器 1—方式 2
     TL1=0xfd;
     TH1=0xfd;                                       // 11.0592MHz 晶振，波特率为 9600bit/s
       SCON=0x50;                                    // 方式 1
     TR1=1;                                          // 启动定时
     ES=1;
     EA=1;
for(k=0;k<20;k++)
      delay(65535);
while(!hand("OK"))
{
      jdq1=0;                                        // 用于指示单片机和模块连接
          send_ascii("AT");                          // 发送联机指令
      send_hex(0x0d);
      for(k=0;k<10;k++)
             delay(65535);
}
clr_buf();
send_ascii("AT+CPMS=\"MT\",\"MT\",\"MT\"");   // 所有操作都在 MT（模块终端）中进行
send_hex(0x0d);
while(!hand("OK"));
```

```
clr_buf();
send_ascii("AT+CNMI=2,1");                    // 新短信提示
send_hex(0x0d);
while(!hand("OK"));
clr_buf();
send_ascii("AT+CMGF=1");                      // 文本方式
send_hex(0x0d);
while(!hand("OK"));
clr_buf();
   clr_ms();                                  // 删除短信
jdq1=1;                                       // 单片机和模块连接成功
while(1)
{
     unsigned char a,b,c,j=0;
     if(strstr(rec_buf,"+CMTI")!=NULL)        // 若字符串中含有"+CMTI"就表示有新的短信
      {
           j++;
           a=*(strstr(rec_buf,"+CMTI")+12);
            b=*(strstr(rec_buf,"+CMTI")+13);
           c=*(strstr(rec_buf,"+CMTI")+14);
            if((b==0x0d)||(c==0x0d))
             {
                clr_buf();
                send_ascii("AT+CMGR=");             // 发送读指令
                 send_hex(a);
                  if(c==0x0d)
                       send_hex(b);
                  send_hex(0x0d);
                while(!hand("OK"));
                 if(strstr(rec_buf,"open1")!=NULL)       // 继电器 1 打开
                      jdq1=0;
                else if(strstr(rec_buf,"close1")!=NULL)  // 继电器 1 关闭
                       jdq1=1;
                 else if(strstr(rec_buf,"open2")!=NULL)  // 继电器 2 打开
                       jdq2=0;
                 else if(strstr(rec_buf,"close2")!=NULL) // 继电器 2 关闭
                      jdq2=1;
                 clr_buf();
                 clr_ms();                            // 删除短信
              }
      }
```

```
    }
}
/***************************发送字符(ASCII 码)函数*********************/
/*函数原型：void send_ascii(unsigned char *b)
/*函数功能：发送字符（ASCII 码）
/*输入参数：unsigned char *b
/*****************************************************************/
void send_ascii(unsigned char *b)
{
    ES=0;
    for (b; *b!='\0';b++)
    {
        SBUF=*b;
        while(TI!=1)
            ;
        TI=0;
 }         ES=1;
}
/***************************发送字符(十六进制)函数*********************/
/*函数原型：void send_ascii(unsigned char b)
/*函数功能：发送字符（十六进制）
/*输入参数：unsigned char b
/*****************************************************************/
void send_hex(unsigned char b)
{
    ES=0;
    SBUF=b;
    while(TI!=1)
        ;
    TI=0; ES=1;
}
/***************************清除缓存数据函数*****************************/
/*函数原型：void clr_buf(void)
/*函数功能：清除缓存数据
/*输入参数：无
/*输出参数：无
/*调用模块：无
/********************************************************************/
void clr_buf(void)
{
    for(i=0;i<buf_max;i++)
```

```
            rec_buf[i]=0;
        i=0;
    }
    /****************************清除短信函数*******************************/
    /*函数原型：void clr_ms(void)
    /*函数功能：清除短信
    /*********************************************************************/
    void clr_ms(void)
    {
        unsigned char a,b,c,j;
      send_ascii("AT+CPMS?");                                    // 删除短信
      send_hex(0x0d);
      while(!hand("OK"));
        a=*(strstr(rec_buf,"+CPMS")+12);
        b=*(strstr(rec_buf,"+CPMS")+13);
      c=*(strstr(rec_buf,"+CPMS")+14);
      clr_buf();
      if(b==',')
      {
          for(j=0x31;j<(a+1);j++)
           {
               send_ascii("AT+CMGD=");
                send_hex(j);
              send_hex(0x0d);
              while(!hand("OK"));
               clr_buf();
           }
      }
      else if(c==',')
      {
          for(j=1;j<((a-0x30)*10+(b-0x30)+1);j++)
           {
              send_ascii("AT+CMGD=");
               if(j<10)
                   send_hex(j+0x30);
               else
               {
                    send_hex((htd(j)>>4)+0x30);
                     send_hex((htd(j)&0x0f)+0x30);
               }
              send_hex(0x0d);
```

```
            while(!hand("OK"));
              clr_buf();
        }
    }
}
/******************判断缓存中是否含有指定的字符串函数******************/
/*函数原型：bit hand(unsigned char *a)
/*函数功能：判断缓存中是否含有指定的字符串
/*输入参数：unsigned char *a  指定的字符串
/*输出参数：bit 1—含有；0—不含有
/*********************************************************************/
bit hand(unsigned char *a)
{
    if(strstr(rec_buf,a)!=NULL)
      return 1;
  else
      return 0;
}
/**************************十六进制转十进制函数**************************/
/*函数原型：uint htd(uint a)
/*函数功能：十六进制转十进制
/*输入参数：要转换的数据
/*输出参数：转换后的数据
/*********************************************************************/
unsigned int htd(unsigned int a)
{
     unsigned int b,c;
      b=a%10;
      c=b;
      a=a/10;
      b=a%10;
      c=c+(b<<4);
      a=a/10;
      b=a%10;
      c=c+(b<<8);
      a=a/10;
      b=a%10;
      c=c+(b<<12);
     return c;
}
/*********************************延时函数*********************************/
```

```
/*函数原型：delay(unsigned int delay_time)
/*函数功能：延时函数
/*输入参数：delay_time（输入要延时的时间）
/**************************************************************************/
void delay(unsigned int delay_time)                    // 延时子程序
{
for(;delay_time>0;delay_time--)
{}
  }
/*******************************串口中断处理函数*********************************/
/*函数原型：void Serial(void)
/*函数功能：串口中断处理
/**************************************************************************/
void Serial() interrupt 4                              // 串口中断处理
{
    unsigned char k=0;
    ES=0;                                              // 关中断
if(TI)                                                 // 发送
      {
      TI=0;
      }
 else                                                  // 接收，处理
 {
      RI=0;
      rec_buf[i]=SBUF;
      if(i<buf_max)
          i++;
      else
          i=0;
      RI=0;
      TI=0;
      }
      ES=1;                                            // 开中断
}
```

将 C51 程序编译生成 HEX 文件，然后采用 STC-ISP 软件将 HEX 文件下载到单片机中。

程序下载到单片机之后，就可以给单片机试验板卡通电了，这时数码管上将会显示数字温度传感器 DS18B20 实时测量得到的温度。可以调整数字温度传感器 DS18B20 周围的温度，测试程序能否连续采集温度。

打开“串口调试助手”程序，首先设置串口号为 COM1、波特率为 9600、校验位为 NONE、数据位为 8、停止位为 1 等参数（**注意**：设置的参数必须与单片机一致），选择“十六进制显

示”，打开串口。

如果 PC 与单片机实验开发板串口连接正确，则单片机连续向 PC 发送检测的温度值，用 2 字节的十六进制数据表示，如 01 A0，该数据串在返回信息框内显示，如图 11-3 所示。根据单片机返回数据，可知当前温度测量值为 41.6℃。

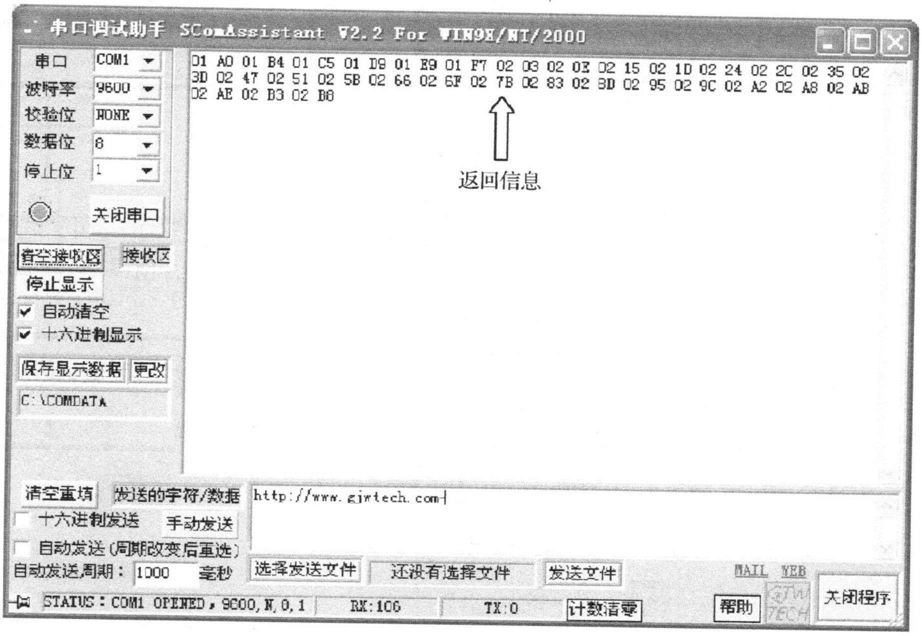

图 11-3　串口调试助手

3. PC 端采用 LabVIEW 实现短信收发

1）程序前面板设计

（1）添加两个字符输入控件，将标签分别改为“发送区短信内容”和“发送电话:”。

（2）添加 1 个字符显示控件，将标签分别改为“收到的短信内容”和“来电显示:”。

（3）添加 1 个串口资源检测控件，单击控件箭头，选择串口号，如 COM1 或“ASRL1:”。

（4）添加两个确定按钮控件，将标题分别改为“发送”和“清空”。

（5）添加 1 个停止按钮控件，将标题改为“停止”。

设计的程序前面板如图 11-4 所示。

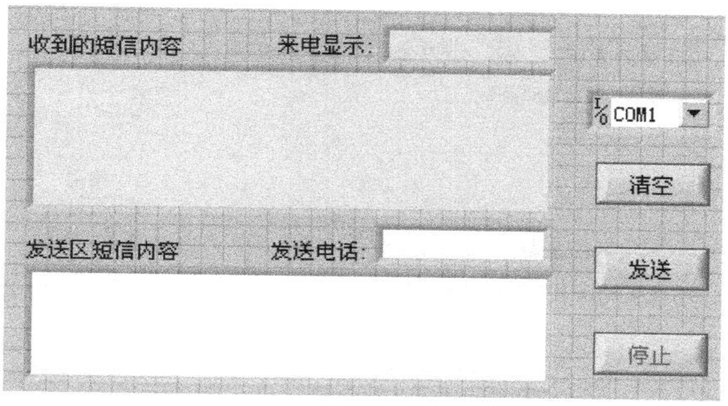

图 11-4　程序前面板

2）框图程序设计

设计好的框图程序如图 11-5 所示。

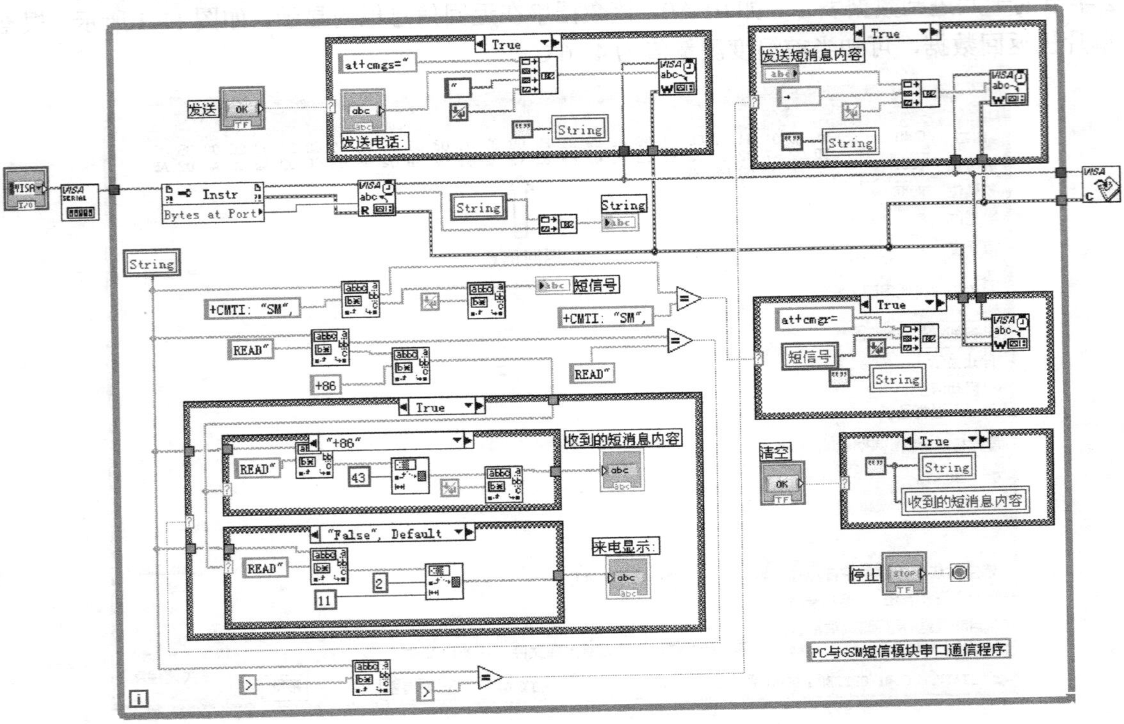

图 11-5 框图程序

3）运行程序

进入程序前面板，执行菜单命令“文件”→“保存”，保存设计好的 VI 程序。

单击快捷工具栏“运行”按钮，运行程序。

在程序界面发送短信区输入短信内容，指定接收方手机号码，单击“发送”按钮，将编辑的短信发送到指定手机。

用户手机向监控中心的 GSM 模块发送短信，程序界面自动显示短信内容及来电号码。

注意：本程序接收和发送的短信只能由数字或英文字符组成。

程序运行界面如图 11-6 所示。

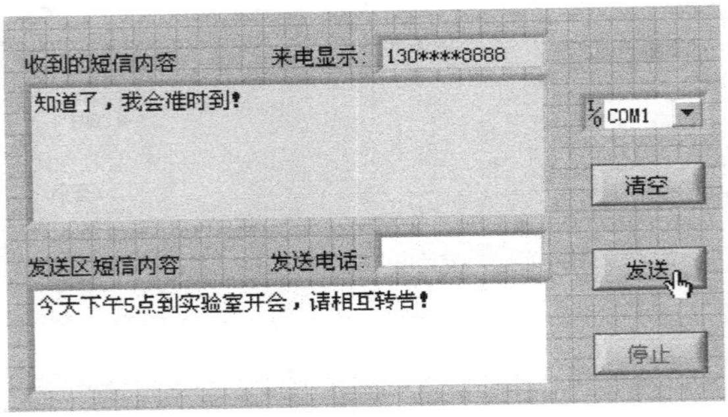

图 11-6 程序运行界面

实例 35 网络温度监测

一、系统框图

如图 11-7 所示为网络监测系统组成框图。

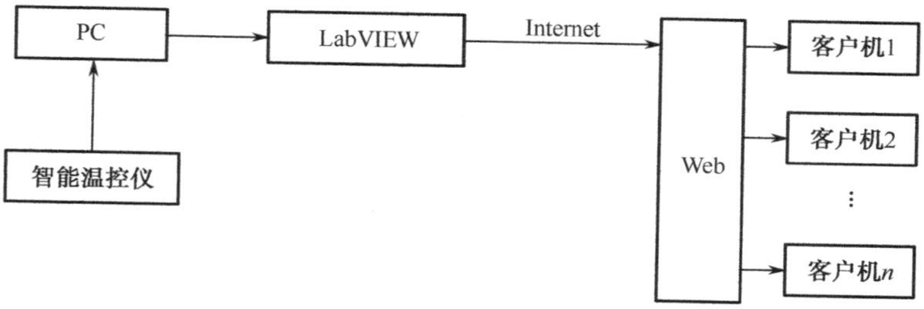

图 11-7 网络监测系统组成框图

要求：要有两台或两台以上的连接 Internet 的计算机。

二、设计任务

通过连接 Internet 的计算机观察远端智能仪表检测的温度值。

三、任务实现

1. 配置服务器

配置服务器包括 3 个部分：服务器目录与日志配置、客户端可见 VI 配置和客户端访问权限配置。在 LabVIEW 程序框图或前面板窗口中选择菜单命令“工具”→“选项”，打开“选项”对话框，左侧区域下方的“Web 服务器：配置”、“Web 服务器：可见 VI”和“Web 服务器：浏览器访问”分别对应服务器 3 个部分的配置内容。

1）Web 服务器：配置

“Web 服务器：配置”用来配置服务器目录和日志属性，如图 11-8 所示。

选中“启用 Web 服务器”复选框，表示启动服务器以后，可以对其他栏目进行设置。“根目录”用来设置服务器根目录，默认为“LabVIEW 8.2\www”；“HTTP 端口”为计算机访问端口，默认设置为 80。如果 80 端口已经被使用，则可以设置其他端口，本程序用的是 85 端口；“超时（秒）”为访问超时前等待时间，默认设置为 60；选中“使用记录文件”复选框，表示启用记录文件，默认路径为“LabVIEW 8.2\www.log”。

2）Web 服务器：可见 VI

“Web 服务器：可见 VI”用来配置服务器根目录下可见的 VI 程序，即对客户端开放的 VI 程序。如图 11-9 所示，窗口中间“可见 VI”栏显示列出 VI，“*”表示所有的 VI；“√”

表示 VI 可见；“×”表示 VI 不可见。单击下方的“添加”按钮可添加新的 VI；单击“删除”按钮可删除选中的 VI。选中的 VI 出现在右侧“可见 VI”框中，选中“允许访问”单选按钮将选中的 VI 设置为可见；选中“拒绝访问”单选按钮将选中的 VI 置为不可见。

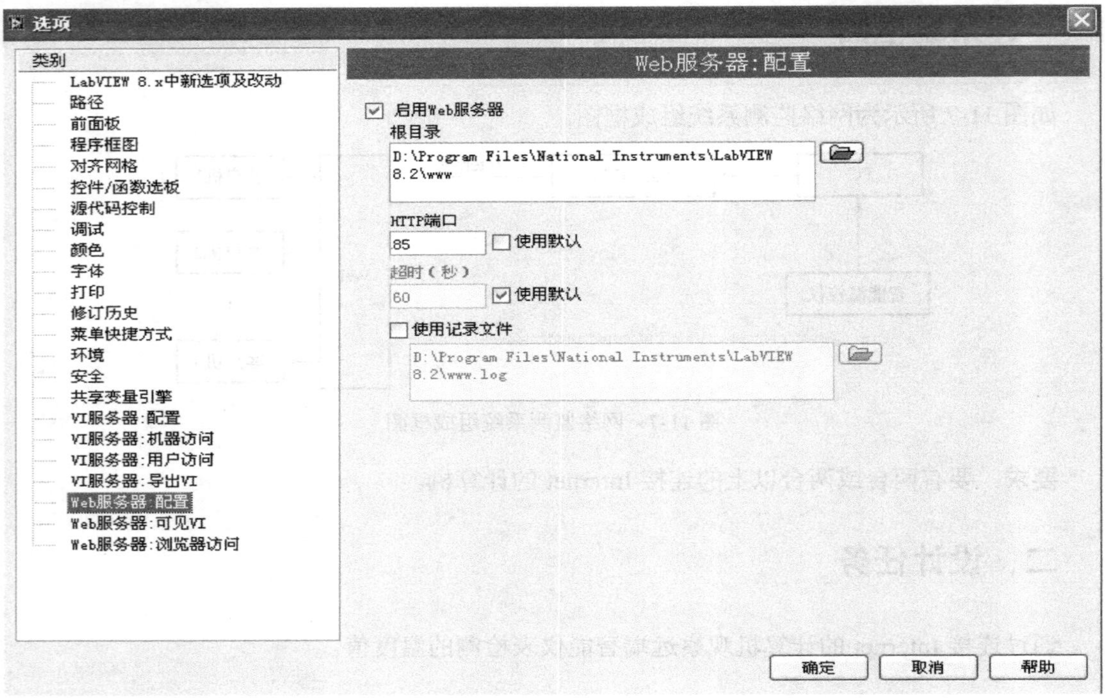

图 11-8 “Web 服务器：配置”面板

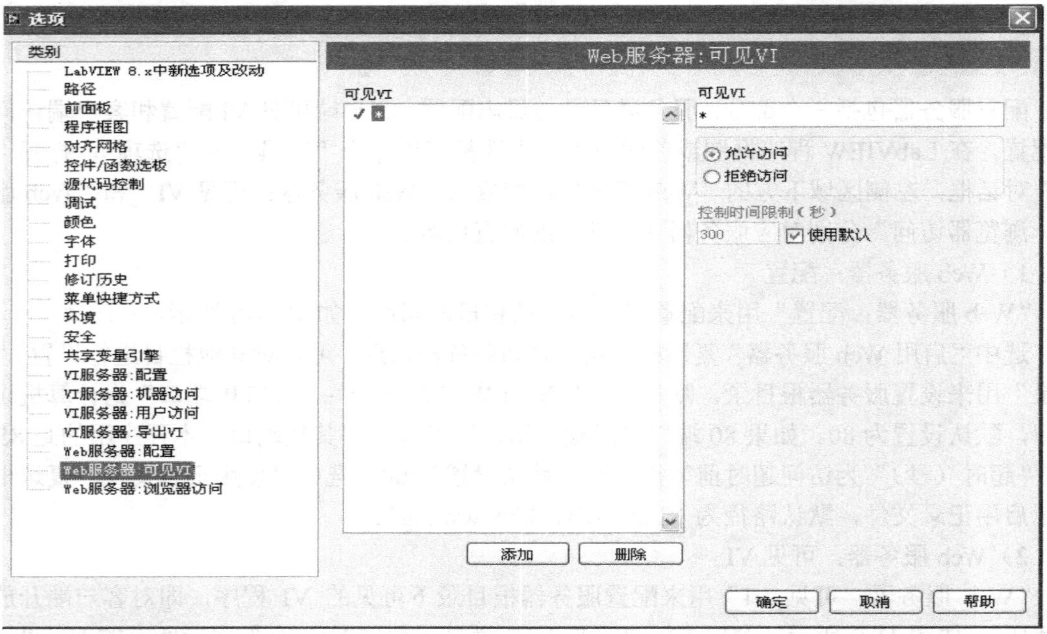

图 11-9 “Web 服务器：可见 VI”面板

3）Web 服务器：浏览器访问

“Web 服务器：浏览器访问”用来设置客户端的访问权限。访问权限设置窗口与可见 VI 设置窗口类似，如图 11-10 所示。“浏览器访问列表”栏显示列出 VI，“*”表示所有的 VI；“√√”表示可以查看和控制；“√”表示可以查看；“×”表示不能访问。“添加”按钮用来添加新的 VI，“删除”按钮用来删除选中的 VI。选中的 VI 出现在右侧“浏览器地址”框中，选中“允许查看和控制”单选按钮设置为可以查看和控制；选中“允许查看”单选按钮设置为可以查看；选中“拒绝访问”单选按钮设置为不能访问。

完成服务器配置以后，便可以选择远程面板或浏览器方式访问服务器、对服务器进行远程操作了。

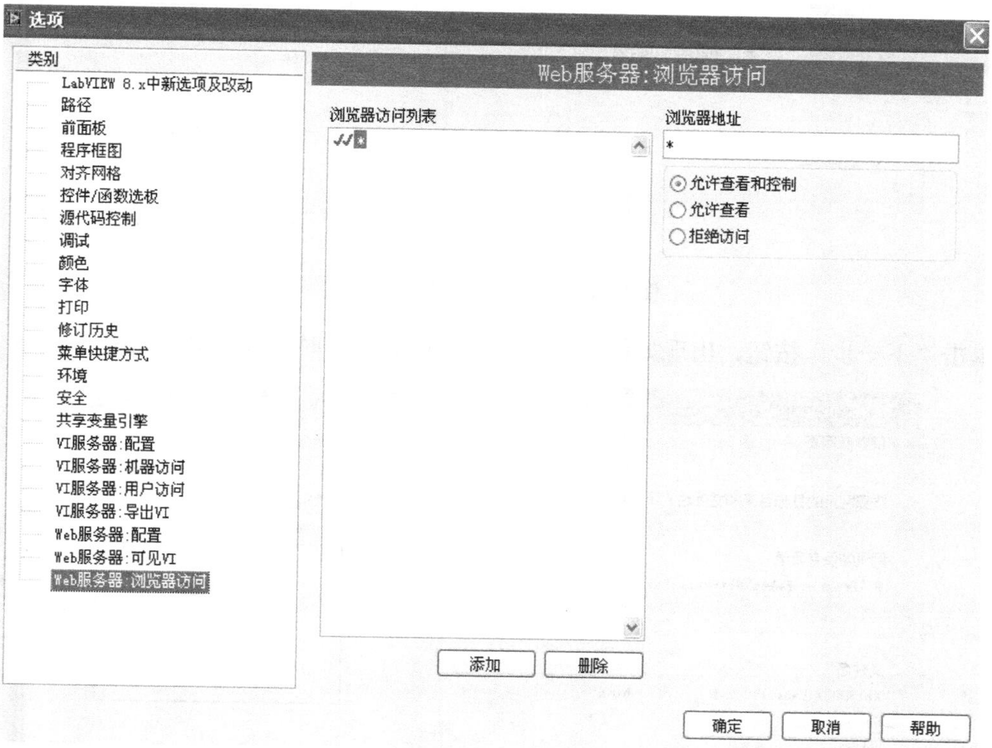

图 11-10　“Web 服务器：浏览器访问”面板

2．浏览器访问

通过客户端浏览器访问时，首先需要在服务器端发布网页，然后才能从客户端访问。如果客户端没有安装 LabVIEW，则需要安装插件“LabVIEW 运行-Time Engine”或“LabVIEW press”。服务器端和客户端需要进行以下操作。

第 1 步：在服务器端发布网页。在 LabVIEW 程序框图或前面板窗口中，选择“工具”→“Web 发布工具…”命令，打开“Web 发布工具”对话框，如图 11-11 所示。“VI 名”项中选择待添加的 VI 程序；“查看模式”项设置浏览方式，选中“嵌入”单选按钮将 VI 前面板嵌入到客户端网页中，客户端可以观察和控制VI前面板；选中“快照”单选按钮在客户端网页中显示一个静态的前面板快照；选中“监视器”单选按钮在客户端网页中显示定时更新的前面板快照，“两次更新的间隔时间”项设置更新时间。

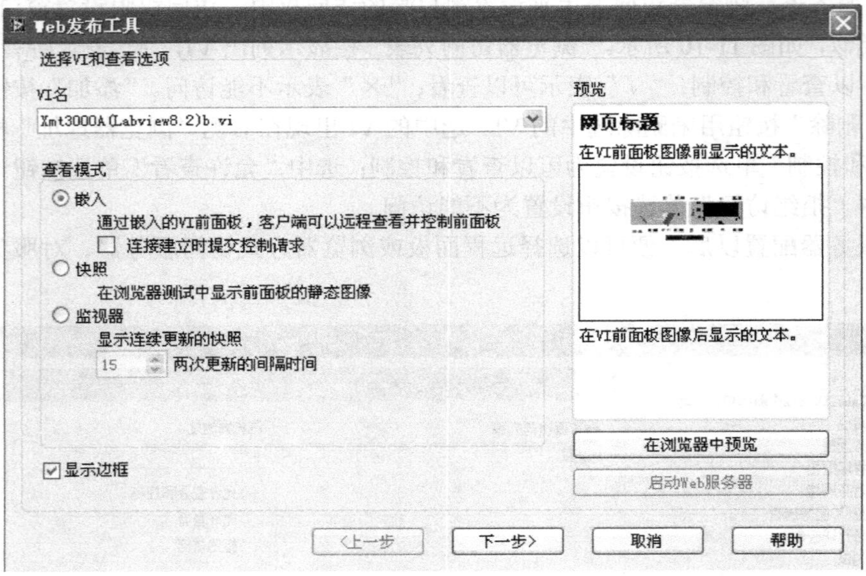

图 11-11 “Web 发布工具”面板

单击“下一步”按钮，出现如图 11-12 所示的 Web 发布时保存网页的面板。

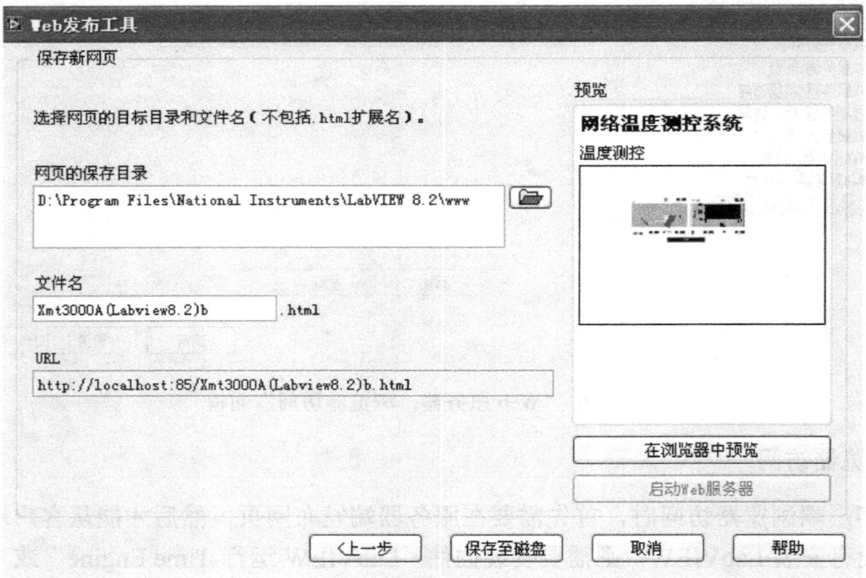

图 11-12 Web 发布时保存网页的面板

图 11-12 中 http://localhost:85/Xmt3000A(Labview8.2)b.html 是所选用的 URL，这个是自动默认的，其中的 localhost 是指本机。

第 2 步：在客户端通过网页浏览器访问服务器发布的页面。在网页浏览器地址栏输入服务器页面地址并连接，如“http://222.221.177.65:85/Xmt3000A(Labview8.2)b.vi”，弹出

Xmt3000A（Labview8.2）b.vi 打开和保存对话框，其中“222.221.177.65”为隐去的服务器端 IP 地址。

运行程序，从网络端可看到服务器运行情况，如图 11-13 所示。

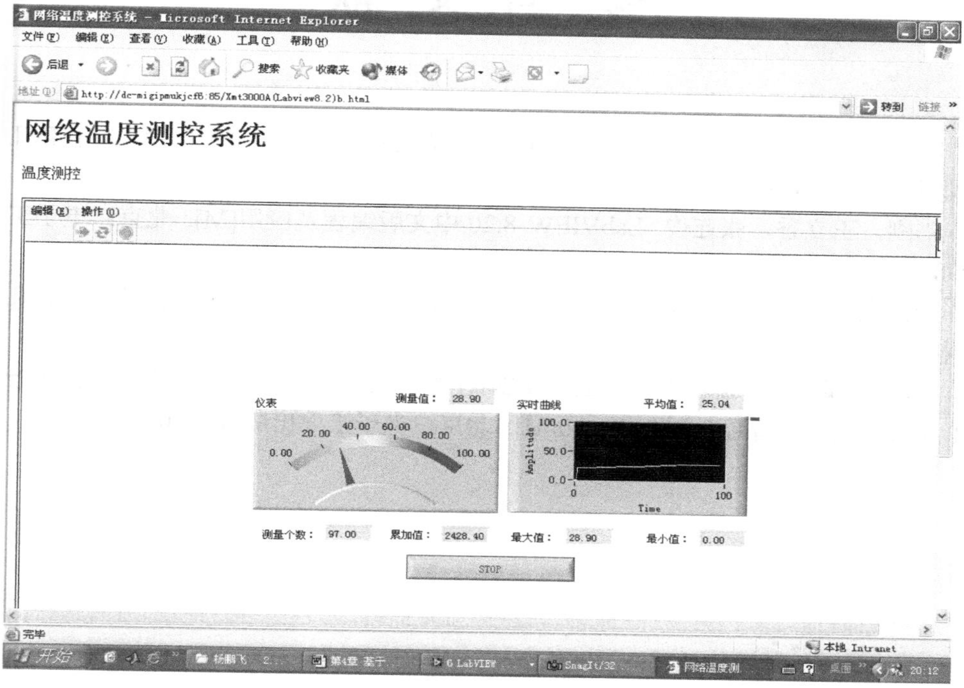

图 11-13　网页浏览服务器

参 考 文 献

[1] 李江全，任玲，廖结安，等. LabVIEW 虚拟仪器从入门到测控应用 130 例[M]. 北京：电子工业出版社，2013.

[2] 刘刚，王立香，张连俊. LabVIEW 8.20 中文版编程及应用[M]. 北京：电子工业出版社，2008.

[3] 李江全，刘恩博，胡蓉，等. LabVIEW 数据采集与串口通信测控应用实战[M]. 北京：人民邮电出版社，2010.

[4] 龙华伟，顾永刚. LabVIEW 8.2.1 与 DAQ 数据采集[M]. 北京：清华大学出版社，2008.

[5] 王磊，陶梅. 精通 LabVIEW 8.0[M]. 北京：电子工业出版社，2007.

反侵权盗版声明

举报电话：（010）88254396；（010）88258888
传　　真：（010）88254397
E-mail：　dbqq@phei.com.cn
通信地址：北京市海淀区万寿路 173 信箱
　　　　　电子工业出版社总编办公室
邮　　编：100036